Jacob Christian Gottlieb von Schäffer

Erleichterte Arzneikräuterwissenschaft

Jacob Christian Gottlieb von Schäffer

Erleichterte Arzneikräuterwissenschaft

ISBN/EAN: 9783743658387

Hergestellt in Europa, USA, Kanada, Australien, Japan

Cover: Foto ©berggeist007 / pixelio.de

Weitere Bücher finden Sie auf **www.hansebooks.com**

IACOB CHRISTIAN SCHAEFFERS

DOCTERS DER GOTTESGELEHRSAMKEIT UND WELTWEISHEIT; PRED. ZU REGENSB.;
SR. KOENIGL. MAJ. ZU DAENNEMARK NORWEGEN RATHES UND PROF.; DER ACADE-
MIEN DER NATURFORSCHER, ZU PETERSBURG, LONDEN, BERLIN, UPSAL, ROVEREDO, MÜN-
CHEN UND MANNHEIM; DER GESELLSCHAFT DER WISSENSCHAFTEN ZU DUISBURG, PHYSICAL-
BOTAN. ZU FLORENZ, HISTOR. ZU GOETTINGEN, OECONOM. ZU ZELLE, GRAITZ, BERN
UND IN DER OBERLAUSITZ, WIE AUCH VIELER DEUTSCH. GESELLSCH. MITGLIEDES;
DER ACADEMIEN ZU PARIS CORRESPONDENTENS

ERLEICHTERTE
ARZNEYKRAEUTER-
WISSENSCHAFT.

NEBST

SECHS KUPFERTAFELN

MIT

AUSGEMAHLTEN ABBILDUNGEN.

NEUE UND VERMEHRTE AUFLAGE.

REGENSBURG, 1773.

DER

HOCHPREISLICHEN

KAYSERLICH RUSSISCHEN

ACADEMIE

DER

WISSENSCHAFTEN

ZU

S. PETERSBURG

WIEDMET

DIESE BLAETTER

ZU EINEM

OEFFENTLICHEN DENKMAAL

SEINER EHRERBIETIGSTEN DANKERGEBENHEIT

VOR DIE GÜNSTIGE

ALLERHOECHSTEN ORTES

EINBERICHTETE

BEURTHEILUNG SEINER SCHRIFTEN

UNTER

GEHORSAMSTEN EMPFEHLUNG

ZU FERNERER

SCHAEZBAREN GUNST UND WOHLGE-

WOGENHEIT

Regensburg,
den 1. Sept.
1773.

DER VERFASSER.

Vorbericht.

Bey gegenwærtiger neuen Ausgabe der *erleichterten Arzneykræuterwiſſenſchaft* hoffet man auf mehr, als eine Art, dem Endzwecke dieſes Buches næher gekommen zu ſeyn.

Da derſelbe darinnen beſtehet, die Kænntniſs der Arzneykræuter ſowohl Anfængern in der Arzneykunſt, deren Sache es nicht allemal iſt, ſich mit dem ganzen Felde der Kræuterlehre bekannt zu machen, als auch angehenden Apotheckern und Wundærzten zu erleichtern und ihnen

darin-

Vorbericht.

darinnen mehrere Gewißheit zu verfchaffen; fo hat man in dem *erften Theile*, der eine *Einleitung* zu dem zweyten enthaelt, verfchiedene Begriffe von den Theilen der Pflanzen beffer zu entwickeln und die Kunftwœrter genauer zu beftimmen gefucht, als in der erften Ausgabe gefchehen. Befonders ift folches in dem fünf und dreyfsigften Abfatze mit den Blættern bewerkftelliget worden, deren genauere Beftimmung zur leichtern Kænntnifs der Kræuter fehr vieles mit beytragen wird.

Aus eben diefem Grunde hat man auch aus dem Oederifchen Handbuche einige Figuren der Blætter entlehnet und felbige in zwoen Kupfertafeln mit beygefüget.

Es ift ferner am Ende diefes erften Theiles zu eben diefem Endzwecke in einem vierten hinzu gekommenen neuen Abfchnitte ein Verfuch einer Blættermethode befindlich, der, ob er wohl nicht ganz vollkommen ausgearbeitet ift, doch mit Zuziehung der beygefügten auf die Tabellen

Vorbericht.

bellen des zweyten Theiles sich beziehenden Nummern dem Anfænger in vielen Stücken zu einer leichtern, genauern und gewissen Erkänntniß der vor sich habenden Arzney-pflanze führen wird.

Im *zweyten Theile* sind die Vermehrungen hæufiger an-gebracht. Die Namen in der zweyten Columne sind durch die Linnæischen sogenannten Trivialnamen vermehret, der dritten Columne beym Kelch ist das Lager der Blüthe bey-gefüget, in der dreyzehenden Columne bey den Blættern ist deren Lage am Stængel hinzugesetzt, auch deren Gestalt genauer bestimmt worden. In der funfzehenden Columne sind die Geburtsorte der Pflanzen öfters vermehret und überhaupt dieser Theil durch viele hinzugefügte Artickeln von Arzneypflanzen ansehnlich bereichert worden.

Der in der erstern Ausgabe befindliche dritte Theil ist bey dieser neuen Auflage weggeblieben, theils um das Buch nicht zu groß und weitlæuftig zu machen,

theils

Vorbericht.

theils weil die lateinisch und teutschen Beynamen, die am gewöhnlichsten sind, schon in die zwote Columne der Tabellen des zweyten Theils eingerücket, die Namen der Pflanzen aber in fremden Sprachen einem deutschen Anfänger entbehrlich sind. Doch sind in dem Register alle deutsche und lateinische Beynamen ganz genau angezeiget worden.

Sollten noch einige Fehler hier und dar eingeschlichen seyn, so wird man bey einer künftigen Auflage solche zu verbessern bedacht seyn, freundschaftliche Erinnerungen mit allem Danke erkennen, auf Anzüglichkeiten und Spöttereyen aber zu antworten sich niemals einlassen.

An der so genannten *zwoten Auflage*, so vor ein paar Jahren herausgekommen, hat man keinen Antheil gehabt und erkennet sie nie vor die seinige. Regensburg, den 1. Aug. 1773.

ERSTER

ERSTER THEIL.

EINLEITUNG

IN DIE ERLEICHTERTE

ARZNEYKRAEUTERWIS-
SENSCHAFT.

Der
EINLEITUNG
I. Abſchnitt.
Von der Kräuterlehre überhaupt.

§. 1.

Die *Kräuterlehre* (*) iſt die Wiſſenſchaft der Pflanzen.
(*) botanica.

§. 2.

Im *weitläuftigern* Verſtande lehret und beſtimmet ſie die geſammte *Beſchaffenheit*, *Natur* und *Eigenſchaft* der Pflanzen. Im *engern* Verſtande beſchäftiget ſie ſich allein mit dem, wodurch die Pflanzen am *leichteſten*, *geſchwindeſten* und *ſicherſten* zu unterſcheiden und zu benennen ſind. Und wenn dieſes nur auf diejenigen Pflanzen ſeine Beziehung hat, welche in der *Arzneykunſt*, bekannt und gebräuchlich ſind; ſo nennet man ſie in einem *eigenen* Verſtande die *Arzneykräuterwiſſenſchaft*.

§. 3.

Man hat zu allen Zeiten den *Nutzen* der Kräuterlehre erkannt und gerühmet. Und eben darum iſt ſie auch in allen Jahrhunderten geliebet und getrieben worden.

§. 4.

4 ❀ ❀ ❀

§. 4.

Jedoch hat es bey alle dem gewisse Zeitpunkte gegeben, in welchen es um die Kräuterlehre unordentlich, dunkel und unvollkommen genug ausgesehen hat. Es betraf dieses insonderheit die Art und Weise, wie man sie zu lehren und zu lernen pflegte.

§. 5.

Bis gegen das *siebzehnde* Jahrhundert hatte die Kräuterkenntnis einen sehr eingeschränkten Umfang. Und man pflanzte die Wissenschaft davon blos durch mündliche Ueberlieferungen und durch Erfahrungen fort. Selten gab man Kennzeichen und Gründe an.

§. 6.

Aus dieser Lehrart konnte nichts anders, als Unordnung, Verwirrung und Zweifel entstehen. Bald machte man einerley und eben dieselbe Pflanzenart zu so viel wirklich verschiedenen und besondern Pflanzen, als verschiedene Namen sie nach und nach erhalten hatte. Bald verfiel man auf den andern Abweg, und gab mehrere Pflanzen vor einerley und eben dieselbe Gattung aus, die offenbar nicht zusammen gehörten. Konnte es fehlen, daß die Erlernung der Kräuterlehre hiedurch schwer, ungewis und verdrießlich werden muste? Vor sich selbst aber, ohne fremde, und sonderlich mündliche oder thätige, Anweisung die Kräuter kennen und nennen zu lernen; war in jenen Zeiten eine gänzliche Unmöglichkeit.

§. 7.

Diesem erstgemeldten Schicksaale ist es auch allein zu zuschreiben, daß manche Pflanzen und Kräuter theils verloren gegangen zu seyn scheinen, theils nicht anders, als mit großer Ungewisheit, anzugeben sind, deren die ältern Naturlehrer und Aerzte in ihren Schriften gedenken. Und welchen bedauerlichen Einfluß hat dieser Verlust und Zweifel nicht in die Arzneywissenschaft?

§. 8.

Mit dem Anfange des *sechzehnden* Jahrhunderts wurden von Verschiedenen Versuche gemacht, die Kenntnis der Pflanzen durch Holz- und Kupferstiche zu erleichtern und auf einen mehr sichern und gewissen Fuß zu setzen. Allein, die Meisten haben durch schlechte Zeichnungen und Stiche des gehabten Zweckes gefehlet. Selbst diejenigen, welche in Zeichnungen, Stichen und Abdrucken vor andern berühmt wor-

worden find; haben dadurch gleichwol nur ein Geringes zur wirklichen Erleichterung der Kräuterkenntnis beygetragen *a*). Die Anzahl ihrer abgebildeten Pflanzen ift gar zu gering. Die Befchreibungen zu dunkel und unvollkommen. Der Abdruck fchwarz, ohne natürliche Farben. Und die Abbildungen felbft ohne alle Ordnung, willkühr. lich, und gleichfam blindlings durcheinander angebracht. Ja das, worauf am meiften hätte follen gefehen werden, ift faft ganz und gar auffer Acht gelaffen worden; die wenigften Pflanzen find ganz, mit und nach allen ihren Theilen, vorgeftellet.

a) Die beften darunter find Lobelii icones Antvverpen 1581. lang 4to 2116. Fig. Petri Andreæ Matthioli epitome a Joach. Camerario correcta, Frankf. 1586. 4to 1063. Fig. Jac. Theod. Tabernæmontani icones, Frankf. 1590. lang 4to 2087. Figuren.

§. 9.

Von eben folchem fchlechtem Erfolge war die Bemühung derer, welche in den folgenden Jahren die Namen und Befchreibungen der Kräuter in eine blos alphabetifche Ordnung brachten. Dadurch wurde zwar in feiner Art dem Gedächtniffe ein Dienft erzeiget; allein, wie konnte der in diefem Verzeichniffe ein Kraut unter feinem Namen auffuchen und nachfehen, der eben zu wiffen verlangte, wie diefes und jenes Kraut heiffe, und unter was vor einem Namen es im gemeinem Leben, oder bey andern Schriftftellern, vorkomme?

§. 10.

Diefe erftgedachten Mängel und Schwürigkeiten der Kräuterlehre fchienen im vorigen und gegenwärtigen Jahrhunderte um fo gröffer zu werden; je mehr die Anzahl und der Gebrauch der neu entdeckten Kräuter anwuchs. Hatte man, vorgemeldtermaßen, fchon Mühe gehabt, jene wenigen Kräuter ordentlich und genau kennen, und behalten zu lernen; zu was vor einer Unordnung, Zweifel und Schwürigkeit würde es itzo in der Kräuterlehre nicht ausgefchlagen feyn, wenn man mit dem Anwachfe der Kräuter nicht auch fogleich auf Hilfs- und Befferungsmittel der leichtern und fichern Kenntnis und Unterfcheidung derfelben wäre bedacht gewefen. Doch diefes ift zum Glücke von der Vorfehung unfern Zeiten aufbehalten worden.

§. 11.

Man fieng nunmehro an den Bau und die Theile der Pflanzen genauer zu beleuchten und auseinander zu fetzen. Man gab ihnen befondere Namen. Man merk-

te an, in welchen Theilen gewiſſe Pflanzen miteinander übereinkamen; und in welchen Stücken ſie von einander abgiengen. Man beſtimmte und zeichnete das Gemeinſchaftliche, und das Eigene, jeder Pflanze ſorgfältig auf. Man verglich nach dieſen
Uebereinſtimmungs- und Unterſcheidungsſtücken eine Pflanze mit der andern. Und
hierdurch kam man nach und nach auf die Spur, die den mehr und weniger natürli-
chen und ſichern, folglich auch mehr und weniger ſchweren, Weg der Kenntnis und
Unterſcheidung der Pflanzen anwies.

§. 12.

Das Gewächsreich erhielt nunmehro Ordnung und Schönheit. Die untereinan-
der wachſenden Kräuter und Pflanzen wurden in Claſſen, Geſchlechter und Gattungen
vereiniget. Man kam in Stand auf dieſe beobachteten Gründe des Gemeinſchaftlichen
und Eigenthümlichen eigene Lehrgebäude der Pflanzen aufzubauen. Man konnte nicht
anders, als mit Vergnügen bewundern, wie auch da die weiſeſte und beſte Ordnung
herrſchete; wo das blinde Ohngefähr, wo Unordnung und Verwirrung, bisher ge-
ſchienen hatten, ihren vornehmſten Sitz zu haben. Man muſte erſtaunen, daß auch
im Gewächsreiche ſo etwas Platz habe, was in dem Thierreiche von Familien, Ge-
ſchlechtern, und Arten bekannt und ausgemacht iſt.

§. 13.

Niemand erhielt dadurch gröſſern Vortheil, als die Erlernung und Uebung der
Kräuterwiſſenſchaft. Jedes Gewächs, jede Pflanze, ſtellte ſich nunmehro in einer
ganz andern Geſtalt dar. Man mogte mehrere Pflanzen überhaupt anſehen, oder jede beſonders betrachten; ſo konnte man aus gewiſſen ihnen gemein oder eigenthüm-
lich ſeyenden Merkmaalen, ihre Claſſe, Geſchlecht und Gattung abnehmen. Und was
vorhero nur von ohngefähr ſo oder anders war genannt worden; davon konnte nunmehro auch Grund und Urſache angegeben werden.

§. 14.

Jedoch dieſe bemerkte, und in Lehrgebäude erwachſene, Ordnung der Pflanzen gab zufälliger Weiſe eine Zeitlang zu einer neuen ſcheinbaren Irrung, und daher entſtandenen Scheinſchwürigkeit Anlaß. Viele Benennungen der Alten konnten
nunmehro unmöglich mehr ſtatt haben. Manche Pflanzen hatten bisher einen Haupt-
oder Zunamen blindlings erhalten, den ihnen die nunmehro entdeckten Theile und

Eigen-

Eigenfchaften gänzlich, doch aber zum Theile, verfagten. Es war alfo nichts anders übrig, als man mufste auch dem Namen nach von einander abfondern, was der
Claffe, dem Gefchlechte und der Gattung nach nicht zufammengehörte; fo wie auf
der andern Seite diejenigen Pflanzen dem Haupt- und Zunamen nach miteinander vereiniget werden mufsten, welche die Natur felbft mit einander vereiniget, neben und
unter einander geordnet hatte. Vielen Pflanzen mufsten ganz neue Namen gegeben
werden, weil fie eine neue Claffe, Gefchlecht, und Art ausmachten. Daraus ent-
ftund freylich eben fo viel Neues in der Kräuterlehre, als Altes aus derfelben abge-
fchafft wurde.) Jedoch beydes nur zu defto gröfferm Nutzen und Gewifsheit der Kräuterlehre, felbft.

§. 15.

Nichts, auch das Befte nicht, bleibet nach der gegenwärtigen Befchaffenheit,
Gemüths- und Denkungsart der Menfchen ohne Widerfpruch und Tadel. So gieng es
auch den erftgedachten neuen Namen und Lehrarten der Kräuterwiffenfchaft. Viele
fahen das ganze Gebäude und deffen Grund vor Träumerey: Andere vor eine Ausge-
burth der Einbildungskraft; noch Andere vor unnöthige und unnütze Weitläuftigkei-
ten an. Allein der Tag hat es klar gemacht, und macht es täglich immer klärer, dafs
alle Gewifsheit der Kräuterkenntnis, die gegenwärtig herrfchet, jenen neuen Ordnungen und Lehrarten zu danken ift.

II. Ab-

❖ ❖ ❖

II. Abſchnitt.

Von den Theilen der Pflanzen.

§. 16.

Eine *Pflanze* iſt *dasjenige Gewächs , welches durch ſeinen innerlichen Werklauf* a) *nicht von der Stelle beweget wird.* Oder, eine Pflanze heißt *alles dasjenige, was aus der Erde hervorwächſet , ernähret wird , Saamen bringet , und endlich ſtirbt.*

a) organismus. * Andere beſtimmen die Gränzen der drey Reiche der Natur folgendermaſſen.

1) Das Steinreich begreift die lebloſen bloß vvachſende Geſchöpfe.

2) Das Pflanzenreich die lebendigen und vvachſenden.

3) Das Thierreich die Geſchöpfe die leben, vvachſen und empfinden. Die Gränzen der drey Reiche ſind aber öfters ziemlich ſchvver zu beſtimmen.

§. 17.

Einer jeden Pflanze ſind *beſtändige* und *unbeſtändige* Theile eigen. Die beſtändigen ſind die *Wurzel* a) und der *Stamm* b). Die unbeſtändigen ſind das *Laub* oder *Blätter* c), die *Blüthe* d) und die *Frucht* e).

a) radix. b) truncus, caudex, caulis. c) folia. d) flos. e) fructus.

§. 18.

Die Wurzel (§. 17.) heißt *derjenige Theil der Pflanze, welcher ordentlicher Weiſe in der Erde ſtehet und unter derſelben fortwächſet.* Sitzet aber dieſer Pflanzentheil andern Körpern an und auf; ſo heißt eine ſolche Pflanze eine *Schmarozenpflanze* a).

a) planta paraſitica.

§. 19.

Die Wurzel iſt dem *Baue* a), den *Theilen* b), der *Vergleichung* c), der *Ausbreitung* d), und der *Richtung* e) nach von gar verſchiedener Art; und ſie hat von daher auch verſchiedene und eigene Beynamen.

a) fabrica. b) partes. c) comparatio. d) extenſio. e) directio.

§. 20.

§. 20.

In Anſehung des *Baues* (§. 19.) bemerket man an jeder Wurzel: die *Rinde* a). das *eigenthümliche Holz* b), und den *Kern* oder *das Mark* c). Nebſt dem , iſt ſie entweder *fleiſchig und ſaftvoll* d); oder *holzig und trocken* e).

a) cortex, liber. b) lignum. c) medulla. d) carnoſa. e) lignoſa.

§. 21.

Jede Wurzel hat einen theils *dickern*, theils *dünnern* oder *zaſerigen*, Theil. (§ 19.) Der dicke Theil heiſt im eigentlichen Verſtande die *Wurzel* a); der dünnere und zaſerige Theil aber , die *Nebenwurzel* b).

a) radix, caudex deſcendens. b) fibrilla, radicula.

§. 22.

Der *Vergleichung* (§. 19.) nach iſt die eigentliche Wurzel entweder *dicker, als der aus ihr hervorwachſende Stiel und Stengel*; oder ſie iſt mit ſelbigem gleich dick; oder ſie iſt *dünner , als derſelbe.* Im erſtern Falle heiſt ſie eine *Zwiebel* a), wenn ſie *ſchuppig , ſchelfig*; oder *traubig* iſt; und ein *Bollen*, oder eine *Erdeichel* b), wenn ſie *knollig* oder *knotig* befunden wird; eine *Rübe* , wenn ſie *fleiſchig und ſpindelförmig* iſt. Im andern Falle , wird ſie eine *Zaſerwurzel* c) genannt.

a) bulbus, bulboſa. b) tuber, tuberoſa. c) fibroſa.

§. 23.

In Betrachtung der *Ausbreitung* und des *Fortganges* (§. 19.), iſt die Wurzel entweder *einfach und ſchlecht*, a), oder *mehr und weniger äſtig* b); entweder *ganz* c), oder *abgebiſſen* d).

a) ſimplex. b) ramoſa. c) integra. d) praemorſa.

§. 24.

Was endlich die *Richtung* oder *Lage* a) betrifft; ſo ſtehet die Wurzel entweder *ſenkrecht* b) unter ſich, da ſie meiſtens eine *Rübe* c), oder *Strunk* heiſt; oder, ſie läuft *ſeitwärts* d) fort; oder ſie iſt *kriechend* und *fortſchiebend.* e)

a) ſitus. b) perpendicularis. c) rapa. d) horizontalis. e) repens.

B   §. 25.

§ 25.

Der *Stamm*, welcher bey andern auch *Stiel* und *Stengel* heißt, (§. 17.) Ist derjenige Theil der Pflanze, welcher aus der *Wurzel* entspringet, und sich oberwärts auf mancherley *Weise* ausbreitet.

§. 26.

Dem *Bau* nach, hat der Stamm das nämliche Zeug, als die Wurzel; eine *Rinde*, ein *eigenthümliches Holz*, und einen *Kern* oder *Mark*. (§. 20.)

§. 27.

Einige Gewächse treiben aus der Wurzel einen *einzelnen* Stamm; andere *viele* Stämme zugleich. Die *einstämmigen*, deren Stamm mehrere Jahre fortdauert und vor andern hartes Holz hat, heissen *Bäume* a). Die *vielstämmigen*, deren Stamm mehrere Jahre fortdauert und holzig ist, wenn sie hoch und stark sind, werden *Stauden* b); wenn sie zwar holzig, aber niedrig sind und keine Augen treiben, *Sträuche* c); wenn der Stengel weich und beugsam ist, *Kräuter* d); und wenn sie zugleich sich winden und anhängen, *Ranken* oder *Reben* e) genannt.

a) arbores. b) frutices. c) subfrutices. d) herbae. e) vimina, sarmenta.

§. 28.

Es giebt *verschiedene Arten* der Stämme oder Stengel; davon jede einen besondern Namen führet.

Bey den *Bäumen* und *Stauden* (§. 27.), wo der Stamm hart und holzig ist, heißt er im eigentlichen Verstande der *Stamm* a). Bey den *Kräutern* (§. 27.), wo er weich und beugsam ist, heißt er *Stiel* oder *Stengel* b). Bey den *Grasgewächsen*, wo er meistens hohl ist, heißt er *Halm* d); und diese Gewächse selbst, auch *Halmgewächse* e). Ist der Stiel oder Stengel *blätterlos* f); so bekommt er den Namen *Schaft* g), oder auch schlechtweg *Stiel*. Hat die Pflanze aber gar keinen Stiel, so wird sie eine *stiellose* h) Pflanze genannt.

a) truncus. b) caulis. c) graminae. d) culmus. e) calamiferae, culmiferae. f) aphyllos. g) scapus. h) planta acaulis.

§. 29.

§ 29.

Der Stamm ist entweder *einfach* a) oder *zusammengeset* b). Boyde sind entweder *ästig* c) oder durchweg *eben* und *glatt* d); *blätterig* e) oder *beblättert* f); *gerad* g), *gewunden* h), *kriechend* i), *eckig* k), *furchig* l), *rauch* m), *flachlig* n), *geschöpfig* o), *gegliedert* p).

a) simplex. b) compositus. c) ramosus. d) integer. e) aphyllos, nudus. f) foliosus. g) erectus. h) volubilis. i) repens. k) angulatus. l) sulcatus. m) villosus. n) hispidus, aculeatus. o) verticillatus. p) geniculatus, articulatus.

§ 30.

An den Bäumen giebt es Fortsätze des Stammes, welche *Äste* a) heissen; Fortsätze der Äste, welche *Zweige* b) heissen; Fortsätze der Zvveige, vvelche *Reiser* c) heissen. Sind letztere lang, so vverden sie *Wassergeschosse, Ruthen* d), genannt; und die daraus vvachsende Aestlein des folgenden Jahres *Sprösslinge* e).

a) rami, brachia. b) frondes. c) palmites. d) flagella. e) malleolus, surculus, germen.

§ 31.

An den Zvveigen und Reisern beobachtet man noch *zweyerley Stiele* oder *Stengel*. Der eine ist derjenige, dem das *Laub* oder die *Blätter* ansitzen, und heisst *Blätterstiel* a); der andere ist der, dem die *Blume* oder die *Frucht* ansitzet, und vvird der *Blumen-* oder *Fruchtstiel* b) genannt.

a) petiolus. b) pedunculus.

§ 32.

An dem *Blumenstiele* (§. 31.) sitzt entweder nur eine Blume, oder deren *zwo, drey* und *mehrere*. Ist das erstere, so heisst er *einblümig* a); ist das letztere, so nennet man ihn *zwey* b) - *drey* c) - *vielblümig* d).

a) vniflorus. b) biflorus. c) triflorus. d) multiflorus.

§ 33.

Das *Laub*, die *Blätter* (§. 17.), sind diejenigen *Fortsätze* und *Anhänge* einer Pflanze, so sich in die Länge und Breite erstrecken, und meisten gruenfarbig seyn.

❀ ❀ ❀

§ 34.

Die Blätter gehen nach verschiedenen Betrachtungen ganz ungemein, und dergestalt von einander ab, daß kein Blatt dem andern vollkommen gleich kommt; so, daß es fast unmöglich ist, ihre Abweichungen alle zu bestimmen. Folgende, als die vornehmsten, können zum Beyspiele dienen.

§ 35.

Die Blätter sind

A. Der *Grösse* a) nach,

grofs, *magna*, wenn sie viel länger und breiter sind, als der Stiel und die Zwischenräume zwischen zwey Blättern.

mittelmäßig, *mediocria*.

klein, *parva*, wenn sie kürzer sind als dieselbigen.

sehr klein, *minima*.

B. Der *Gestalt* b) nach,

einfach, *simplicia*, wenn nur ein Blat an einem Stiele befindlich.

vielfach, *composita*, wenn deren mehrere an einem gemeinschaftlichen Stiele sich befinden.

federartig, *pinnata*, wenn dieselben zu beyden Seiten des Stiels sind, und zwar

ohne Endblatt, *sine extremo, abrupte pinnata*, oder

mit einem Endblatte, *cum extremo, imparipinnata*.

ästig, *ramosa*.

geflügelt, *alata*.

gefingert, *digitata*, wenn mehrere Blätgen an der Spitze des Stiels beysammen sitzen wie die Finger an einer Hand.

gepaart, *conjugata*, wenn nur 2 Blätter an der Spitze des Stiels befindlich.

kleeartig, dreyfach, *ternata*, wenn 3 Blätgen an der Spitze befindlich.

gedoppelt gefiedert, *bipinnata*; wenn sich der Stiel zweymal federartig theilet.

gedop-

a) magnitudo. b) figura.

gedoppelt dreyfach, *biternata*, wenn fich der Stiel in drey Theile trennet und an jedem Ende wieder drey Blätter fitzen.

aus diefen laffen fich auch die dreyfach gefiederte Blätter, *tripinnata*, die dreymal dreyfachen *triternata*, die fünffachen Blätter, *quinata* begreifen.

C. Dem *Urfprunge* a) nach,

Saamenblätter, *feminalia*, die aus dem Kuchen des Saamens entfpringen.

Wurzelblätter, *radicalis*, die aus der Wurzel hervorkommen.

Stamm - Stengelblätter, *caulina*, die aus dem Stengel,

Aftblätter, *ramea*, die aus den Aeften,

Achfelblätter, *axillaria*, die aus den Achfeln anderer Blätter oder der Aefte entfpringen &c.

D. Dem *Zufammenhange* b) nach,

Stielblätter, *petiolata*, die an einem befondern Stiele befindlich.

Safsblätter, *feffilia*, die unmittelbar an dem Stengel fitzen.

Scheideblätter, *vaginantia*, die den Stengel allenthalben untenher als wie eine Scheide umgeben.

Durchwachsblätter, *perfoliata*, *amplexicaulia*, die den Stengel nur unten umfaffen.

Schildblätter, *peltata*, deren Stiel faft in der Mitte des Blats fitzet.

ablaufende, *decurrentia*, die an dem Stengel mit ihrem Grundtheile (*bafi*) herablaufen.

E. Der *Ordnung* c) nach,

Wechfelblätter, *alterna*, die da gleichfam fchneckenweife um den Stengel ftehen.

Gegenblätter, *oppofita*, die paar weife gerad gegen einander über ftehen.

Sternblätter, Wirbelblätter, *flellata*, *verticillata*, die ftern oder wirbelweife rund um den Stengel herumftehen.

Bufchblätter, *fafciculata*, deren mehrere aus einem Punkt entfpringen.

Zie-

a) ortus. cohaefio. b) ordo. c) directio.

❖ ❖ ❖

Ziegelblätter, *imbricata*, die fich einander ohngefähr die Hälfte decken.

Schuppenblätter, *fquamofa*, die als Schuppen auf einander liegen.

zweyfeitige, *difticha*, die nur auf zwey Seiten entweder gegeneinander über (*difticha oppofita*) oder wechfelsweife (*difticha alterna*) ftehen.

zerftreute, *fparfa*, die keine gewiffe Ordnung zu haben fcheinen.

F. Der *Richtung* a) nach,

gerad, *erecta*, die faft fenkelrecht in die Höhe ftehen.

eingebogen, *inflexa*, deren Spitze gegen den Stengel einwärts gebogen.

fchräg, *obliqua*, die mit der Spitze tiefer ftehen, als mit ihrem Grundtheile.

abhängende, *dependentia*, deren Spitzen gegen die Erde herab hängen.

Schwimmblätter, *natantia*, die auf der Fläche des Waffers fchwimmen.

untergetauchte, *fubmerfa*, die ganz unter dem Waffer fich befinden.

wurzelnde, *radicantia*, die aus ihrer Fläche oder ihrem Stiel Wurzeln fchlagen.

G. Der *Geftalt* b) nach,

flach, *plana*.

gewölbt, *convexa*.

ausgehöhlet, *concava*.

walzenförmig, *cylindrica*.

hohl, röhrig, *cava*, *tubulofa*.

ftäbig, *folida*.

höckerig, *gibba*.

getüppelt, *punctata*.

häutig, *membranacea*.

rückgratig, *carinata*, deren unterer Theil in der Mitte fchneidig heraus gebogen ift.

H. Dem *Umfange* c) nach,

ganz, *integra*.

rund,

a) directio. b) figura. (c circumferentia.

rund , *rotunda*.

rundlich , *fubrotunda*.

länglich , *oblonga* , die einigemal länger als breit find.

eyrund , *ovata*.

kreisrund , *orbiculata*.

eckig , *angulata*.

lappig , *lobata* , die bis auf die Hälfte in von einander ftehende Theile gefpalten find.

mondförmig , *lunata*.

geohrt , *aurita* , die hintenher auseinander ftehende Flügel haben.

fpitzig , *acuta* &c.

I. Dem *Rande* a) nach ,

ganz , *integerrima*.

gezähnt , *dentata* , deren kleine fpitzige Einfchnitte gerad auseinander ftehen.

zwey - drey - vier - vielzählig , *bi - tri - quadri - multidentata*.

ausgezackt , *crenata* , deren Einfchnitte nicht fpitzig find.

fägförmig , *ferrata* , deren Einfchnitte gegen die Hauptfpitze zugerichtet
find.

gewäffert , *undulata* , *repanda* , deren Rand nur gebogen , die mittlere Fläche aber doch eben ift.

kraufe , *crifpa* , die durchaus hin und wieder gebogen find ,

ausgefchweift , *finuata*.

gefalten , *plicata* , die in fcharfe Falten fich legen.

gefpalten , *incifa* , *divifa*.

zwey - drey - vier - vielfpaltig , *bi - tri - quadri - multifida*.

zerriffen , *laciniata* &c.

K. Der *Fläche* b) nach ,

wollig , *lanata*.

haarig.

a) margo.   b) fuperficies , volumen.

❖ ❖ ❖

haarig, *pilofa.*
stachelicht, *aculeata.*
gefurcht, *fulcata.*
rauh, *hirfuta.*
zottig, *villofa* &c.

L. Der *Spitze* a) nach,
abgestutzt, *truncata.*
ausgeschnitten, *emarginata*, deren rundliche Spitze in der Mitte gefchlist
ist.
spitzig, *acuta.*
gäblich, *cirrhofa* &c.

M. Der *Vergleichung* b) nach,
herzförmig, *cordata.*
nierenförmig, *reniformia.*
pfeilförmig, *fagittata.*
spiefsförmig, *bastata.*
haargleich, *capillaria.*
pfriemenförmig, *fubulata.*
keilförmig, *cuneiformia* &c.

N. Der äuffern und innern *Befchaffenheit* c) nach,
dick, *craffa.*
dünn, *tenuia.*
wollig, *tomentofa.*
fleischig, *carnofa.*
sehnig, *neruofa.*
aderig, *venofa.*

§. 36.

a) apex. b) comparatio. c) habitus.

❀ ❀ ❀ 　　　　　　　　　17

§. 36.

Zu der Blätterlehre gehören noch einige zufällige *Anhänge* a). Nämlich: das
Afterblumenblatt (bractea) unter der Blume, so an Gestalt von den ordentlichen Blättern
abweicht, die *Stützen* (stipulae), so als kleine Schuppen bey dem Ursprung des Blät-
terstieles stehen, die *Gäblein* (capreoli, cirrhi, clauiculae), fadenförmige in Schne-
cken gewundene Bänder, womit sich die Pflanze an andere Theile anhängt, die *Sta-
cheln* (spinae), die *Dornen* (aculei), die *Haare* (pili), die *Drüsen* (glandulae).

a) appendices.

§. 37.

Die *Blume* (§. 17.) ist derjenige häutige Theil der Pflanze, *welcher durch sein
zarteres Geläude, und seine Schönheit der Farbe, sich von den übrigen Theilen unter-
scheidet, und der Frucht allezeit vorangehet.*

§. 38.

Eine jede Blume hat theils *wesentliche* a) und *grosse*, theils *zufällige* b) und
ungrosse Theile. Jene sind die *Staubgefässe* c) und *Staubwege* d). Diese sind der
Kelch e), die *Blüthe* f), die *Frucht* g), die *Saftgrube* h).

a) essentiales. b) accidentales. c) stamina. d) pistillum. e) calix. f) corolla. g)
fructus. h) nectarium.

§. 39.

Der *Kelch* (§. 38.) ist die *äussere häutige Blumendecke, welche unmittelbar, oder
vermittelst der Blüthe, die Staubgefässe und Staubwege umgiebt und in sich fasset.*

§. 40.

Der *Kelch* hat dreyerley Beynamen. Umgiebet er die *Staubgefässe* allein, so
heisst er der *Blumenkelch* a); umgiebt er die *Staubwege* allein, so heisst er der *Frucht-
kelch* b); umgiebt er beyde zugleich, so heisst er der *Befruchtungskelch* c).

a) calix floris. b) fructus. c) fructificationis.

§. 41.

Bey einigen verlieret diese äussere Blumendecke ganz und gar den Namen *Kelch*;
und heisst statt dessen bey den *Schirmblumen* a) *Umschlag* b); bey den *Lilienblumen*

C

der

18 ❀ ❀ ❀

der *Spatel*, die *Scheide* c); bey dem *Getreide* und dem *Graſe* der *Halm*, die *Hülſe* d);
bey den *Kätzleinblumen* e) die *Wurſt*, das *Kätzlein* f); bey den *Moſen* g) die *Kap-
pe* h); und bey den *Schwämmen* i) das *Ey* k).

a) vmbellatus. b) inuolucrum. c) ſpatha. d) gluma. e) iuliferae. f) amentum.
g) muſcus. h) calyptra. i) fungus. k) volua.

§. 42.

Dem *Daſeyn* und der *Anzahl* nach iſt entweder gar *kein* Kelch gegenwärtig a);
oder es iſt derſelbe nur *einfach* b); oder *doppelt* c), *dreyfach* d) &c.

a) nullus. b) ſimplex. c) duplex. d) triplex.

§. 43.

Betrachtet man den *Bau* des Kelches, ſo beſteht ſolcher entvveder aus einem
einzigen Blatte, oder aus *mehrern* zugleich. Iſt das erſtere, ſo heißt er *einblätterig* a);
und zvvar nach ſeinen *Einſchnitten* b) entvveder *zvvey - drey - vielſpaltig* c); oder
zvvey - drey - vielzähnig d). Iſt das letztere, ſo heißt er entvveder nach der Geſtalt
und Lage der Blätter: *ziegel - e) ſchuppenfö rmig* f); oder nach der Anzahl der Blätter *zvvey - drey - vier - vielblätterig* g).

a) monophyllus. b) inciſuræ. c) bi - tri - multifidus. d) bi - tri - multidentatus.
e) imbricatus. f) ſquamoſus. g) bi - tri - tetra - polyphyllus.

§. 44.

Der *Geſtalt* nach iſt der Kelch *gleich* a), *ungleich* b), *kugelrund* c), *keulenför-
mig* d), *umgebogen* e). *gerad* f). *ganz* g). *ſägförmig* h). *ſtumpf* i). *abgeſtuzt* k) &c.

a) aequalis. b) inaequalis. c) globoſus. d) clauatus. e) reflexus. f) erectus.
g) integer. h) ſerratus. i) acutus. k) truncatus.

§. 45.

Siehet man auf die *Dauer* des Kelchs, ſo iſt derſelbe entvveder *beſtändig* a);
oder *abfallend*, und zvvar letzteres entvveder noch *vor* der Blume b) oder gleich mit
der *Blume* c).

a) perſiſtens. b) caducus. c) deciduus.

§. 46.

Die *Blüthe* (§. 38.), vvelche ſonſt auch der *Blumenkranz* genennet vvird, iſt
die innere bäutige Blumendecke, vvelche ſich insgemein durch die *ſchöne*, und von dem
Kelche *verſchiedene*, Farbe merklich macht.

§. 47.

§. 47.

Es ist die Blüthe, wie der Kelch (§. 43.), entweder einblätterig a) oder vielblätterig b). Jene ist ganz a), zwey-drey-vielspaltig d); zwey-drey-vier-vieltheilig e). Diese zwey-drey-vielblätterig f).

a) monopetala. b) polypetala. c) integra. d) bi-tri-multifida. e) bi-tri-quadrimultidentata. f) bi-tri-polypetala.

§. 48.

Die Blüthe ist, wie der Kelch (§. 43 -- 45.), von gar verschiedener Art und Benennung. Der Aehnlichkeit nach ist sie glockenförmig a), trichterförmig b), lippenförmig c) &c. Der Gestalt nach, gewässert d), gefalten e), gewunden f), zusammengerollt g); gleich h), ungleich i); ähnlich k), unähnlich l) &c. Dem Rande und dem Umfange nach ganz m), gespalten n), gezähnet o), ausgezackt p), rauh q) &c. Der Daure nach, verwelkend r), abfallend s), beständig t).

a) campaniformis. b) infundibuliformis c) labiata. d) undulata. e) plicata. f) torta. g) revoluta. h) aequalia. i) inaequalia. k) regularis. l) irregularis. m) integra. n) divisa. o) dentata. p) crenata. q) hirsuta. r) marcescens. s) caduca. t) persistens.

§. 49.

Es hat aber, sowohl die einblätterige, als die vielblätterige, Blübe (§. 47.) ihre eigene und besondern Theile.

§. 50.

Bey der einblätterigen Blüthe bemerket man drey Theile. Der untere walzenförmige a) Theil, heißt die Röhre b); der obere breitere und meistens flache Theil, heißt der Rand, das Gebräme c); und die innere Oeffnung des Randes, als der Anfang der Röhre, heißt die Mündung d).

a) cylindracea. b) tubus. c) limbus. d) orificium tubi, faux.

§. 51.

Die Röhre (§. 50.) ist unten entweder offen a), oder zu b). Letztere, wenn sie in die Länge ausläuft, heißt der Sporn c).

a) perforatus. b) caecus. c) calcar.

C 2

❧ ❧ ❧

§ 52.

Der Rand (§. 50.) ift entweder *ganz* a); oder *gefpalten* und eingefchnitten b); oder in *Lippen* c) abgetheilet. Bey letztern heißt die obere Lippe der *Helm* d); die untere Lippe der *Bart* e).

a) integer. b) laciniatus. c) labiatus. d) galea. e) barba.

§ 53.

Die *Mündung* (§. 50.), welche bey einigen Blumenarten auch der *Rachen* a) heißt, ift entweder *offen* und *blos* b); oder fchuppenartig *verfchloffen* c); oder *gekrönet* d); oder *bedeckt* e).

a) faux. b) apertum, nudum. c) claufum. d) coronatum. e) tectum.

§ 54.

Die *vielblätterigen* Blüthen haben einen *untern* und *obern* Theil. Jener, fo der Grundfläche auffitzet, heißt der *Nagel* a); diefer fo frey ausläuft, wird die *Platte* b) genannt. Die Blätter felbft aber heißen *Blumenblätter* c).

a) unguis. b) lamina. c) petala.

§ 55.

Wenn die Blüthe *vier ähnliche* a) Blätter hat, fo heißt fie eine *Creutzblüthe* b). Hat fie aber *vier* oder *fünf unähnliche* c) Blätter; fo nennet man fie eine *Zwiefalterblüthe* d). Hat fie *fünf ähnliche* e) Blätter, fo bekommt fie den Namen entweder einer *Rofenblüthe* f), oder einer *Schirmblüthe* g). Hat fie *fechs* Blätter, fo heißt fie insgemein eine *Lilienblüthe* h).

a) tetrapetala regularis. b) cruciformis. c) tetra-pentapetala irregularis. d) papilionacea. e) pentapetala regularis. f) rofacea. g) vmbellata. h) liliacea.

§. 56.

Bey der *Zwiefalterblüthe* (§. 55.) hat jedes Blatt wieder feine eigene Benennung. Das obere breitere Blatt heißt die *Fahne* a); die zwey Seitenblätter die *Flügel* b); und das untere, oder die zwey untern zufammen genommen, der *Schnabel* c).

a) vexillum. b) alae. c) carina.

§ 57.

❀ ❀ ❀

§. 57.

Die *Saftgrube* (§. 33.) ist derjenige honigreiche Theil der Blume, welcher sich entweder in eigenen, von den Blumenblättern verschiedenen, Blättern befindet, die zum Unterscheide die *Saft - Honigblätter* a) heissen; oder der an den ordentlichen Blumenblättern bald eine *Grube* b), bald eine *Drüse* c), bald etwas anders vorstellet.

a) petala nectarifera. b) fouea. c) glandula.

§. 58.

Die *Staubgefässe* (§. 38.) sind die innern Theile der Blume, welche die Staubwege umgeben. Sie bestehen aus den *Staubfäden* a) und aus den *Staubfächen* b).

a) filamenta. b) antherae.

§. 59.

Die *Staubfächen* (§. 58.) sitzen oben auf den Staubfäden, und enthalten denjenigen männlichen Saamen, der, wenn er zu seiner Reife gelanget ist, aus und von ihnen staubet. Sie heissen sonst auch die *Spitzen* a), die *Häuptlein* b), die *Hoden* c), die *Körnlein*.

a) apices. b) capitula. c) testiculi.

§. 60.

Es sind diese *Staubfächen* bey verschiedenen Blumen von verschiedener Art. Der Anzahl nach sind ihrer entweder eben so *viele* a), oder *mehr* b) und *wenigere* c), als der Blumenblätter. Den *Farben* d) nach, sind sie *zwey - drey - vier - vielfachige*). Dem *Baue* nach sind sie *einfach* f), *einzeln vor sich* g) oder *zusammengewachsen* h), entweder *unter sich*, oder mit den Staubwegen. Der *Gestalt* nach sind sie *länglich* i), *kugelrund* k), *eckig* l), *pfeilenförmig* &c.

a) pares. b) plures. c) pauciores. d) loculamenta. e) bi - tri - quadri multiloculares. f) simplices. g) distinctae. h) coalitae. i) oblongae. k) globosae. l) angulatae. m) sagittatae.

§. 61.

Die *Staubfäden* (§. 58.) tragen und stützen die Staubfächen. Manchmal fehlen sie, oder sind doch so klein, dass sie gänzlich zu fehlen scheinen; alsdenn werden an ihrer statt die *Staubfächen* gerechnet.

C 3

§. 62.

22   ❀ ❀ ❀

§. 62.

Auch die *Staubfäden* haben ihren mannichfaltigen Bau und ihre befondern Benennungen. Der *Anzahl* nach giebt es derer von *einem* bis auf *zehen*, *zwanzig*, und *mehrere*. Den *Einf.bnitten* nach, find fie ganz a), *zwey-drey-neunfpaltig* b). Der *Geftalt* nach, *baargleich* c), *flach* d), *gekräufelt* e), *ausgefcbnitten* f), *gleich* g), *ungleich* h), *krummgebogen* i), *rauch* k).

e) integra. b) bi-tri-nouemfida. c) capillaris. d) plana. e) fpiralia. f) emarginata. g) aequalis. h) inaequalia. i) reflexa. k) hirfuta.

§. 63.

Die *Staubwege* (§. 38.), welche zufammengenommen auch der *Stempfel* heiffen, find derjenige Theil der Blume, der ganz in der Mitte ftehet, von den Staubgefäffen umgeben ift, und aus dem *Eyerftocke* a), dem *Griffel* b) und der *Spitze* c) beftehet.

a) ouarium, germen. b) tuba, ftylus. c) ftigma.

§. 64.

Der *Eyerftock* (§. 63.) ift der unterfte Theil der Staubwege, welcher die erften Grundlagen der Frucht, oder den eyergleichen Saamen, *enthält*.

§. 65.

Der *Griffel* (§. 63), welcher auch der *Stiel* a), die *Säule* b), der *Staubgang* genannt wird, ftehet allezeit auf dem *Eyerftocke*, als in welchen derfelbe fich erhöhet und ausläuft. Er ift von verfchiedener Art. Der *Anzahl* nach *ein-zwey-drey-vielfach* c); *ganz* d), oder *zwey-drey-vielfpaltig* e). Der *Geftalt* nach *eckig* f); *oval-kenförmig* g), *fadenähnlich* h), *borftengleich* i), *dick* k) &c. Der *Dauer* nach *bleibend* l), *verwelkend* m).

a) ftylus. b) columna. c) fimplex, duplex, triplex, multiplex. d) integra. e) bi-tri-multifida. f) angulata. g) cylindracea. h) filiformis. i) fetacea. k) craffa. l) perfiftens. m) marcefcens.

§. 66.

Die *Spitze* (§. 63.) ift der ganz oberfte Theil des *Griffels*, in welche derfelbe fich endet, und der den männlichen Saamenftaub auffänget.

§. 67.

§. 67.

Es kommt bey den Blüthen noch ein gewiſſer Theil vor, welcher weder der Blume, noch der Frucht allein eigen iſt, ſondern beyden ſcheinet gemeinſchaftlich zu ſeyn. Er macht die Grundfläche der Blüthe aus, und ſtehet meiſtens in dem Kelche mitten inne. Man könnte ihn die *Blumen*- oder *Fruchtſtütze* a), oder das *Bette* b) heiſſen; wird auch ſonſt der *Mutterkuchen* c) genannt.

a) receptaculum b) thalamus. c) placenta.

§. 68.

Dieſe *Blumen*- oder *Fruchtſtütze* (§. 67.) iſt ſonderlich bey den *zuſammengeſetzten* a) Blumen üblich; und hat verſchiedene *Beynamen*. Iſt ſie *einzelnen* Blumen eigen, ſo heiſſt ſie die *eigene* b) Stütze; iſt ſie mehrern zugleich eigen, ſo heiſſt ſie die *gemeinſchaftliche* c) Stütze. Der Geſtalt nach, iſt ſie *flach* d), *gewölbt* e), *ausgehöhlt* f) &c. Der Fläche nach, *bloſs* g), *getüpfelt* h), *vvollig* i), *haarig* k), *borſtig* l), *rauhig* m).

a) compoſiti. b) proprium. c) commune. d) planum. e) conuexum. f) concavum. g) nudum. h) punctatum. i) villoſum. k) piloſum. l) ſetoſum. m) paleaceum.

§. 69.

Die *Frucht* (§. 38.) folget auf die Blüthe, und iſt der dickergewordene und ausgedehnte Eyerſtock. Sie beſtehet aus dem *Saamenbehältniſſe* a), und aus dem *Saamen* b) ſelbſt.

a) pericarpium. b) ſemen.

§. 70.

An dem *Saamenbehältniſſe* (§. 69.) bemerket man drey beſondere Stücke. Die *äuſſere Decke*, welche auf mancherley Weiſe ſich auseinander begiebt, heiſſt die *Klappe* a). Dasjenige, wodurch diſs Behältnis von innen in verſchiedene Höhlen zerſchnitten und abgetheilet wird, heiſſt die *Scheidewand* b). Dieſe leere *Höhlungen* aber, ſo vor den Saamen eigentlich beſtimmet ſind, werden *Fächer* c) genannt.

a) valua, valuula. b) ſeptum, diſſepimentum. c) loculus, loculamentum.

24   ❀   ❀   ❀

§. 71.

Es giebt verfchiedene *Gattungen* des Saamenbehältniffes. Ift daffelbe trocken, dünn und häutig, fo heifst es eine *Schoote*, oder eine *Capfel* a). Ift es auswendig entweder *lederhaft* und dick, oder aber *fleifchig* und zu innerft hart wie eine *Nufs*, fo heifst es eine *Steinfrucht* b). Ift es faftig und enthält einzelne Saamenkörner, fo heifst es eine *Beere* c). Ift es eine folche *Beere*, die grofs ift und knorpellge Saamenfächer hat, fo heifst es ein *Apfel*, eine *Birne* d). Ift es zweyklappig, und mehr oder weniger lang; fo heifst es eine *Schote* e). Kommt es von dem *Kätzlein* her, fo heifst es ein *Zapfen* f).

a) capfula. b) drupa. c) bacca. d) pomum. e) legumen, filiqua, filicula. f) conus, ftrobilus.

§. 72.

Der *Geftalt* nach ift das *Saamenbehältnis aufgetrieben* a), *gewunden* b), *gegliedert* c) &c. Der *Klappe* nach, ift es *ein-zwey-drey-vielklappig* d). Der *Scheidewand* nach, ift es *gleichfeitig* e) oder *entgegengefetzt* f). Der *Hülfe* nach, ift es *zwey-drey-vielhülfig* g). Der *Beere* nach, *ein-zwey-drey-vielkörnig* h).

a) inflatum. b) turbinatum. c) articulatum d) vni-bi-tri-quadrimultiualue. e) parallelum. f) contrarium. g) vni-bi-tri-multicapfulare. h) mono-bi-tri-polypyrenum.

§. 73.

Der *Saame* (§. 69.) macht das Wefen der Frucht aus, und fafst die Grundlagen der neuen Pflanze in fich.

§. 74.

Es giebt verfchiedene Arten und Renennungen der Saamen. Der *Anzahl* nach, giebt es *einen*, *zwey*, *drey*, *mehrere*; und dergleichen Pflanzen heiffen, *ein-zweydrey-vielfaamige* a). Dem *Fache* nach, *ein-zwey-drey-vielfachig* b). Der *Geftalt* nach, *herzförmig* c), *ftachlich* d) &c. Der *Krone* nach, *blofs* e), *gezähnet* f), *vollig* g), *haarvollig* h), *federvollig* i), *riemenvollig* k).

a) mono-bi-tri-polyfperma. b) vni-bi-multiloculare. c) cordiforme. d) echinatum, e) nudum. f) dentatum. g) pappofum. h) pappo capillari. i) pappo plumoto. k) pappo paleaceo.

III. Ab-

III. Abſchnitt.

*Von den verſchiedenen Lehrgebäuden, ſo ſich auf die Blu-
me und Frucht gründen: hauptſächlich von dem Tournefortiſchen, Riviniſchen und Linnaeiſchen Lehrgebäude.*

§. 75.

Da ſich unter den Pflanzen eine gewiſſe Uebereinſtimmung und Abweichung befindet; ſo hat dieſes den Kräuterlehrern Anlaß gegeben, ſie nach den Theilen der
Blüthe und der Frucht in gewiſſe Ordnungen a), Geſchlechter b) und Gattungen c) ab-
zutheilen; und nach Maaſsgabe derſelben eigene Lehrarten d) oder Lehrgebäude e)
aufzurichten.

a) claſſes. b) genera. c) ſpecies. d) methodi. e) ſyſtemata.

§. 76.

Wir wählen aus der Menge dieſer Lehrarten nur drey, als die hinlänglichſten
und gewöhnlichſten, um dieſelben deutlich auseinander zu ſetzen und zu erklären.
Nämlich das Tournefortiſche, das Riviniſche und Linnaeiſche.

§. 77.

Tournefort hat ſein Lehrgebäude von der Blüthengeſtalt a) hergenommen; und
niederſamſt alle Pflanzen in Bäume, Stauden, Sträuche und Kräuter (§. 27.) abgetheilet.

a) figura corollae.

§. 78.

Nach dieſem Lehrgebäude iſt die Blume entweder mit Blättern verſehen, oder
ſie iſt derſelben beraubet. Im erſtern Falle heiſſt ſie eine Blätterblume a); im andern
Falle eine blätterloſe b) Blume.

a) petaloideus. Tab. I. Fig. II -- Tab. II. Fig. XIV. b) ſpatula. Tab. II. Fig.
XV. XVI. XVII.

D   §. 79.

§. 79.

Die *Blätterblumen* (§. 78.) find entweder *einfach* a) oder *vielfach* b). Jene haben jede befonders alle Theile der Befruchtung ; diefe haben ein gemeinfchaftliches Blumenbette c) und Kelch d), und beftehen aus Blümgen e), oder Halbblümgen f), oder allen beyden zufammen.

a) fimplices. b) compofiti. c) thalamus communis, receptaculum commune. d) calyx communis, perianthium commune. e) flofculi. f) lemißofculi. Tab. I. Fig. II – Tab. II. Fig. IV. Tab. II. Fig. VII – XIV.

§. 80.

Die *einfachen* Blumen (§. 79.) haben entweder nur *ein Blatt*, oder deren *mehrere*. Jene heißen *einblätterige* a); diefe *vielblätterige* b).

a) monopetall. Tab. I. Fig. II – XVIII. b) polypetall. Tab. I. Fig. XIX. Tab. II. Fig. VI.

§. 81.

Die *einfachen einblätterigen* Blumen (§. 80.) werden wieder nach ihrer verfchiedenen *Geftalt* abgetheilet und benannt. Diejenigen, welche einer *Glocke* gleichen, heißen *Glockenblumen* a); welche wie ein Trichter ausfehen, heißen *Trichterblumen* b); welche einem *Rade* ähnlich find, heißen *Radblumen* c); welche man fchwer mit etwas rechten vergleichen kann, heißen *Ungeftaltblumen* c); und welche wie *Lippen* gebauet find, heißen *Lippenblumen* e).

a) campaniformes. T. I. Fig. II – VI. b) infundibuliformes. Fig. VII. VIII. c) rotati Fig. IX. X. d) anomali. Fig. XI – XIV. e) labiati. Fig. XV – XVIII.

§. 82.

Die *Glockenblumen* haben wieder vier Unterabtheilungen und Beynamen. Ift fowohl der Boden als die Seiten weit, fo heißen fie im eigentlichften Verftande *Glockenblumen* a). Wenn der Boden und die Seiten enge, und wie bey einer *Röhre* ziemlich nahe beyeinander find, fo heißen fie *röhrige* Glockenblumen b). Wenn die Seiten weiter, als der Boden find, fo heißen fie offene Glockenblumen c). Laufen endlich die Seiten oben ganz nahe zufammen; fo heißen fie kugelrunde Glockenblumen d).

a) campaniformes. Tab. I. Fig. II. b) tubulati Fig. III. c) patentes, Fig. IV. d) globofi. Fig. V. VI.

§. 83.

§. 83.

Der *Trichterblumen* giebt es nur zwo Arten. Lauffen fie ganz enge aus, und kommen alfo einem ordentlichen Trichter bey, fo heiſſen ſie im eigentlichſten Verſtande *Trichterblumen* a). Sind ſie unten aber abgeſtutzt, und ſehen mehr einem *Becher* ähnlich; fo heiſſen fie *Becherblumen* b).

a) infundibuliformes. Tab. I. Fig. VIII.   b) hypocrateriformes. Tab. I. Fig. VIII.

§. 84.

Der *Ungeſtaltblumen* (§. 81.) ſind vier Gattungen. Entweder ſehen fie wie eine *Mönchskappe* aus, und heiſſen *Kappenblumen* a); oder ſie ſind *röhrig* und endigen ſich gleichſam in eine *Zunge*, und heiſſen *Rohr-Zungenblumen* b); oder ſie ſtehen auf beyden Seiten von einander, und heiſſen *offene Blumen* c) oder ſie haben einige Geſtalt der Menſchen und Thiere, und heiſſen *Larvenblumen* d).

a) cucullati. Tab. I. Fig. XI.   b) tubulati, linguiformes, lingulati. Tab. I. Fig. XII.
c) utrimque patentes. Tab. I. Fig. XIII.   d) perſonati. Tab. I. Fig. XIV.

§. 85.

Der *Lippenblumen* (§. 82.) ſind vier Arten; und kommt bey denſelben hauptſächlich die *Oberlippe* in Betrachtung. Entweder iſt die Oberlippe einem *Helm* oder einer *Sichel* a) ähnlich; oder fie iſt wie ein *Löffel* ausgehöhlet b); oder fie ſtehet gerad aufwärts c); oder ſie iſt *abgeſtutzt* und gleichſam *einlippig* d). Die Unterlippe oder der *Bart* e) *zwey-dreyſpaltig* f), *zurückgebogen* g), *gekerbt* h), *geſchlitzt* i), *herzförmig* k), &c.

a) galeatum, falcatum. Tab. I. Fig. XVI.   b) cochleari inſtar excavatum. Tab. I. Fig. XVII.   c) erectum. Tab. I. Fig. XVIII.   d) truncatum, unilabiatum. Tab. I. Fig. XV.   e) barba.   f) bi - trilobum.   g) reflexum.   h) crenatum.   i) emarginatum.   k) cordiforme, cordatum.

§. 86.

Der einfachen *vielblätterigen* Blumen (§. 80.) werden von *Tournefort ſieben* Arten angegeben. Beſtehet die Blume aus *vier* ähnlichen Blättern, fo heiſt fie eine *Creutzblume* a). Hat fie mehr als vier, ſonderlich *fünf* Blätter, und die kreisartig beyeinander ſtehen, fo heiſt fie eine *Roſenblume* b). Stehen viele *fünfblätterigen Roſenblumen* fo beyeinander, daſs fie, und ſonderlich ihre Stiele, einen *Sonnenſchirm* vorſtellen, fo heiſſen fie *Schirmblumen, Doldenblumen* c). Wenn die Nägel einer fünfblätterigen

Roſen-

28

❋ ❋ ❋

Rofenblume im Kelche fo nahe an- und übereinander liegen, daſs ſie eine *Röhre* vorſtellen; folglich die Blume den Nelken gleichet; ſo heiſst ſie eine *Nelkenblume* d). Wenn die Blume den *Lilien* ähnlich ſiehet, und dabey *drey* oder *ſechs* Blätter, oder gar nur *ein* Blatt mit *ſechs* Einſchnitten hat, ſo heiſst ſie eine *Lilienblume* e). Hat die Blume *vier* oder *fünf* ungleiche Blätter, die zuſammengenommen einen *Zweyfalter* vorſtellen ſollen; ſo heiſst ſie eine *Zweyfalterblume* f); und zwar derſelben oberſtes Blatt die *Fahne* g); das unterſte der *Schnabel* h); und die beyden *Seitenblätter* die *Flügel* i). Hat endlich die Blume zwar viele Blätter, man kann ſie aber kaum mit etwas rechtem in Vergleichung bringen, ſo heiſst ſie eine *Ungeſtaltblume* k).

a) cruciformis. Tab. I. Fig. XIX. XX. b) roſaceus. Tab. I. Fig. XXI. XXII. c) vmbellatus. Tab. II. Fig. I. d) caryophyllaeus. Tab. II. Fig. II. III. e) lilaceus. Tab. II. Fig. IV. f) papilionaceus. Tab. II. Fig. V. g) vexillum. Tab. II. Fig. V. a. h) carina. Tab. II. Fig. V. c. i) alae. Tab. II. Fig. V. b. b. k) anomalus. Tab. II. Fig. VI.

§. 87.

Von den *vielfachen* Blumen (§. 79.) ſind nur *dreyerley* Arten bekannt. Die *Blümgenblumen* a); die *Halbblümgenblumen* b); die *Strahlblumen* c).

a) floſculoſi. Tab. II. Fig. VII. b) ſemifloſculoſi. Tab. II. Fig. X. c) radiati. Tab. II. Fig. XII.

§. 88.

Die *Blümgenblumen* (§. 87.) werden diejenigen genennet, die aus dicht beyeinander in einem Kelche ſtehenden Blümgen beſtehen. Man nennet aber *Blümgen* a) diejenigen zarten und röhrigen einfachen Blumen, welche oben auf allerhand Arten, meiſtens ſternartig, eingeſchnitten ſind und ſich ausbreiten.

a) floſculi. Tab. II. Fig. VIII. XIII.

§. 89.

Die *Halbblümgenblumen* (§. 87.) ſind diejenigen, welche, aus dicht beyeinander, und in einem Kelche, ſtehenden Halbblümgen beſtehen. Es heiſſen aber *Halbblümgen* z) diejenigen, deren unterer Theil *röhrig*, der obere aber *flach* iſt, und wie in eine *Zunge* ausläuft.

a) ſemifloſculi. Tab. II. Fig. XI.

§. 90.

§. 90.

Die *Strahlblümgen* (§. 81.) beftehen aus Blümgen und Halbblümgen, die an zwey befundern Theilen dicht beyeinander in einem Kelche fitzen. Der innere und mittlere Theil heißt die *Scheibe* a); der äußere, welcher den Rand oder den Umfang ausmachet, wird die *Krone*, oder der *Strahl* b), genannt. An der *Scheibe* fitzen lauter *Blümgen* c); an der *Krone* aber, oder an dem *Strahle*, befinden fich lauter *Halbblümgen* d).

a) difcus. Tab. II. Fig. XII. a. b) corona, radius. Tab. II. Fig. b. c) flofculi Tab. II. Fig. XIII. d) femiflofculi. Tab. II. Fig. XIV.

§. 91.

Die *blätterlofen* Blumen (§. 78.) haben bey *Tournefort* wiederum folgende Abtheilungen und Namen. Sie heiffen *Fadenblumen* a), *Wurfblumen* b), *Zapfenblumen* c), *Grasblumen* d), *Mofje* f), *Schwämme* g).

a) flaminei. Tab. II. Fig. XV. b) iutiferi. Tab. IV. Fig. V. c) coniferi. Tab. II. Fig. XVII. d) graminei. e) epiphylloſpermi. Tab. II. Fig. XVI. Tab. IV. Fig. IX. f) mufci. Tab. IV. Fig. X. g) fungi. Tab. IV. Fig. XI.

§. 92.

Mit dem *Tournefortifchen* Lehrgebäude verknüpfet man am beften und nützlichften das *Rivinifche*; jedoch fo, daß diefes letztere zum Grunde zu legen ift, aus dem erftern aber nur die Unterabtheilungen und Beynamen zu entlehnen find.

§. 93.

Rivin, und andere nach ihm, haben die äufferliche *Befchaffenheit* a) und die *Anzahl* b) der Blumenblätter zum Grunde ihres Lehrgebäudes angenommen; und nach Maasgabe derfelben folgende Abtheilungen und Namen feftgefetzet.

a) regularitas. b) numerus.

§. 94.

Eine jede Blume ift entweder mit *Decken* a), verfehen, oder fie ift derfelben beraubet. Im erftern Falle heißt fie eine *Deckenblume* b); im andern Falle heißt fie eine *deckenlofe* Blume c). Letztere kommen in der XIIX. Ordnung vor, als welche von den *deckenlofen* Pflanzen d) handelt.

a) inuolucra. b) inuoluta. Tab. I-II. Fig. XV. c) nudus. Tab. IV. Fig. V. d) plantae nudae.

❋ ❋ ❋

§. 95.

Die *Deckenblume* (§. 94.) hat entweder *Staubgefäße* und *Staubwege* zugleich, oder von beyden nur die Staubgefäße, oder nur die Staubwege, allein. Ift das erftere gegenwärtig, fo heißt fie eine *vollkommene* Blume a); findet man das letztere, fo heißt fie eine *Beziehungsblume* b).

a) perfectus. Tab. I. b) relativus. Tab. IV. Fig. IV - VII.

§. 96.

Die *vollkommene* Blume (§. 95.) hat entweder *Blätter*; oder es fehlen ihr diefelben. Zeiget fich jenes, fo nennt man fie eine *Blätterblume* a); zeiget fich diefes, fo heißt fie eine *blätterlofe* Blume b). Letztern ift die XV. Ordnung beftimmt, als welche von den *blätterlofen* Pflanzen Nachricht giebt.

a) petaloideus. Tab. I. b) apetalus. Tab. II. Fig. XV.

§. 97.

Die *Blätterblume* (§. 96.) beftehet entweder aus einem *einzigen* Blatte, oder fie hat derer *mehr* als *eines*. Wenn das erftere zutrift, fo wird fie eine *einblätterige* Blume a) genennet.

a) monopetalus. Tab. I. Fig. II - XVIII.

§. 98.

Die *einblätterige* Blume (§. 97.) ift entweder *einfach* a), oder *vielfach* b). (§. 79.)

a) fimplex. Tab. I. Tab. II. Fig. I -- VI. b) compofitus. Tab. II. Fig. VII- XIV.

§. 99.

Die *einblätterige einfache* Blume (§. 98.) ift entweder *ähnlich* a), oder *unähnlich* b). Jenes, wenn die Blüthe ihrem Umfange nach von dem Mittelpunkte überall gleichweit abftehet; und von diefen, als den *einfachen ähnlichen* Pflanzen c), handelt die I. Ordnung. Diefes, wenn die Blüthe ihrem Umfange nach von dem Mittelpunkte ungleich weit abftehet, und wenn fonderlich die Blumenblätter, oder deren Einfchnitte, ungleich groß oder geftaltet find. Von diefen, als den *einfachen unähnlichen* Pflanzen d), handelt die II. Ordnung.

a) regularis. Tab. I. Fig. II - X. b) irregularis. Tab. I. Fig. XI - XVIII. c) plantae monopetalae regulares. d) plantae monopetalae irregulares.

§. 100.

§. 100.

Die *einblätterige vielfache* Blume (§. 98.) ist entweder *röhrig* a), oder *zungenförmig* b), oder *vermischt* c).

a) tubulofus. Tab. II. Fig. VII. Tab. IV. Fig. I.   b) lingulatus. Tab. II. Fig. X. XI.   c) mixtus. Tab. II. Fig. XII -- XIV.

§. 101.

Die vielfache *röhrige* Blume (§. 100.) hat eine hohle Röhre und ist oben verschieden *eingeschnitten* a). Diese *vielfachen röhrigen* Pflanzen werden in der III. Ordnung beschrieben. Die *vielfache zungenförmige* Blume (§. 100.) hat eine fast unsichtbare Röhre, aber ein desto schmäleres und längeres Blättgen, so einem *Züngelgen* b) ziemlich gleich kommt. Von diesen *vielfachen zungenförmigen* Blumen giebt die IV. Ordnung Auskunft. Die *vielfache vermischte* Blume (§. 100.) ist aus *röhrigen* c) und *zungenförmigen* d) zusammengesetzt; davon jene inwendig auf der *Scheibe* e), diese aussen am *Rande* f) sitzen. Und diese vielfachen vermischten Pflanzen beschreibet die V. Ordnung.

a) Tab. II. Fig. VIII. XIII.   b) Tab. II. Fig. XI. XIV.   c) tubulosi Tab. II. Fig. XIII.   d) lingulati Tab II. Fig. XIV.   e) discus. Tab. II. Fig. XII. a.   f) radius. Tab. II. Fig. XII. b. b. b. b.

§. 102.

Die *vielblätterige* Blume (§. 97.) hat zwo, drey, vier, fünf, sechs oder mehr, als sechs *Blumenblätter*, sie heißt daher eine *zwey* a) - *drey* b) - *vier* c) - *fünf* d) - *sechs* e) - oder *vielblätterige* f) Blume. Es wird von diesen Blumenarten von der VI. bis zur XIV. Ordnung Nachricht ertheilet; als in welchen die *zweyblätterigen*; die *dreyblätterigen*; die *vierblätterigen*, ähnlichen und unähnlichen; die *fünfblätterigen*, ähnlichen, unähnlichen und *schirmtragenden*; die *sechsblätterigen*; die *vielblätterigen* Pflanzen abgehandelt werden.

a) dipetalus.   b) tripetalus.   c) tetrapetalus. Tab. I. Fig. XIX.   d) pentapetalus. Tab. I. Fig. XXI. Tab. II. Fig. I. II.   e) hexapetalus Tab. II. Fig. IV.   f) polypetalus. Tab. II. Fig. VI.

§. 103.

⟨ ❋ ❋ ❋

§. 103.

Die *Beziehungsblume* (§. 95) hat entweder *Staubgefäſſe* a), oder *Staubwege* b). Wenn beyde auf einer und eben derſelben Pflanze oder Baume ſich befinden, ſo heiſſt ſie eine *einpflanzige* c) Blume. Stehet aber die eine Blume mit *Staubgefäſſen* auf einer Pflanze oder Baume, und die andere Blume mit den *Staubwegen* auf einer andern und beſondern Pflanze oder Blume; ſo heiſſen dieſe beyden Blumen zuſammengenommen eine *doppeltpflanzige* d). Von jenen handelt die XVI; von dieſen die XVII. Ordnung.

a) flamineus. b) piſtillatus. c) monophytus. Tab. IV. Fig. IV. V. d) diphytus. Tab. IV. Fig. VII. VII.

§. 104.

Dem *Tournefortiſchen* und *Riviniſchen* Lehrgebäude füge ich noch das *Linnæiſche* bey. Es wird zwar davon in den Arzneykräutertafeln nichts vorkommen; da aber gleichwohl dieſes Lehrgebäude täglich üblicher wird; ſo möchte es manchem angenehm ſeyn, auch hiervon eine kurze Erklärung in ſeiner Mutterſprache zu leſen.

§. 105.

Das *Linnæiſche* Lehrgebäude a) leget die *Staubgefäſſe* b) und die *Staubwege* c) zum Grunde. Und weil man aus unzähligen Beobachtungen und Erfahrungen überzeuget worden iſt, daſs vermittelſt der Staubgefäſſe und Staubwege im Pflanzenreiche eben ſo etwas vorgehet, wozu im Thierreiche die männlichen und weiblichen Zeugungsglieder ſonſt beſtimmet ſind, ſo werden die Staubgefäſſe und Staubwege das Geſchlecht d), und dieſes darauf ſich gründende Lehrgebäude, das Geſchlechtsgebäude e) genennet.

a) Tab. II. IV. b) flamina. c) piſtillum. d) ſexus. e) ſyſtema ſexuale.

§. 106.

Die *Staubgefäſſe* und *Staubwege* befinden ſich entweder in *ſichtbaren* a), oder faſt *unſichtbaren* b) Blumen. Von letztern handelt die XXIV. Claſſe; welche die *verborgenehige* c) genannt wird; weil die Zeugungsglieder ſowohl, als andere damit verknüpfte Umſtände, noch nicht haben können deutlich gemacht werden.

a) viſibiles. Tab. III. b) vix viſibiles. Tab. IV. Fig. IX. X. XI. c) cryptogamia.

§. 107.

§. 107.

Die *Staubgefäße* und *Staubwege* find in den fichtbaren Blumen nicht einerley, fondern von verfchiedener Art und Befchaffenheit. Sie geben infonderheit auf vierfache Weife von einander ab. In Anfehung der *Blume* a), des *Zufammenhanges* b) des *Verhd.miffes* c), und der *Anzahl* d).

a) flos. b) cohaerentia. c) proportio. d) numerus.

§. 108.

In Anfehung der Blume (§. 107.) befinden fich entweder die Staubgefäße und Staubwege *in einer* und *eben derfelben* Blume a); oder man findet die Staubgefäße in der einen, und die Staubwege in der andern, von jener *abgefonderten*, Blume b).

a) Tab. III - - Tab. IV. Fig. I - - III. b) Tab. IV. Fig. IV - VIII.

§. 109.

Wenn-beyde, die Staubgefäße und Staubwege, in einer und eben derfelben Blume fich befinden (§. 108.); fo find die Staubfäden in Anfehung des Zufammenhanges (§. 107) entweder *ganz und gar nicht* a), oder an *einem gewiffen Theile* b), zufammengewachfen.

a) Tab. III. Fig. XVII. b) Tab. III. Fig. XVIII. Tab. IV. Fig. I - III.

§. 110.

Sind die Staubgefäße ganz und gar nicht zufammengewachfen (§. 109.); fo find fie, dem *Verhältniffe* nach (§. 107.), entweder von einer *unbeftimmten* b), oder von einer *beftimmten* Länge b).

a) indeterminatae longitudinis. Tab. III. Fig. I - XIII. b) determinatae longitudinis. Tab. III. Fig. XIV. XV.

§. 111.

Wenn die Staubgefäße eine *unbeftimmte* Länge haben (§. 110.), fo findet man der *Anzahl* nach (§. 107.) nur *ein* Staubgefäße, oder deren *zwey* b), *drey* c), *vier* d), *fünfe* e), *fechfe* f), *fieben* g), *achte* h), *neune* i), *zehne* k), *zwölfe* l), mehr als zwölfe. Und zwar find letztern entweder dem *Kelche* angewachfen und ihrer insgemein *zwanzig* m); oder fie find dem *Kelche nicht angewachfen*, und ihrer mehr als zwanzig *). Davon find denn folgende Benennungen und Claffen entftanden. *Einmännige* n), Claffe I. *Zweymännige* o), Claffe II. *Dreymännige* p), Claffe III. *Viermännige* q), Claffe IV. *Fünfmännige* r), Claffe V. *Sechsmännige* s), Claffe VI. *Siebenmännige* t), Claffe VII. *Neunmännige* x), Claffe IX. *Zehnmännige* y), Claffe X. *Zwölfmännige* z), Claffe XI. *Zwanzigmännige* aa), Claffe XII. *Vielmännige* bb), Claffe XIII.

a) Tab. III. Fig. I. b) Fig. II. c) Fig. III. d) Fig. IV. e) Fig. V. f) Fig. VI. g) Fig. VII. h) Fig. VIII. i) Fig. IX. k) Fig. X. l) Fig. XI. m) Fig. XII. *) Fig.

E

*) Fig. XIII. a) monandria. o) diandria. p) triandria. q) tetrandria. r) pentandria. s) hexandria. t) heptandria. u) octandria. x) enneandria. y) decandria. z) dodecandria. aa) icosandria. bb) polyandria.

§. 112.

Was *Linnæus* *männige* a) heißt, das nennen andere *fädig* b). *Einfädig*, *zweyfädig*, *dreyfädig* c) &c.

a) andria. b) anthera, stemon. c) monanthera, dianthera, trianthera &c. monostemon, distemon, tristemon &c.

§. 113.

Wenn die Staubgefäße eine *bestimmte* Länge haben (§. 110.), so sind sie einander ungleich. Und zwar sind entweder zween a) oder vier b) länger, als die übrigen. Findet sich das erstere, so entstehet daraus die XIV. Classe, und heißt *doppelmächtige* c). Findet sich das letztere, so entstehet daraus die XV. Classe, welche die *vierfachmächtige* d) genennet wird.

a) Tab. III. Fig. XIV. b) Fig. XV. c) didynamia. d) tetradynamia.

§. 114.

Wenn die Staubgefäße zusammengewachsen sind (§. 109.), so findet man solches entweder an den *Fäden* a), oder an den *Faden* b), oder es sind die *Staubgefäße* den *Staubwegen* angewachsen c).

a) filamenta. b) antheræ. c) stamina cum pistillo.

§. 115.

Sind die *Fäden* zusammengewachsen; so sind solches entweder nur *einfach* a), oder *zweyfach* b), oder *vielfach* c). Die *einfach zusammengewachsenen* machen die XVI. Classe aus, und heißt die *einbrüderige* d). Die *zweyfach zusammengewachsenen* machen die XVII. Classe, und heißt die *zweybrüderige* e); die *vielfach zusammengewachsenen* machen die XVIII. Classe, und heißt die *vielbrüderige* f).

a) Tab. III. Fig. XVIII. b) Fig. XIX. c) Fig. XX. d) monodelphia. e) diadelphia. f) polyadelphia.

§. 116.

Wenn die *Staubfäche* also zusammengewachsen sind, daß sie eine *Röhre* a) vormachen; so entstehet daher die XIX. Classe, welche die *gemeinschaftliche* b) genannt werden könnte.

a) Tab. IV. Fig. I. II. c. b) syngenesia.

§. 117.

Wenn die *Staubgefäße an den Staubwegen sitzen*, und mit ihnen zusammengewachsen sind a); so entstehet daher die XX. Classe, welche die *Weibermännige* b) heißt.

a) Tab. IV. Fig. III. b) gynandria.

§. 118.

§. 118.

Sind die *Staubgefäſſe* und *Staubwege* in *verſchiedenen* und *von einander abgeſonderten* Blumen (§. 108.); ſo finden ſich ſolche entweder beyde an *einer* und eben *derſelben* Pflanze a); oder in *verſchiedenen* Pflanzen b); oder ſowohl in *einer Blume*, als auch in *verſchiedenen abgeſonderten* c) Blumen. Im erſtern Falle entſtehet die XXI. Claſſe, welche die *einhäuſige* d) heiſt; im andern Falle die XXII. Claſſe, welche die *zweyhäuſige* e) heiſt; im dritten Falle die XXIII. Claſſe, welche die *vielhäuſige* f) heiſt.

a) Tab. IV. Fig. IV. V. b) Fig. VI. VII. c) Fig. VIII. d) monoecia. e) dioecia.
f) polygamia.

§. 119.

Die *männigen* Claſſen hat *Linnæus* wieder nach der *Anzahl* der Staubwege abgetheilet; und die *vierſchwäbtigen*, nach der Gröſſe der Schuten. Daraus ſind folgende neue Namen entſtanden. *Einwebige* a), *zweywebige* b), *dreywebige* c) &c *vielwebige* d); *langſchotige* e) *kurzſchotige* f)

a) monogynia. Tab. III. Fig. II. a. b) digynia. c) trigynia. Fig. XI. c. c. c. d) polygynia. Fig. XIII. e) ſiliquoſa. Fig. XVII. f) ſiliculoſa. Fig. XVI.

IV. Abſchnitt.

Verſuch eines Lehrgebäudes von den Blättern und der übrigen äuſerlichen Geſtalt.

§. 120.

Auſſer dieſen Lehrgebäuden, da man die Pflanzen nach der Blüthe und Frucht ordnet, können ſelbige auch nach ihren übrigen Theilen in gewiſſe Claſſen und Ordnungen abgetheilet werden und nennet man ſolche Lehrgebäude *Methoden nach der äuſerlichen Geſtalt. (Methodes ex habitu.)*

§. 121.

Unter allen übrigen Theilen der Pflanzen fallen keine ſo ſtark in die Augen, als der Stamm, die Blätter und die Art, wie die Blume gelagert iſt (infloreſcentia). Wir wollen alſo um Anfängern die Känntniß der Arzneykräuter auch nach dieſen Theilen zu erleichtern, uns bemühen, die Pflanzen nach denſelben, hauptſächlich aber nach der Lage und Geſtalt der Blätter einzutheilen.

§. 122.

Einige Pflanzen gehen ſo weit von der Geſtalt der übrigen ab, daß ſie gar nichts einem Blate oder Blume ähnliches zeigen, ſondern bloß aus einem fleiſchigtem mehr oder weniger ſaftigen Weſen beſtehen, ſie haben auch faſt keine Wurzel, als die

E 2   *Schwäm-*

Schwollenne, Schimmel und einige *Waſſerpflanzen*. Diefe machen die *erſte Ord*
nung aus.

§. 123.

Anderer ihre Blätter geben zugleich den Stamm und die Wurzel ab, haben auch
ihre Befruchtungstheile verfchiedentlich in Blafen oder Schilden auf ihrer Oberfläche
fitzend, als ebenfalls einige *Waſſergewächſe* und die *Baumkräzen*. Diefe gehören
zur *zweyten Ordnung*.

§. 124.

Wieder giebt es andere, die kleine, über und über an ihren Stängeln mit immergrünen zarten Blätigen befetzt find und ihre Befruchtung in kleinen Knöpfgen auf zarten Stielen tragen. Diefe heiſſen *Mooſe* und machen die *dritte Ordnung* aus.

§. 125.

Die fogenannten *Farnkräuter* machten fodann die *vierte Ordnung*. Selbige haben
eine ftarke hölzerne Wurzel, Blätter, die mit ihren Stielen ein Stück ausmachen, an
den meiften vielfach zertheilet, und ehe fie fich entwickeln, fchneckenförmig zufammen gerollt find. Die Befruchtung fitzt bey den meiften auf der untern Seite einiger
oder aller Blätter, oder auch in Aehren.

§. 126.

Auch unter den übrigen Pflanzen, die eine vollkommene Wurzel, Stängel und
Blüthe zeigen, giebt es einige, die ganz und gar *blätterlos* find und in der letzten
Ordnung vorkommen. Andere blühen eher, als fie Blätter haben und diefe find in
verfchiedenen Ordnungen anzutreffen.

§. 127.

Die übrigen Pflanzen, die ordentliche vom Stamm oder Stängel unterfchiedene
Blätter haben, laſſen fich wieder in vier Hauptabfchnitte abtheilen. Die *erfte Ab*
theilung begreift die Pflanzen, deren Blätter aus lauter parallelen Fafern beftehen, die
fich nicht mit einander kreutzen oder anaftomafiren, auch mit einem Blate aufkeimen.
Diefe heiſſen *fpitzkeimende Pflanzen, Monocotyled-nes*. Die *zweyte Abtheilung* enthält die Pflanzen mit Blättern aus faftreichem Stoff mit unmerklichen Adern. Solche
heiſſen *Saftpflanzen, Succulente*. In der *dritten Abtheilung* kommen die Pflanzen vor,
die fogenannten Nadellaub, das ift, fchmale, dichte, meiftentheils beftändige Blätter
haben. Sie heiſſen *Nadellaubige, Acerofa, Acifolia*. Die *vierte Abtheilung* ift die
ftärkfte und begreift alle übrige Pflanzen, deren Blätter netzförmiges Gewebe haben
aus Adern, die fich kreutzen, oder anaftomofiren.

§. 128.

Die Blätter der fpitzkeimenden Pflanzen find entweder trocken, aus bloßen Fafern und ohne merkliches Mark (*Parenchyma*) darzwifchen, grasartige *Pflanzen, Gra*
mineæ, oder mehr oder weniger faftig. Zu den erftern gehören die in der *fünften*
Ord-

Ordnung vorkommende *Gräfer Gramina* , die einen gegliederten Halm, Blätter , die
den Halm unten als mit einer Scheide umfassen, und die Befruchtung in dem obersten
Theil , als in einer Scheide eingeschlossen , ehe sie ausbricht , tragen.   Ihre Blüthen
sind blätterlos , bestehen aus zwey Schelfen , bey den meisten mit 3 Staubfäden
und zwey Staubwegen oder Griffeln und einem einzigen Saamenkorn.   Sie stehen entweder in Aehren beysammen (Spicata) , oder sind verschiedentlich in Rispen
vertheilet (Paniculata).   Von denen , deren Halm nicht gegliedert ist und deren Blätter keine Scheide machen, kommen hier keine vor.

§. 129.

Die übrigen spitzkeimenden Pflanzen sind in der *sechsten Ordnung* nach der Lage
der Blätter abgetheilet in solche, die bloß Wurzelblätter besitzen und in solche , deren
Blätter am Stängel wechselsweise stehen.   Von solchen , die gegenüber stehende oder
Wirbelblätter hätten , kommen hier keine vor.

§. 130.

In der *siebenden Ordnung* kommen die Pflanzen vor , deren Blätter und übrige
Theile vor andern überaus saftreich und ohne sichtbaren Adern ist.   Ihre Unterab-
theilung bestimmt die Lage.

§. 131.

Die *achte Ordnung* enthält die Pflanzen mit Nadellaub in zwey Abtheilungen.   In
der ersten Abtheilung sind die Pflanzen mit uneigentlichem Nadellaub, in der zweyten
die harzigten Blume mit eigentlichem immergrünen Nadellaub.

§. 132.

Die *neunte Ordnung* begreift die Pflanzen mit netzförmig äderigen Wurzelblät-
tern , die entweder einfach oder zusammengesetzt sind.

§. 133.

In der *zehenden Ordnung* ist nur ein einziger Baum, dessen Blätter oben am Gi-
pfel des Stammes stehen, obgleich die Natur dergleichen mehrere aufweisen kan.

§. 134.

Die *eilfte Ordnung* enthält die Pflanzen , deren Blätter netzförmig äderig und
am Stängel gegeneinander über gelagert sind.   Sie ist ziemlich zahlreich, und in vier
Abtheilungen unterschieden.   In der ersten sind die Kräuter und Sträuche, in der andern Bäume und Stauden mit einfachen gegenüber stehenden Blättern ; in der dritten
Bäume und Stauden, und in der vierten Kräuter und Sträuche, beyde mit gegenüber
stehenden zusammengesetzten Blättern.   Sie enthält unter andern die natürliche Classe
der Labiatarum oder Verticillatarum.

§. 135.

In der *zwölften Ordnung* sind die Pflanzen mit wirbel - oder sternweise stehenden Blättern.   Es sind selbige größtentheils die sogenannten *Stellatae* des Raji.

38

❊ ❊ ❊

§. 136.

Die *dreyzehende Ordnung* ist unter allen die zahlreichste, da sie alle übrigen Pflanzen in sich fasset, deren Blätter gierig sind und entweder am Stängel ohne gewisse
Ordnung zerstreuet oder wechselsweise liegen. Sie theilen sich in vier Hauptabthei-
lungen, deren erste die Kräuter und Sträuche mit einfachen Blättern, die zwevte die
Kräuter und Sträuche mit zusammengesetzten Blättern, die dritte die Bäume und Stauden mit zusammengesetzten Blättern und die vierte die Bäume und Stauden mit einfachen wechselsweisen Blättern enthält. Verschiede natürlichene Classen bleiben auch
hier beysammen.

§. 137.

Die *vierzehende und letzte Ordnung* begreift solche Pflanzen, die ganz und gar
ohne Blätter sind, aber doch eine vollkommene Blüthe haben. Von solchen kommt
unter denen in diesem Werk enthaltenen Arzneykräutern nur eine einzige Schmaro-
senpflanze, das sogenannte Filzkraut oder Flachsseide, Cuscuta, vor.

§. 138.

Tabelle der Ordnungen dieses Versuchs einer Blätter-Methode.

A. *Schwämme.* Fungi.
  a) mit einem Hute. *Lüchersschwämme.*
    Boleti, Linn.
Lerchenschwamm, Agaricus ... 426
Eichenschwamm, Boletus igniarius ... 427
  b) mit trichterförmigem Körper. *Be-
    cherschwämme.* Peziza Linn.
Judasohr, Auricula Judæ ... 428
  c) mit rundem inwendig meeligem
    Körper, *Staubschwämme.* Lycoper-
    da Linn.
Hirschbrunst, Boletus cervinus ... 429
Borist, Crepitus lupi ... 430
B. *Baumkrätzen,* Lichenes.
Baumlungenkraut, Pulmonaria arborea 425
C. *Moosse.* Musci.
  a) mit Blättern überall am Stängel her-
    um.
Schlangenmoofs, Muscus clavatus ... 424
  b) mit Blättern unten am Stängel.
Gulden Wiederton, Adiantum aureum 423

D. *Farnkräuter.* Filices
  a) mit Flecken unter dem umgebo-
    nen Rand der Blätter. Adianta Linn.
Frauenhaar, Adiantum nigrum ... 422
  b) mit Linien auf der untern Seite der
    Blätter, Asplenia Linn.
Mauerraute, Adiantum album ... 421
Wiederton, Adiantum rubrum ... 420
Milzkraut, Ceterach ... 419
Hirschzunge, Scolopendrium ... 418
  c) mit zerstreuten Dippeln auf der un-
    tern Seite der Blätter, Polypodia Linn.
Engelfufs, Polypodium ... 416
Farnkraut, Filix ... 417
  d) mit Wirbelblättern und Nagl. Aehren
    aus eckigen Bebälnissen, Equiseta Lid.
Katzenwedel, Equisetum ... 415
E. *Gräser.* Gramina.
  a) mit Aehren. Spicata.
Hundsgras, Gram. caninum, ... 413
Gerste, Hordeum ... 412
    b) mit

F

Piſta-

❀ ❀ ❀

Erklä-

Erklärung der Kupfertafeln.

Erste Tafel.

Fig. I. Diptam. a. 5blätterige Blüthe. b. 5blätterige Kelch. c. Saamengefäße. d. Eyerstock. e. Griffel. Fig. II. Einblätterige eigentliche Glockenblume. Glockenblume. a. 5spaltige Blüthe. b. 5spaltige Kelch. Fig. III. Einblätterige röhrige Glockenblume. Weinwurz. Fig. IV. Einblätterige offene Glockenblume. Winde. Fig. V. VI. Einblätterige kugelrunde Glockenblume. Fig. V. Wolfsmilch. a. Blüthe. b. Eyerstock. c. Griffel. Fig. VI. Heidelbeere. a. Blüthe. b. Kelch. c. Griffel. Fig. VII. Einblätterige eigentliche Trichterblume. Schweitzerhose oder Rebelle. a. Röhre. b. Blüthe. c. Mündung und Staubgefäße. Fig. VIII. Einblätterige Becherblume. Primel. a. Röhre. b. Mündung und Staubgefäße. Fig. IX. X. Einblätterige Radblume. Ehrenpreiß. a. Röhre. b. Mündung. Fig. XI. Einblätterige unrecht gestalte Kappenblume. Aaronswurz. a. Blüthe. b. Griffel. Fig. XII. Einblätterige ungestalte Zungenblume. Osterlucey. a. Blüthe. b. Röhre. Fig. XIII. Einblätterige ungestalte offene Rachenblume. Schmeerwurz. a. b. einblätterige Rachenblüthe oder die unten 3spaltige und obere 2spaltige Lippe. c. gehörnte Saftgrube oder der Sporn. d. der lippige Kelch. Fig. XIV. Einblätterige ungestalte Larvenblume. Leinkraut. a. Rachen- oder Lippenblüthe. b. Sporn. c. 5spaltige Kelch. Fig. XV. Einblätterige Lippenblume, mit abgestutzter Oberlippe. Günsel. a. Röhre. bb. cc. Unterlippe. d. Griffel e. 2. längern Fäden. g. abgestutzte Oberlippe. Fig. XVI. Einblätterige Lippenblume, mit helmähnlicher Oberlippe. a. Unterlippe. b. helmähnliche Oberlippe. c. Fäden. d. Griffel und 2spaltige Spitze. e. 2lippige Kelch. Fig. XVII. Einblätterige Lippenblume, mit Löffelähnlicher Oberlippe. Tode Nessel. a. b. lippige Blüthe. c. e. Zähnartiger Anhang. d. einblätterige Kelch. Fig. XVIII. Einblätterige Lippenblume, mit aufrechter Oberlippe. a. Röhre. b. c. lippige Blüthe. d. Griffel und Spitze. e. 5spaltige Kelch. Fig. XIX. Vierblätterige Creutzblume. Wiesenkreß. a. 4blätterige Blüthe. b. Staubgefäße, davon 2 kleiner sind. c. 4blätterige Kelch. Fig. XX. Ein Blumenblatt vom vorigen. a. Platte. b. Nagel. Fig. XXI. Vielblätterige Rosenblume. Hahnenfuß. a. 5blätterige Blüthe. b. Staubgefäße. c. 5blätterige Kelch. Fig. XXII. Ein Blumenblatt vom vorigen. a. Blumenblatt. b. Saftgrube.

Zweyte Tafel.

Fig. I. Rosenähnliche Schirmblume. Dill. a. Allgemeiner Schirm, ohne Umschlag. b. besonderer Schirm, ohne Umschlag. †. besonderer Schirm. a. unmerkliche Kelch. b.

b. 5blætterige Blüthe, c. Staubgefæfse. Fig. II. Vielblætterige Nelkenblume. Feldnelke. a. 5blætterige Blüthe, b. 5fpaltige Kelch. Fig. III. Ein Blatt vom vorigen. a. ausgezackte Platte, b. Nagel. Fig. IV. Vielblætterige Lilienblume. Zeitlofe. a. Blüthe. b. Staubgefæfse. Fig. V. Vielblætterige Zwiefalterblume. Wicke. a Fahne. b. b. Flügel c. Schnabel. d. Kelch. Fig. VI. Vielblætterige ungeftalte Blume. Ritterfporn. a. ungleiche Blüthe. b. gefpornte Saftgrube. Fig. VII. Blümgenblume, oder zufammengefetzte Rœhrblume. Kornblume. a. ziegelartige Kelch. b. Weibliche am Rande. c. Zwitter auf der Scheibe. Fig. VIII. Zwitterblümgen der vorigen. a. gekrœnte Saamen. b. Staubgefæfse und Wege. c. 5fpaltige Blüthe. d. bauchige Rœhre. Fig. IX. Weibliches Blümgen. a. ungleichgefpaltene Blüthe. b. gekrœnte unfruchtbare Saame. Fig. X. Halbblümgenblume, oder zufammengefetzte Zungenblume. Wegwart. a. fchuppige Kelch. b. Zwitterblümgen. c. Staubgefæfse und Wege. Fig. XI. Halbblümgen vom vorigen. a. Zungenblüthe. b. c. Staubgefæfse und Wege. d. Saame. Fig. XII. Strahlblume, oder zufammengefeizte gemifchte Blume. a. Zwitterblümgen. b. weibliches Zungenblümgen. Fig. XIII. Zwitterblümgen aus der Scheibe vom vorigen. a. 5fpaltige Blüthe. b. Staubgefæfse und Wege. c. gekrœnte Saame. d. Haarwolle. Fig. XIV. Weibliches Zungenblümgen aus dem Rande. a. Zungenblüthe. b. Staubgefæfse und Wege. c. gekrœnte Saame. d. Haarwolle. Fig. XV. Blætterlofe Fadenblume. Flœhkraut. a. gefærbte Kelch. Fig. XVI. Blætterlofe Rückenblume. Engelfüfs. a. gefiügeltes Blatt. b. Saamengefæfse. Fig. XVII. Blætterlofe Zapfenblume. Tanne. a. Zapfen.

Dritte Tafel.

Fig. I. Einmænnige Blumenrohr. a. Staubgefæfse. b. Blumenblatt. Fig. II. Zweymænnige Salbey. a. Griffel. b. 2fpaltige Spitze. c. Afterfæden. d. Staubgefæfse. Fig. III. Dreymænnige; einweibige. 1. 2. 3. Staubgefæfse. Fig. IV. Viermænnige. Cornelbaum. a. Eyerftock. 1. 2. 3. 4. Staubgefæfse. Fig. V. Fünfmænnige; einweibige. a. Griffel und Spitze. 1 - 5. Staubgefæfse. Fig. VI. Sechsmænnige. Tulpe. a. Eyerftock. b. Spitze. 1 - 6. Staubgefæfse. Fig. VII. Siebenmænnige Rofscaftanie. a. Eyerftock. 1 - 7. Staubgefæfse. Fig. VIII. Achtmænnige; vierweibige. Wollsbeer. a. Staubfæche. b. Eyerftock. c. Griffel 1 - 8. Fæden. Fig. IX. Neunmænnige; fechsweibige. Blumenbinfe. a. Eyerftœcke. b. Griffel. 1 - 9. Staubgefæfse. Fig. X. Zehenmænnige. a. Eyerftock. b. Griffel. 1 - 10. Staubgefæfse. Fig. XI. Elffmænnige. Wolfsmilch. a. Staubgefæfse. b. Eyerftock. c. Spitzen. Fig. XII. Zwanzigmænnige; fünfweibige. Birnbaum. a. Staubgefæfse. b. Eyerftock. c. Griffel. Fig. XIII. Vielmænnige; vielweibige. Schmalz-

Schmalzblome. a, Eyerſtœcke. b. Staubgefæße, Fig. XIV. Doppeltmæchtige. a, zwo groͤſern Staubgefæße. b. zwo kleinern Staubgefæße. c. Staubwege. Fig. XV. Vierfachmæchtige. b. zwo kleinern Staubgefæße. c. vier groͤſern Staubgefæße. d. Staubwege. Fig. XVI. Vierfachmæchtige; kurtſchotige. a. b. c. d. Schoten von allerhand Bildung. Fig. XVII. Vierfachmæchtige; langſchotige. Fig. XVIII. Einbrüderige; zehenweibige. Storchſchnabel. a. Staubgefæße. b. Griffel. c, Staubwege. Fig. XIX. Zweybrüderige; zehenweibige a, b, die zuſammengewachſenen Staubweggefæße. c. die Spalte. Fig. XX. Vielbrüderige; vielmænnige. Johanniskraut, a, a, a, b, b. die 3- oder 5fach zuſammengewachſenen Staubgefæße. c, c, Griffel.

Vierte Tafel.

Fig. I. Gemeinſchaftliche; gleichehige. Diſtel. a, rœhrige Blümgen. b. ziegelartige Kelch. Fig. II. Ein Blümgen vom vorigen. a. wollige Saamen. b. 5ſpaltige Blüthe. c, wellenfœrmiges Staubfach. Fig. III. Weibermænnige; 5mænnige. Paſſionsblume. a. Eyerſtock. b. Staubgefæße auf dem Eyerſtocke. Fig. IV. Einhæußige; vielbrüderige. Wunderbaum. a. Mænnliche Blumen. b. Weibliche Blumen. Fig. V. Einhæußige; vielmænnige. Welſcher Nußbaum. a. Mænnliche Blume. b. c. Blüthe, d. d. Weibliche Blume. Fig. VI. VII. Zweyhæußige; neunmænnige. Bingelkraut. Fig. VI. Mænnliche. a. a. Mænnliche Blüthen. b. 3ſpaltige Kelch. c, Staubgefæße. Fig. VII. Weibgen. a. a. a. Weibliche Blüthen. b. Kelch. c. Griffel. Fig. VIII. Vielehige; einhæußige. Tag- und Nachtſchatten. a, a, Zwitterblumen. b, b. Weibliche Blumen. c, 4ſpaltige Kelch. d. Staubgefæße. Fig. IX. Verborgenehige; Rückenblumen. Hirſchzunge. a. a. Saamenbehæltniſſe. Fig. X. Veeborgenehige; Moſſe. Fig. XI. Verborgenehige; Schwæmme.

Fünfte Tafel.

Fig. I. Aeſtige Wurzel. Fig. II. Zaſerige Wurzel. Fig. III. Spindelfœrmige Wurzel, Rübe. Fig. IV. Runde kuglige Wurzel, Bollen. Fig. V. Knollige oder drüßige Wurzel. Fig. VI. Schuppigte Wurzel. Fig. VII. Hæutige Zwiebel. Fig. VIII. Schuppigte Zwiebel. Fig. IX. Fleiſchige feſte Zwiebel. Fig. X. Doppelte ganze Zwiebel. Fig. XI. Doppelte geſpaltene Zwiebel. Bulbi palmati. Fig. XII. Buſchigte Zwiebel. Bulbi faſciculati. Fig. XIII. Pfeilfœrmiges Blat. Fig. XIV. Spieß- oder Partiſanfœrmiges Blat. Fig. XV. Lappigtes Blat. Fig. XVI. Gefingertgeſpaltenes Blat. Fol. palmatum. Fig. XVII. Geſiedert- geſpaltenes Blat. Fol. pinnatifidum.

48

fidum. Fig. XVIII. Leyerfœrmiges Blat, *Fol. lyratum.* Fig. XIX. Wellenfœrmig getzahntes Blat, Fol. repando-dentatum.

Sechste Tafel.

Fig. I. Gezahtes Blat. Fig. II. Sægtzahniges Blat, Fig. III. Doppek sægtzahniges Blat. Fig. IV. Gekerbtes Blat. Fig. V. Doppelt gekerbtes Blat. Fig. VI. Gewassertes Blat, mit wellenfœrmigen Rand, Fig. VII. Ausgeschweiftes Blat, Fig. VIII. Wellenfœrmig gebogenes Blat. Fig. IX. Zerrissen ausgezacktes Blat. *Fol. runcinatum.* Fig. X. Schwerdfœrmiges Blat. Fig. XI. a. Ruckgratiges oder kabnfœrmiges Blat. *Fol. carinatum.* b. Dessen Durchschnitt. Fig. XII. a. Ruckgratiges gerandetes Blat. *Fol. marginato-carinatum.* b. Dasselbe im Durchschnitt. Fig. XIII. Buschblætter. *Folia fasciculata.* Fig. XIV. Schuppenblætter. Fig. XV. Ablaufendes Blat. Fig. XVI. Blat mit ablaufendem Stiel. Fig. XVII. und XVIII. Scheideblætter. Fig. XIX. Schildblat. Fig. XX. Gefingertes Blat, *Fol. digitatum.* Fig. XXI. Zweyspaltig gefingertes Blat. *Fol. pedatum.* Fig. XXII. Gedoppelt dreyfaches Blat. Fig. XXIII. Ungleich gefiedertes Blat, oder gefiedertes Blat mit einem Endblætgen. *Fol. imparipinnatum.* Fig. XXIV. Abgebrochen gefiedertes Blat oder gefiedertes Blat ohne Endblætgen. *Fol. abrupte-pinnatum.* Fig. XXV. Gefiedertes Blat mit einer Gabel. Fol. *cirrhoso-pinnatum.* Fig. XXVI. Unterbrochen gefiedertes Blat. *Fol. interrupte-pinnatum.* Fig. XXVII. Doppelt gefiedertes Blat. *Fol. bipinnatum.*

ZWEYTER THEIL,

DIE

ERLEICHTERTE

ARZNEYKRAEUTERWIS-
SENSCHAFT.

Ordnung
der
Arzneykräutertabellen.

Die Blumen find
A. vollkommene.
  I. Blætterblumen.
    a. einblætterige.
      a. einfache.   *Ordnung.*
        1. æhnliche.   I.
        2. unæhnliche.   II.
      b. vielfache.
        1. Blümgenblumen, oder röhrige.   III.
        2. Halbblümgenblumen, oder zungen-
           förmige.   IV.
        3. Strahlblumen, oder gemifchte.   V.
    b. vierblætterige.
      1. æhnliche, oder Creutzblumen.   VI.
      2. unæhnliche.   VII.
    c. fünfblætterige.
      1. æhnliche.   VIII.
      2. unæhnliche.   IX.
      3. Schirmblumen.   X.
    d. fechsblætterige.   XI.
    e. vielblætterige.   XII.
  II. Blætterlofe Blumen.   XIII.
B. Beziehungsblumen. Diefe kommen in ihren Ordnun-
   gen vor.

Anmerkung.

Zwey - und dreyblätterige Blumen find dermalen noch in der Arzneywiffen-
fchaft unbekannt.

G 2   Erfte

Erste
Pflanzen mit
einfachen
ähnlichen

No.	Name.	Kelch.	Blüthe.	Fäden.	Farbe.	Eyer-fach.	Griffel	Spitze.	Saamen-behältnis.	Saamen.	Wurzel.
1.	Lorbeerbaum. Laurus. Laurus nobilis. Linn.	o. Männliche und weibliche Blumen an verschiedenenBäumen zwisché den Achseln der Blätter.	4spaltig; trichterförmig; blaßgelb. Die Saftgrube aus 3 gefärbten, aborstigen Hülgeigen.	8 - 12; ausgebreitet; an jedem innersten 2 kugelrunde Drüsen.	8 - 12; am Ran de der Fäden auf beyden Seiten angewachsen.	1; eyrund; ober der Blume.	1; fädenlang.	1; schräg.	Beere; dünnschalig; schwärzlich.	Kern; länglich; fett; fest; 2fach getheilet; schwarzbraun.	holzig.
2.	Kellerhals. Seidelbast. Coccognidium. Laureola. Daphne Mezereum. Linn.	- . 3 Blumen beyeinander an den Aesten; eher als die Blätter.	--; --; unten zu; leibfarbig; wohlriechend.	8; wechselsweise kleiner; in der Blumenröhre.	8; gerad; 2fachig.	-; --;	o;	1; mit einem Kopfe.	-; rundlich; saftig oder trocken; anfangs grün, zuletzt schwarz.	1; länglich; weiß.	lang; dick; zähe; aussen röthlich; innen weiß.
3.	Creutzdorn. Wegdorn. Spina cervina. Rhamnus catharticus. Linn.	- . Männliche und weibliche an verschiedenenBäumé zwischen den Blättern.	--; ---; 4 kleine Schuppen zwischen den Einschnitten; blaß grün.	4; pfriemenartig; unter den Schuppen liegend.	4; klein.	-; rundlich; ober der Blume.	1; fädenförmig; fädenlang.	1; vierspaltig; stumpf	-; -; --; erbsengroß; schwarz. Reif färbt sie grün; unreif gelb.	4 gemeiniglich; klein; länglich; fast geckig.	dick; lang; zaserig.

Ordnung.

vollkommener
einblätterigen
Blume.

Blätter.	Blühzeit	Ort.	Arzneymittel.	Eigenschaft.	Arzneykunst.	Gebrauch.
länglich; breit; dick; aderig; beständig grün; an kurzen Stielen; wechselweise; oben dunkel, unten blaßgrün.	May.	Italien.Frankreich. Spanien. Griechenland. Deutschland in Gärten; des Winters im Gewächshaus. Ein Baum.	Beere; Blätter; destillirtes Oel; ausgepreßtes Oel; Latwerge; Pflaster.	angenehmer gewürzhafter Geruch; scharfer, bitterlicher, gelind anziehender, gewürzhafter Geschmack; salzigte, oeligte, wenig harzige, einige gummigte Theile.	erwärmet, zertheilet, treibet stark den Urin; monathliche Reinigung, Winde. Löset den Schleim auf, lindert die Schmerzen und stärket die Glieder.	Winde; Magenschmerzen; Colick; Verhaltung des Urins; Beförderung der monathlichen Reinigung, der Nachgeburt; Verschleimung des Magens und der Eingeweide; Würme; Geschwulsten; ansteckende Seuchen; Vertreibung des Ungeziefers.
schmal; länglich; gegen das Ende der Aeste; buschig; nach der Blüthe hervorwachsend.	Merz. April.	Deutschland und das nördliche Europa. Waldungen. Gräben und Gärten. Eine Staude.	Wurzel; Blätter; Beere; Rinde; Blüthe; Pillen von Mezereo genannt; Extrakt.	brennendscharfer pfefferartiger Geschmack; salzigte, oeligte, wenig harzigte Theile.	purgiret gewaltig.	Nicht mehr gebräuchlich; ehemals zum purgiren; Wassersucht; die Frucht abzutreiben, folglich verboten. Ist überhaupt sehr behutsam zu gebrauchen.
rundlich; zugespizt; ausgezackt; an einem dornichten Stamm.	April. May.	Waldungen. Zäune, Bäche und Wassergräben. Ein Baum.	Beere; Blätter; Syrup; Rob.	bitterlicher; zusammenziehender, eckelhafter Geschmack; besonderer Geruch.	führet ab.	Wassersucht; verderbte Säfte; Bleichsucht; Fieber; Podagra; Gicht.

G 5

No.	Name.	Kelch.	Blüthe.	Fäden.	Fäche.	Eyerstock.	Griffel.	Spitze.	Saamgehäuse.	Saame.	Wurzel.
4.	Faulbaum. Alnus nigra. Frangula. Rhamnus Frangula. Linn.	0. Blumen einzeln zwischen den Achsfeln der Blätter.	5spaltig; glockenförmig; sehr klein; unten zu; 5 kleine Schuppen zwischen den Einschnitten; blaßgelb.	5; pfriemenartig; unter den Schuppen liegend.	5; klein.	1; rundlich; ober der Blume.	1; fadenförmig; fädenlang.	1;ausgeschnitten.	Beere; weich; saftig; schwarz.	2; platt; rundlich; erst grün, dann roth, endlich schwarz.	nicht gar groß; zaserig.
5.	Brußbeerleinbaum. Jujubæ. Zizyphus. Rhamnus Zizyphus. Linn.	wie No. 4.	wie No. 4.	wie No. 4.	wie No. 4.	wie No. 4.	1; — ; — ;	2.	—; länglich; fleischig; anfangs olivengrün; dann zinnoberendlich schwarzroth.	Stein; länglich; 2zellig; an beyden Enden zugespizt; braun.	fest; stark.
6.	Rhabarber. Rhabarbarum. Rheum palmatum. Linn.	—; Traubenförmige Blumen am Ende des Stengels.	6spaltig; trichterförmig; die 3 innern Einschnitte kleiner; unten zu; weißlicht.	9; fadenartig.	9; länglich; 2zellig.	—; kurz; 3eckigt; ober der Blume.	0.	3; abwärts gebogen; federartig.	0;	1; groß; 3eckigt; mit häutigen Ecken.	lang; dick; fleischig; knotigt; außen braun; innen goldgelb; schwammigt.
7.	Rhapontik. Rhaponticum. Rheum Rhaponticum. Linn.	wie N. 6. aber kürzere gedrungenere Trauben.	wie No. 6.	—; —; — ;	—; —;	—; — ; — ;	—.	—; —;	—.	—; —;	wie N. 6 aber lockerer; länger.

Blätter.	Blühzeit.	Ort.	Arzneymittel.	Eigenschaft.	Arzneykraft.	Gebrauch.
breit; rundlich; ganz; schwarz geädert; wechselsweife; an ftachellofen, auffen zarten, graufteckigen, innen gelben Stamme und Aeften.	May. Iunius.	Deutschland und das nördliche Europa. Waldungen, Zäune, Hecken. Eine baumartige Staude.	die inwendige gelbe Rinde.	widerwärtiger Geruch; widriger bitterlicher Gefchmack.	frifch purgiret fie ftark; macht Erbrechen; trocken ift fie faft ohne Kraft.	Wafferfucht; Krätze; Cachexie. Ueberhaupt unficher, und wenig gebräuchlich.
länglich; zart gekerbt; lederich; glänzend grün; unten wollig; an krummftachelichten Aeften.	May. Iunius.	Italié, Frankreich, Spanien, Griechenland, Syrien, Africa. Ein Baum.	Beere; Syrup.	weinfäulicher Gefchmack; fchleimige Theile.	feuchtet an; kühlet; verfüßet und verbeffert die Schärfe.	Bruftkrankbeiten; Huften; Heiferkeit; Schwindfucht; Seitenftechen; Harnbrennen; Blutharnen.
rundlich, gefingert gefpalten; mit zugefpitzten Theilen; wechfelsweife; an der Wurzel größer und gedrungener an einander.	May. Iunius.	China; die grofe Tartarey um die grofe Mauer; die Bucharey. Ein Kraut.	Wurzel; Extract; Tinctur; Syrup; verfchiedene andere Compofitionen.	zufammenziehender etwas fcharfer Gefchmack; widriger Geruch; falzigte, erdigte, mehr gummigte als hartzigte Theile; färbt den Speichel gleich gelb.	purgiret gelinde; reiniget das Geblüte; geröftet ziehet fie zufammen.	Ruhr; Säure des Magens; Blutflüffe; Saamenflufs; Durchfälle allerley Art; Gelbfucht; Wafferfucht; Fieber; Würme; Schleim des Magens und der Gedärme; Melancholie. Aß. angl. 1765. pag. 192.
rundlich; faft herzförmig; glatt; eben; mit röthlichten gerieften Stücken.	May. Iunius.	Türkey; klein Afien; am Donflufs; in gebürgigten Gegenden. Deutfchland in Gärten. Ein Kraut.	Wurzel.	zufammenziehender fcharfer fchleimigter Gefchmack; fchwächerer Geruch; mehr irdifche fchleimigte Theile als No.6. färbt den Speichel nicht fo ftark.	purgiret gelinder als die Rhabarber; ziehet mehr zufammen.	feltnerer Gebrauch als der Rhabarber. In langwürigen Krankheiten von der Säure; in Zertheilung des Schleims und geronnenen Geblüts. Profp. Alpin. de Rhapontico.

No.	Name.	Kelch.	Blume.	Fäden.	Fache.	Eyerfach.	Griffel.	Spitze.	Saamengehäuse.	Saame.	Wurzel.
8.	Zimmetbaum. Cinnamomum. Canella. Laurus Cinnamomum. Linn.	o. Die Blumen zwischen den Achseln der Blätter.	6spaltig; trichterförmig; weiſs; die Saftgrube aus 3 gefärbten 2borſtigen Hügelgen.	12; kurz; 6 an den Theilen der Blüthe; 3 innere mit 2 Drüsen; 3 unfruchtbare, taube.	9; auf beyden Seiten der auſseren Fäden angewachsen.	1; eyrund; ober der Blume.	1; fadenlang.	1; schräg.	Beere; rund; schwärzlich; einer Haselnuſs groſs.	Kern; länglich; fett, feſt, 2fach getheilet; schwärzlich.	holzig.
9.	Holzcaſſie. Caſſia ligna Laurus Caſſia. Linn.	wie No. 8.	wie No. 8.	wie No. 8.	wie No. 8.	wie No. 8.	wie No. 8.	wie No. 8.	wie No. 8.	wie No. 8.	wie No. 8.
10.	Campferbaum. Laurus Camphora. Linn.	— — .	— — .	9; übrigens wie No. 8.	— — .	— — .	— — .	— — .	wie No. 8 von der Gröſse einer kleinen Haselnuſs; purpurfarb.	— — .	
11.	Benzoebaum. Laurus Benzoin. Linn.	— — .	— — .	— .	— .	— .	— .	— — .	wie No. 10. rauh.	wie No. 10.	
12.	Saſſafrasbaum. Fenchelholz. Saſſafras. Laurus Saſſafras. Linn.	— — .	— — .	— .	— .	— .	— .	— — .			

Blätter.	Blühzeit.	Ort.	Arzneymittel.	Eigenschaft.	Arzneykraft.	Gebrauch.
länglicht eyrund; mit 3 Nerven durchzogen, so sich an der Spitze verlieren; wechselsweise; glänzend grün.	Zweymal im Jahr, im May und December.	Zeylon die Infel im vordern Oftindien. Ein Baum.	innere Rinde; rothbraun; Waffer verfchiedner Art; deftill. Oel; Balfam; Syrup; Species; verfchiedene Compofitionen.	fcharfer, füffer, gewürzhafter angenehmer Gefchmack; angenehmer, ftarkender, erquickender Geruch; flüchtlige, falzige, oeligte Theile.	ftärket die Nerven; erwecket die Lebensgeifter; zertheilet den Schleim und die Blähungen; reizet zum Beyfchlaf; erwärmet; treibet die monathliche Reinigung und Geburth.	Entkräftung; Ohnmacht; Schwindel; Schwäche des Geſichts, Gedächtniſſes, der Nerven; Unvermögen im Beyſchlaf; Unverdaulichkeit; Verhaltung der monathl. Reinigung; Nachgeburth; bey Frauenzimmer mit Vorficht zu gebrauchen, weil den Geruch nicht alle vertragen.
länglich, lanzenförmig, mit 3 Nerven durchzogen; unten grau; wechfelsweife.	Das ganze Jahr durch.	Malabar, Sumatra, Java, die Philippinischen Infeln. Ein Baum.	Innere Rinde; röthlich; dicker als der Zimmet.	fchleimigterer fchwächerer Gefchmack; fchwächerer Geruch als Zimmetrinden.	geringer als wie Zimmet.	wie des Zimmets; wegen feiner fchleimigten Theile zum rauhen Hals, Huften, Bruftkrankheiten.
länglicht eyrund; mit 3 Nerven durchzogen; unten grau; oben dunkelgrün; wechfelsweife.	May. Junius.	Japan, Borneo, Sumatra, Zeylon. Ein Baum von der Gröffe einer Linde.	Campher; ein weiſſes flüchtiges oeligtes falzige Harz; Oel; Geift; verfchiedene Pflafter, Salben und andere Compofitionen.	fcharfer, bitterer, gewürzhafter, fetter Geſchmack; ftarker, fcharfer, flüchtiger Geruch; falzigte oeligte flüchtige Theile.	zertheilet die zähen Feuchtigkeiten; widerfteher der Entzündung und der Fäulniß; beruhiget die Lebensgeifter; treibt Schweiß.	Peft; bösartige Fieber; Phantafien; Raferey; Melancholie; Convulfionen; fallende Sucht; Mutterzuftande, Saamenfluß; Gliederreiffen; Kopfſchmerzen; Augenkrankheiten; Rothlauf; Entzündung; Geſchwulſten.
eyförmig; oben und unten zugefpitzt; ganz zart; ohne Nerven; oben hoch- unten blaßgrün; wechfelsweife.	· ·	Sumatra, Malacca, Java, Virginien, im Gebürge. Ein Baum.	harzigtes Gümmi glänzendbraun; weißfteckig. Sublimirte Blumen; Oel; Tinctur lungfermmilch.	fettiger füffer Gefchmack; angenehmer Geruch; oeligtes falzigte, irdifche Theile.	zertheilet; verdünnet; erwarmet; trocknet.	Bruftkrankheiten; Catarrh; Huften; fchweren Athem; die Tinctur zu den rothen Flecken und Finnen im Geſicht.
in 3 Lappen zertheilet; dick; wechfelsweife.	· ·	Virginien, Carolina, Florida, an der See. Ein Baum.	Rinde; rothbraun; Holz, weißlich; beydes wohlriechend; Extract; Oel; Effenz; Holzeſſenz.	fcharfer, füßlichter gewürzhafter Gefchmack; angenehmer ftarker Fenchelgeruch; falzigte oeligte, gewürzhafte Theile.	zertheilet; verdünnet; treibt Urin u. Schweiß; blutreinigend.	Catarrh; Huften; Schwindfucht; venerifche Krankheiten; Podagra; Gicht; Zahnweh; Bleichfucht; weiſſer Fluß; Krätze.

H

Name.	Kelch.	Blüthe.	Fäden.	Fächer.	Fyer-fach.	Griffel.	Spitze.	Saamengehäuse.	Saame.	Wurzel.
Goldwurz. Weiße Asfodilien. Asphodelus. Asphodelus ramosus. Linn.	o. Blumen in Aehren am Ende des Stengels.	6spaltig; sternartig; weiß; mit etwas roth vermischt; Safigrube aus 6 Klappen.	6; wechselsweise kürzer; auf den Klappen der Saftgrube.	6; liegen auf.	1; rundlich; ober der Blume.	1; pfriemig.	1; abgestutzt.	Capsel; 3zellig; 3lappig; fleischig.	viele; 3eckig.	aus vielen Köpfen, die von einer Zwiebel herab hangen.
Aloe. Aloe succotrina. Aloe perfoliata. Linn.	—. Blumen in Aehren am Ende des Stengels; herabhängend.	—; länglich; röhrenartig; im Grunde mit einer Safigrube versehen; bleichgelb.	—; pfriemenartig; auf dem Boden der Blüthe.	—; —.	—; eyrund; ober der Blume.	—; fädenlang.	—; stumpf; 3 gespalten.	—; —; mit 3 Einschnitten.	—; 3eckig.	fleischig; knotig; oben auf schuppig von den verdorrten Blättern.
Weißwurz. Sigillum Salomonis. Polygonatum. Convallaria Polygonatum. Linn.	—. Blumen zwischen den Achseln der Blätter 1 bis 2.	—; glockenförmig; lang; röhrig; weiß.	—; —; der Blüthe angewachsen.	länglich; aufrecht.	—; kugelrund; ober der Blume.	—; fädenförmig; fädentlanger.	3eckig.	Beere; 3zellig; rundlich; dick; erstlich grün, gefleckt; hernach braun.	3; rundlich; weiß.	fingersdick; knollig; knotig; gegliedert; weiß.
Maienblümlein. Lilium convallium. Convallaria majalis. Linn.	—. Blumen ährenweise an einer Seite des blätterlosen Stengels.	—; glockenförmig; rund; umgebogen; weiß oder röthlich.	—; —.	—; —.	—; —.	—; —; grüngelb.	—; —.	kugelrund; erstlich grün, gefleckt; hernach röthlich.	—; —.	zart; faserig; kriechend; weiß.

Blätter.	Blühzeit.	Ort.	Arzneymittel.	Eigenschaft.	Arzneykraft.	Gebrauch.
lang; schmal; in der Mitten erhoben; faft zeckig, wie am Knoblauch.	April. May.	Im füdlichen Europa. Deutfchland in Gärten. Ein Kraut.	Wurzel.	bitterer, durchdringender Gefchmack.	erweichet; zeitiget; treibet.	Innerlich nicht gebräuchlich; foll den Harn und das Monathliche treiben. Aeufferlich zu Brevumfchlägen, die Gefchwüre zu zeitigen.
länglicht; fleifchigt; am Rande gezackt; umfaffen den Stengel; blaulichtgrün; bleiben immer grün.	Sommer.	Oftindien, Africa. Deutfchland in Gärten, im Winter im Gewächshaufs. Ein Kraut.	Saft; fchwarzbraun; glänzend; hartzigtes und gummigtes Extract; verfchiedene Extrafse, Elixir, Pillen, Latwergen.	fcharfer, fehr bitterer, eckelhafter, fetter, oeligter, anziehender Gefchmack; ftarker Geruch, faft wie Myrrhen.	purgiret; treibet auf die goldene Ader und das Monathliche widerftehet der Fäulnifs.	Innerlich das Monathliche und goldene Ader zu treiben, aber behutfam; Schleim. Aeufferlich zu Reinigung der Gefchwüre; Fifteln; Beinfrafs.
länglich; eyrond; äderig; wechfelsweife; dunkelgrün.	May. Iunius.	Deutfchland Waldungen, Berge, fchattige, dunkle Orte. Ein Kraut.	Wurzel. Waffer.	widerwärtig-füfslichter Gefchmack; fchleimige Theile.	löfet auf; eröffnet; zertheilet; zeitiget; erweichet.	Innerlich nicht mehr gebräuchlich; ehemals in Nierengebrechen. Aeufferlich zum Zertheilen, Bähungen in Entzündungen und Quetfchungen; Flecken im Gefichte; Muttermähler; Schminke.
2, 3, länglich; geftreift; dunkelgrün.	May.	— — —. Waldungen, fchattige, feuchte Orte, Weinberge, Gärten. Ein Kraut.	Blume; Waffer; Geift.	angenehmer, fcharfer, durchdringender Geruch; bitterer Gefchmack; fcharfe, flüchtige, falzige, oelige, gummige, hartzige Theile.	purgiret frifch; ftärket Haupt, Magen und Nerven; verdünnet; erwärmet; heilet; treibet; machet Niefen.	Haupt- und Nervenzuftände; Schwindel, Ohnmacht, Schlag, Lähmungen; Krampf; Mutterbefchwerung; büfes Wefen; Bähungen; zu Schnupftoback.

H 2

No.	Nam.	Reich.	Bilübe.	Fäden.	Farbe.	Eyer-fach.	Griffel.	Spitze.	Saamge-bäufe.	Saame.	Wurzel.
17.	Saffran. Crocus. Crocus sativus officinalis. Linn.	o. Die Blume aus einer Scheide von der Wurzel ausgehend eher als die Blätter.	6fpaltig; lilienartig; trichterförmig; sehr lang; licht purpurfarb.	3; pfriemig.	3; pfeilförmig.	1;länglich; unter der Blume.	1; fadenförmig; fadenlang.	3; zusammengerollt; zaferig; schön rothgelb.	Capfel; 3zellig; 3klappig; rundlich; fast 3eckig.	viel; rundlich.	doppelte Zwiebel; davon die kleine der grüfsern fleifchigen und zaferigen auffizet.
18.	Florentialsche Veyelwurz. Iris Florentina. Linn. & offic.	—. Blumen, öfters 2 beyfammen in einer Scheide, oben am Stengel.	—; —; 3 gerade; 3 krummgebogen; bärtig; weifs.	—; —; auf den umgebogenen Blättern.	—; länglich; gerad.	—; länglich.	1; sehr kurz.	1; dreyfpaltig; blätterähnlich; oben 2fpaltig.	—; 3zellig; 3klappig;länglich.	viel; grofs; rundlich.	knotig; fingersdick; fleifchig; länglich; kriechend; fest; weifs.
19.	Gemeine blaue Schwerdtlilien. Iris naftras caerulea. Iris germanica. Linn.	—. Blumen, mehr zu oberft desStengels in häutigen Scheiden.	—; —; wie N. 18. blau; purpurfarbig.	—; —.	—.	—;	1; fehr kurz.	—.	—.	—.	knotig; fleifchig; länglich; kriechend.
20.	Gelbe Waffertilie. Wafferschwerdtel. Acorus paluftris. Iris lutea. Iris Pfeudacorus. Linn.	—. Blumen, eine zu oberft desStengels in einer häutigen Scheide.	—; —; wie N. 18. ohne Bart; gelb.	—; —.	—.	—;	—.	—.	—.	—.	schief; lang; gegliedert; haarig; zaferig; auffen schwarz; innen röthlich.

Blätter.	Blühzeit.	Ort.	Arzneymittel.	Eigenschaft.	Arzneykraft.	Gebrauch.
lang; sehr schmal; gestreift; Wurzelblätter; kommen nach der Blüthe hervor.	Herbst.	Klein Asien. Arabien, das gelobte Land; Africa. Böhmen, Oesterreich gebaut. Ein Kraut.	Strobwegspizen; Essenz; Extract,	angenehmer, starker, betäubender Geruch; bitterlicher, scharfer, gewürzhafter Geschmack; gummige, hartzige, oelige, flüchtige Theile.	hitzig; löset auf; macht Schlaf, zertheilet; öffnet; lindert und stillet die Schmerzen; treibet Schweiß; erweichet; zeitiget; stärket.	Beförderung der Wehen, des Monathlichen und des Geblütes nach der Geburt; Brust- Lungen- Magen- Augen- Mutterzustände; hartnäckige Geschwüre; zu erweichenden Pflastern und Salben.
schwerdtförmig; lichtgrün.	May.	Italien. Dalmatien. Deutschland in Gärten. Ein Kraut.	Wurzel Species diatreos genannt; Ireos Täfelein.	starker, angenehmer Geruch, wie Violen; scharfer, widriger Geschmack; viel erdige, schleimige, hartzige Theile.	laxiret zuweilen gelind; schneidet ein; zertheilet; löset auf; treibet.	schleimige Brustbeschwerden; Catarrhe; Engbrüstigkeit; Blähungen; Reissen im Leibe; böses Wesen der Kinder. Aeusserlich zu Flecken der Haut; übelriechenden Athem.
— ; — .	April. May.	Deutschland. Wiesen; Aecker; Gärten. Ein Kraut.	Wurzel; Wasser; Oel.	starker Geruch, scharfer, widriger Geschmack; frisch sehr brennend; scharfe, salzigte, ätzende Theile.	frisch, purgiret sehr stark; trocken, zertheilet, löset die flockende Säfte auf; ätzet.	Wassersucht; Schleim und lässige Milch der Kinder; schleimiges feuchtes Stecken und Keuchen.
lang; schmal; am Rücken eine starke Ader schwerdtförmig; an glatten, runden, hohlen Stengeln.	May. Iunius.	Das mittlere Europa. Weiher, Bäche, sumpfige Orte. Ein Kraut.	Wurzel.	stark zusammenziehender Geschmack.	ziehet sehr zusammen; zertheilet.	Blutflüsse; Durchfall; rothe Ruhr. Ist nicht sicher innerlich zu gebrauchen. Aeusserlich zu Gurgelwassern im Scharbock des Mundes, Bluten und Wackeln der Zähne.

H 3

No.	Name.	Kelch.	Blübe.	Fäden.	Farbe.	Eyer stock.	Griffel.	Spitze.	Saamge-häuse.	Saame.	Wurzel.
11.	Heidelbeer. Myrtillus. Vaccinium Myrtillus. Linn.	ungetheilt; sehr klein; ober der Frucht; Blumen einzeln in den Achseln.	4-5spaltig; glockenförmig; umgebogen; weiß; röthlich.	5-10; einfach; an dem Grunde der Blume.	8-10; 2hürnig; 2spizig.	1; rundlich; unter der Blume.	1; fädenlinger.	1; stumpf.	Beere; 4-5zellig; nabelich; kugelrund; schwarz	wenige; klein.	holzig; dünn; kriechet.
12.	Sandelholz. weiß und gelb. Santalum album & citrinum. Santalum album. Linn.	4spaltig; sehr klein; ober der Frucht.	4spaltig; glockenförmig; dunkelblau.	8; wechselsweise kürzer; oben an der Blumenröhre.	8; einfach.	—; länglich; unter der Blume.	—; fädenlang.	—; einfach.	Beere; Zellen unbekannt; schwarzblau; von der Gröfse einer Kirsche. Dale.	noch unbekannt.	holzig.
13.	Färberröthe. Rubia. Rubia tinctorum. Linn.	4-5spaltig; sehr klein; ober der Frucht; Blumen traubenförmig am Ende des Stengels u. der Aeste.	4-5spaltig; glockenförmig; offen; gelbgrün.	4; blüthenkürzer; pfriemig.	4; einfach.	—; doppelt; unter der Blume.	—; fädenförmig; oben 2spaltig.	2; mit Köpfe.	—; 2 zusammengewachsen.	2; rundlich; nabelicht.	zaserig; kriechend; holzig; roth von auffen und innen.
14.	Waldmeister. Sternleberkraut. Herzfreud. Matrisylva. Asperula odorata. Linn.	4spaltig; sehr klein; ober der Frucht; Blumen büschelweise fast wie Schirmblumen am Ende der Stengels u. der Aeste.	4spaltig; trichterförmig; oben umgebogen; weiß; wohlriechend.	—; zu oberst der Blumenröhre.	—; —.	—; —.	—; —. —.	—; —.	—; — trocken.	—; groß; rundlich.	—; —; —; weiß.

Blätter.	Blühzeit.	Ort.	Arzneymittel.	Eigenschaft.	Arzneykraft.	Gebrauch.
länglich; breit; gekerbt am Rande; glänzend; wechselsweise.	May.	Das nördliche Europa. Waldungen. Ein kleiner Strauch.	Beere; Blätter; Syrup; Oel.	säuerlicher; anziehender Geschmack.	kühlet; hält an.	Bösartiger Husten; Durchfall; Ruhr; hitzige Fieber; Blutsturz; Hitze.
gefiedert; wechselsweise. Dale pharm.	unbekannt.	Ostindische Inseln; Timor. Ein Baum.	äusseres, weisses; inneres, gelbes Holz; Salbe; Species, diatrion Santalon genannt.	bitterer, gewürzhafter Geschmack; angenehmer, starker Geruch; flüchtige, saltzige, viele irdische, wenige hartzige Theile, besonders im gelben.	kühlet; hält an; stärket; zertheilet.	Innerlich; Ohnmachten; Herzklopfen; Verstopfungen der Leber; Wasserfucht. Aeusserlich; Kopffchmertzen; Brechen; Catarrhe. Nicht sonderlich mehr im Gebrauch.
länglich; an den Knoten des Stengels; 6-gilternförmig; rauh; an 4eckigten rauh und knotigten Stengeln.	Junius.	Frankreich; Engelland; Niederland; Deutschland; Schlesien; Bayern. Ein Kraut.	Wurzel.	ohne Geruch; rößlich, bitterer, etwas anziehender Geschmack; färbet roth selbst die Knochen der Menschen und Thiere bey häufigem Genuße.	eröffnet; zertheilet; treibet; heilet. Eine der kleinern eröffnenden Wurzeln.	Mutter-Milch-Leber-Nierenverstopfungen; Gelb-Wassersucht; rothe Ruhr; innerliche Wunden; Brüche; Verhaltung des Urins; Beförderung des Monathlichen.
lanzenförmig; an den Knoten des Stengels; 7-8-gternförmig; rauh; an 4eckigten rauh und knotigten Stengeln.	May. Junius.	Das nördliche Deutschland. Waldungen. Ein Kraut.	Kraut mit den Blumen.	wohlriechender Geruch; anziehender Geschmack; flüchtige, saltzige, viele irdische Theile.	eröffnet; zertheilet; trocknet.	Verstopfungen der Leber und der Gallengänge; Gelbsucht Dale. pharm.

No.	Name.	Kelch.	Blüthe.	Fäden.	Fachb.	Eyer-stock.	Griffel.	Spitze.	Saamge-haus/e.	Saame.	Wurzel.
25.	Waldſtroh. Meger- kraut. Liebkraut. Galium. Galium ve- rum. Linn.	4ſpaltig; ſehr klein; oder der Frucht; Blumen trauben- förmig am Ende des Stengels u. der Aeſte.	4ſpaltig; radför- mig; zu- geſpitzt; gelb; wohlrie- chend.	4; pfrie- mig; blüthen- kürzer.	4; ein- fach.	1; dop- pelt; un- ter der Blume.	1; fä- denför- mig; oben 2ſpal- tig; fa- den- lang.	2; ku- gel- rund.	Beere; 2 zuſam- menge- wachſen; trocken.	2; groſs; nieren- förmig.	zaſerig; krie- chend; holzig; braun.
26.	Klebkraut Aparine. Galium Aparine. Linn.	—; —; —; Blumen büſchel- weiſe bey- ſammen.	wie No. 25. weiſs.	wie No. 25.	wie N. 25.	wie No. 25.	wie No. 25.	wie No. 25.	wie No. 25. rauh.	wie No. 25.	wie No. 25.
27.	Golden Wollmel- ſter; gelb Creutz- kraut. Cruciata. Valantia Cruciata. Linn.	faſt gar nicht ſicht- bar; oder der Frucht. Blumen in den Achſeln der Blätter 3 beyſam- men, eine Zwitter- blume und 2 männliche zu beyden Seiten.	4ſpaltig; platt; zuge- ſpitzt; gelb.	4; blü- then- lang.	4; klein.	1; unter der Blu- me; bey der Zwit- terblu- me; bey den beyden männ- lichen klein.	1; fä- den- lang; oben 2ſpal- tig; an den männ- lichen Blumen ganz klein.	2; mit Köpfe; in den männli- chen Blumen keine.	1; rund- lich; rauh.	1; rund- lich.	zaſerig; einfach.
28.	Groſs Blut- kraut, wel- ſche Biber- nell. Pimpinella italica. Sanguiſor- ba officina- lis. Linn.	2blätterig; unter der Frucht; fällt ab; Blumen in eyförmi- gen Aehren zu Ende der Sten- gel.	4ſpaltig; radför- mig; oder der Frucht; braun- roth.	—; —; oben breiter.	—; —; rund.	1; vier- eckigt; zwiſchen der Blü- the und Kelch.	1; fä- denför- mig; ſehr kurz.	1; ſtumpf.	Capſel; 2zellig; klein.	klein.	lang; krumm; holzig; röthlich.

Blätter.	Blühzeit.	Ort.	Arzneymittel.	Eigenschaft.	Arzneykraft.	Gebrauch.
sehr schmal; an den Knoten des Stengels; 3;sternförmig;glatt;dunkelgrün; an runden,dünnen, knotigten Stengeln.	May. Junius. Julius.	Europa. Trockene Wiesen;Rand der Aecker; Weinberge; Wege; Zäune. Ein Kraut.	Kraut mit den Blumen.	schwacher Geruch; saurer, zufammenziehender Gefchmack; meiftens irdifche Theile; faurer Geift.	kühlet; hält an; macht die Milch gerinnen, wann es frifch ift.	Wenig im Gebrauch. Aeufferl. frifch im Ruthlauf. verbredten Gliedern, trocken als Pulver im Nafenbluten;nach einigen zu krebsbaften Gefchwüren. Dale pharm. Krampf; Zuckungen; fallende Sucht. Juffieu.
lanzenförmig; 3; fternförmig; rauch; mit rauchen Stengeln.	May. Junius.	Europa. An Zäunen, Hecken, in Feldern und Wäldern. Ein Kraut.	Kraut.	wenig Gefchmack; faft gar kein Geruch; viele irdifche, wenige flüchtige,falzigte Theile.	eröffnet; zertheilet; ziehet zufammen.	Obrenfchmerzen; Gelbfucht; Schlangenbiß; Stein und Sand; Saamenfluß. Dale pharm. Aeufferlich wider die Kröpfe und andere Verhärtungen der Drüfen.
eyförmig; zugefpitzt; 3;fternförmig; rauch; an geckigten, rauchen, knotigten, fchwachen Stengeln.	. .	Deutfchland, Schweitz, Frankreich, Engelland. Hecken, Büfche. Ein Kraut.	Kraut.	bitterer Gefchmack; kein Geruch; meift irdifche Theile.	erwärmet; trocknet; ziehet zufammen; heilet.	feltenerGebrauch;zuBrüchen nach einigen; innerlich undäufferlich;Camer. zu Nerven und Mutterzuftänden; Tourn. zu Wunden und Verhärtungen der Drüfen.
gefiedert mit einem Endblat; wechfelsweife; die Blätlein 15-17. eyförmig; am Rande ausgezähnt; gegeneinander über; Stengel und Stiele rothbraun.	Julius.	Europa. Trockene Wiesen. Ein Kraut.	Wurzel.	bitterer, anziehender Gefchmack; fchwacher Geruch nach Gurken; meift irdifche Theile.	ziehet zufammen; heilet.	Innerlich in Lungengefchwüren; Blutflüffen; übermäßigen Monathlichen; Verhütung der Mißfalls; Durchfalle; Ruhr; bey den Würmern der Pferde. Aeufferlich zu Wunden; Nafenbluten und andern Blutflüffen. Wird felten gebraucht.

I

No.	Name.	Kelch.	Blüthe.	Fäden.	Farbe.	Eyerstock.	Griffel.	Spitze.	Saamgehäuse.	Saame.	Wurzel.
29.	Klein Blutkraut, welfche Bibernell. Pimpinella italica Sanguiforba minor. Poterium Sanguiforba. Linn.	3blätterig; unter der Frucht; fällt ab; Blumen in eyförmigen Aehren zu Ende der Stengel; oben weibliche, unten männliche.	4fpaltig; radförmig; bleibet; braunroth. Die weibl. Blumen mit einer kurtzē Röhre verfehen.	viel; 30 - 50; fehr lang; hängend; haarförmig; in den männlichen Blumen.	viel; rundlich; zwillig.	4; länglicht in der Röhre der weiblichen Blüthe.	2; haarförmig; blüthenlang; hängend; gefärbt.	2; pinfelförmig;gefärbt.	Beere; aus der Röhre der Blüthe, fo fich fchlieffet und verdicket.	2; länglich;	lang; krumm; holtzig; gelblicht.
31.	Wegerich. Plantago. Plantago major. Linn.	4fpaltig; klein; aufrecht. beftändig. Blumen ährenweis; an blätterlofem Stengel.	—;trichterförmig; beftändig.	4; fehr lang; haarförmig;aufrecht.	4; liegen auf.	1; länglichrund; ober der Blüthe.	1; fädenkürtzer.	1; einfach.	Capfel; 2tzellig; fpringt der Quere auf.	4; länglich; fchwartzröthlich.	klein; taferig.
32.	Flöhkraut. Pfyllium. Plantago Pfyllium. Linn.	—; —; —; —. Blumen ährenweis; zwifchen den oberften Blättern.	blafsgelb.	—; —;	—; —.	—; —.	—; —.	—; —.	—; —.	fchwartz glänzend, wie Flöhe.	dünn; lang; fchleichend; taferig; weifs.
33.	Oelbaum. Olea. Olea europæa. Linn.	—; —; fällt ab; Blumen in Trauben zwifchen den Blättern.	—; offen; flach; kelchlang; weifs.	2; pfriemig; kurz.	2; aufrecht.	..; rundlich; ober der Blüthe.	..; einfach; fehr kurz.	1; 2fpaltig.	Steinfrucht; 1zellig; glatt; eyrund.	Nufs; eylang; runzelich.	holzig.

Blätter.	Blühzeit.	Ort.	Arzneymittel.	Eigenschaft.	Arzneykraft.	Gebrauch.
gefiedert mit einem Endblat; wechselsweise; Blätlein 15; rundlich, unten eckigt; am Rande ausgezähnt; gegen einander über; mehr Wurzelblätter als an No. 28.	Julius. August.	Das südliche Europa. Deutschland. Dürre, steinigte Orte. Ein Kraut.	Kraut; Saamen.	bitterer anziehender Geschmack; stärker und lieblicher Geruch als No. 28. meist irdische Theile.	ziehet zusammen; heilet.	Wird selten gebraucht. Uebrigens wie No. 28.
länglich; dick; breit; rund; liegen gemeiniglich auf der Erde.	May. Junius. Julius.	Europa. Deutschland. Ueberall an Wegen und im Grase. Ein Kraut.	Wurzel; Kraut, Saame; Wasser.	saftig; anziehend; schleimig.	ziehet zusammen; heilet; reiniget; kühlet; feuchtet; hält an.	Blutspeyen; Blutharnen; Saamenfluss; Gelb - Wasserfucht; Stein; Brüche; Blutsturz; Durchfall; zu Wund - Fiebertränken; Gurgelwasser.
lang; schmal; tief eingekerbt; zackig; aederig; gekrümmt; unten gegeneinander über; oben auf 3; an aestigen Stengeln.	May.	Italien. Frankreich. Deutschland gebaut; in Gärten und Aeckern. Ein Kraut.	Saame.	schleimig; etwas scharf.	kühlet; mildert; führt gelind ab, sonderlich die Galle.	Innerlich nicht leicht; ausser zum abführen bey Kindern in Mandelmilchen. Aeusserlich zu erweichenden Salben; wider die Bräune, Trockne der Zunge und des Halses; Entzündung der Augen.
gegeneinander; länglich, schmal; weidenartig; spitzig; dick; hart; oben grün; unten weiß.	Julius.	Italien. Frankreich. Deutschland in Gärten. Ein Baum.	Oel.	milder Geschmack.	erweicht; lindert; kühlet; feuchtet an; laxiret gelind.	Nachwehen; Colic; Seitenstechen. Zu Clystiren, Salben, Pflaster.

No.	Name.	Kelch.	Blüthe.	Fäden.	Fache.	Eyerfach.	Griffel.	Spitze.	Saamgehäufe.	Saame.	Wurzel.
33.	Hartriegel. Beinholz. Ligustrüm. Ligustrum vulgare. Linn.	4fpaltig; klein; aufrecht; ftumpf. Blumen in Büfchen am Ende der Aefte.	4fpaltig; trichterförmig; kelchlänger; weifs.	2; einfach.	2; aufrecht.	2; rundlich; ober der Blüthe.	1; einfach; fehr kurz.	1; 2fpaltig.	Beere; 2zellig; glatt; kugelrund.	4; eckig.	holzig.
34.	Flachsfeide. Cufcuta. Cufcuta europaea. Linn.	1; — ; — ; — ; im Grunde fleifchig. Blumen in Knöpflein beyfammen.	— ; ftumpf. Saftgrube 4 Schuppen, 2fpaltig. Weifs, röthlich.	— ; — ; kelchlang.	— ; rundlich.	— ; — .	2; kurz; aufrecht.	— ; einfach.	Frucht; 2zellig; fleifchig; rundlich.	2.	zaferig im Aufgehen, hernach gar keine.
35.	Jefmin. Jasminum officinale. Linn.	5fpaltig; röhrig; bleibet. Blumen am Ende der Aefte.	5fpaltig; trichterförmig; lang; offen; weifs.	— ; kurz.	2;klein; innerhalb der Blüthenröhre.	— ; — ; — .	1; fadenfürmig; fädenlang.	1; 2fpaltig.	Beere; 2zellig; glatt.	— ; grofs; mit einer Hülfe bekleidet.	holzig.
36.	Fleckenkraut; fleckig Lungenkraut. Pulmonaria maculofa. Symphytum maculofum. Pulmonaria officinalis. Linn.	— ; wellenfürmig; 5eckig; bleibet. Blumen ährenweis.	— ; — ; offene Mündung; purpurfarb; blau.	5; in der Mündung; fehr klein.	5; aufrecht; beyeinander.	4; länglich; ober der Blüthe.	— ;kelch-kleiner; fadenfürmig.	— ; ausgefchnitten; ftumpf.	o. Der unveränderte Kelch.	4; rundlicht; ftumpf.	zackig; holzig; hart; auffen fchwarz, innen weifs.
37.	Meerhirfen. Lithofpermum. Lithofpermum officinale. Linn.	— ; länglich; zugefpitzt; gerad; bleibet.	— ; — ; durchbrochen; weifs.	— ; fehr kurz.	— ; länglich.	— ; — .	— ;röhrlang.	2fpaltig; ftumpf.	o. Der offene Kelch.	— ; hart; glatt.	holzig; fingersdick; zaferig.

Blätter.	Blühzeit	Ort.	Arzneymittel.	Eigenschaft.	Arzneykraft.	Gebrauch.
gegeneinander; länglich; schmal; kurz; dick; schwarzgrün; glänzend.	Iunius.	Das mittlere Europa. Deutschland. Zäune, Gesträuche, Hecken. Ein Strauch.	Holz; Blätter; Blume.	scharfer, bitterer, anziehender Geschmack.	ziehet zusammen; hält an; lindert Schmerzen; kühlet.	Durchfall; Mundfäule; wackelnde Zähne; Brüche der Kinder; Scharbock; Zahnschmerzen. Zu Mund- und Gurgelwassern.
keine; lauter in einander verwirrte fadenförmige Stengel.	August.	Zäune; um andere Pflanzen, Flachs, Nesseln, Hopfen, gewunden. Eine Schmarotzpflanze.	Kraut; Blumen; Wasser.	scharfer, bitterer Geschmack; scharfes, flüchtiges Salz.	purgiret; eröffnet; treibt Harn.	Waffer-Gelbsucht; Leber-Gekrös-Magen-Gedärmefehler; 3, 4tägige Fieber; Krätze; Milzsucht.
länglich; spitzig; paarweis an der Ribbe; insgemein 5 oder 7.	Julius.	Ostindien. Italien. Frankreich. Deutschland in Gärten. Eine baumartige Staude.	Blumen; Oel.	angenehmer Geruch.	eröffnet; zertheilet; erweicht; lindert.	Husten; Seitenstechen; Magen-Mutterschmerzen. Ist nicht viel gebräuchlich.
rauch; lang; breit; mit weißen Flecken; wechfels weise; an rauchen röthlichen Stengeln.	April. May.	Europa. Dunkele Hecken, Berge, Gärten. Ein Kraut.	Kraut.	ohne Geruch, und sonderlichen Geschmack; etwas herb.	ziehet zusammen.	Brustkrankheiten; feuchter Husten; kurzer Athem; Bluthuznen; Blutspeyen; Weiberfluß; Lungengeschwüre; Wundkraut.
lang; schmal; spitzig; haaricht; wechselsweise.	May. Junius.	Aecker, Felder. Ein Kraut.	Saamen.	milder, süßer Geschmack; mehlige, schleimige, oelige Theile.	treibt auf Harn und Geburt; hält an; reiniget; lindert; macht schläfrig.	Ruhr; Wechselfieber; Grieß; Sand; Stein.

I 3

Name.	Kelch.	Blübe.	Fäden.	Farbe.	Eyerfach.	Griffel.	Spitze.	Saamgehäuse.	Saame.	Wurzel.
Wilde Ochsenzunge. Buglossum. Anchusa officinalis. Linn.	5spaltig; zugespitzt; bleibet. Blumen ährenweis.	5spaltig; trichterförmig; durch 5 Schuppen verschlossene Mündung; purpurblau.	5; in der Mündung; sehr klein.	5; länglich; bedeckt.	4; länglich; ober der Blüthe.	1;fädenlang.	1; ausgeschnitten; stumpf.	o. Der grösser gewordene Kelch.	4; buckelich; stumpf.	länglich rund; weiss.
Rothe Ochsenzunge. Alcanna spuria. Anchusa. Anchusa tinctoria. Linn.	—;	—;	—;	—;	—;	—;	—; —.	—;	—;	dick; aussen roth; innen weiss.
Hundszunge. Cynoglossum. Cynoglossum officinale. Linn.	—; länglich; zugespitzt; bleibet.	—; —; blau.	—; sehr kurz.	—; rundlich; bloß.	—;	—;	—;	Capseln 4; an einem Stiele; rauch.	—; — glatt.	lang; dick; aussen schwarz, roth, innen blaßweiß.
Wallwurz. Symphytum. Consolida maior. Symphytum officinale. Linn.	—; aufrecht; seckig; bleibet.	—; bauchig; umgebogen; durch 5 Strahlen verschlossene Mündung.	—; pfriemig.	—; aufrecht; bedeckt.	—;	—;blüthenlang.	—; einfach.	—;	—; — oben beyeinander.	groß; dick; länglich; aussen schwarz, innen weiss.
Borretsch. Borrago. Borrago officinalis. Linn.	—; ausgebreitet; bleibet.	—; räderartig; mit sfach gekrönter verschlossene Mündung;blau, weiß.	—; bey einander; pfriemig.	—;bey einander.	—;	—; fädenlänger.	—;	—; Der Kelch aufgeblasen.	—; rundlich.	lang; breit; hart; aussen braun, innen weiss.

Blätter.	Blühzeit.	Ort.	Arzneymittel.	Eigenschaft.	Arzneykraft.	Gebrauch.
lanzenförmig; rauch; haarig; wechfelsweife.	April. May.	Europa. Felder, Aecker, Gärten. Ein Kraut.	Kraut; Blüthe; Waffer; Syrup; Conferv. Eines von den 4 herzftärkenden Kräutern.	fchleimige, klebrige Theile.	kühlet; lindert; reiniget. Sollee eine herzftärkende Kraft haben.	Ohnmacht; Milzfucht; Flüffe; Schnupfen; Lähmungen; Schwindel; Schlag; Mutterzuftände. Breynius, Jaenifchius.
länglich; rauch; wechfelsweife.	Junius. Julius.	Frankreich. Schlefien. Gärten. Ein Kraut.	Wurzel	herber Gefchmack; viel ölige, wenig faltzige Theile.	zertheilet. Zur rothen Butter, Mahlerey, Färberey.	geronnenes Geblüte; Blutfpeyen; Blutharnen.)
länglich; fchmal; wollig; fpitzig; wechfelsweife; riechen ftark und widrig.	Junius.	Europa. ungebauete Orte, Mauren, Wege, Zäune. Ein Kraut.	Wurzel; Kraut; Pillen; Waffer.	widriger, befchwerlicher Geruch; fchleimiger, weichlicher Gefchmack.	lindert; zieht zufammen; kühlet; verdicket; ftopft; bringt Schlaf; zertheilet; mildert; ftillet Schmerzen; hält an.	Wunden; alte, offene Schäden; Gefchwüre; Durchfall; Saamenfluß; Gefchwulfte; Catarrhe; Huften; Ruhr; Bauchflüffe; Blutfpeyen.
lang; breit; zugefpitzt; rauch; wechfelsweife.	May. Junius.	naffe Orte; feuchte Wiefen. Ein Kraut.	Wurzel; Kraut; Blüthe; Syrup.	ohne Geruch; viel erdige, fchleimige, harzige Theile.	leimet zufammen; verdicket; zertheilet; lindert; macht Fleifch; erweichet; heilet.	Wunden; Gefchwüre; freffende Schäden; Krebs; Beinbrüche; Bauchfluß; Ruhr; Blutharnen; Bruftbefchwerden; SchwindLungenfucht; Blutfpeyen. v. R. J. Camerarius.
rauch; haarig; wechfelsweife; an einem fchwachen rauchen Stengel.	Junius. bis September.	in Gärten. Ein Kraut.	Kraut; Blüthe; Syrup. Waffer; Conferv. Wir dunter die 4herzftärkenden Blumen gezehlet.	wie No. 37.	kühlet; ftärket; reiniget; erfrifchet.	fchwartze Galle; hitzig Geblüte; Milzfucht; Monathzeit; hitziges, giftiges Fieber; Heiferkeit; Huften. J. H. Hottingerus.

No.	Name.	Kelch.	Blübt.	Fäden.	Facht.	Eyer-fach.	Griffel.	Spitze.	Saamge-haufe.	Saame.	Wurzel.
43.	Schwarze Bruftbeer-jaum. Sebeften. Cordia Myxa. Linn.	roftreifig; ruhrig; bleibet. Blumen in Trauben am Ende der Aefte.	5fpaltig; trichter-förmig; ftumpf.	5; pfrie-mig.	5;'lhg-lich.	1; rund-lich; zu-gefpitzt; ober der Blume.	1; oben 2fpal-tig; je-der Theil wieder doppelt getheilet.	4; ftumpf.	Stein-frucht; kuglich; zuge-fpitzt; an den Kelch ange-wachfen; fchwarz-blau.	Nufs; gerieft; 4zellig.	holzig.
44.	Krähenau-gen. Nux vomi-ca. Strychnos Nux vomi-ca. Linn.	—; fehr klein; fällt ab. Blumen trauben-förmig.	—; —; zuge-fpitzt; oben eben.	—; brü-then-lang.	—;ein-fach.	—; —; ober der Blume.	—;ein-fach; fäden-länger.	1; kol-bicht.	Beere; fehr grofs; kuglich; zer-brechl.; glatt; 1zellig; voll Mark.	3 - 5; rundlich; platt; rauch; herzar-tig; fil-berfarb.	holzig; arms-dick.
45.	Schlangen-holz. Lignum co-lubrinum. Strychnos colubrina. Linn.	wie No. 43.	wie No. 43.	—; —.	—; ...	—; —.	—;—.	—;—.	wie No. 43.	wie No. 43. aber größer.	—; —.
46.	Spanifchen Pfeffer. Piper hifpa-nicum. Capficum annuum. Linn.	5fpaltig; gerad; blei-bet. Blumen in den Achfeln.	5fpaltig; radfür-mig; ge-faltet; weifs.	—; pfrie-mig; fehr klein.	—; läng-lich; zu-fam-men-ge-men-get; gelb-grün.	—; ey-förmig; ober der Blume.	—; fa-denför-mig; fäden-länger.	1; ftumpf.	Beere; länglich; häutig; 2zellig; hohl; hoch-roth.	viel; nie-renfür-mig; platt; an der Scheide-wand an-geheftet.	zaferig.

Blätter.	Blühzeit.	Ort.	Arzneymittel.	Eigenschaft.	Arzneykraft.	Gebrauch.
eyförmig; eckigt; gezähnt; oben glatt; unten rauch; wechselsweise.	Sommer.	Egypten. Kalabrien. Ein Baum.	Frucht.	süsser; schleimiger Geschmack; klebrigte Theile.	löschet den Durst; laxiret; lindert die Rauhigkeit der Luftröhre; treibt Würmer.	Nicht sonderlich mehr im Gebrauch. Brustkrankheiten; Catarrhe; rauher Hals; Würmer zumahl Bandwürmer. Sennert. prax. T. III. Horst. Augen. epist. & consult. T. II. Lib. VI. epist. 6.
eyförmig; wechselsweise; an braunem graugefleckten Stamm und Aesten.	، ،	Ostindien. Ein Baum.	Körner.	bitterer Geschmack; kein Geruch; scharfe salzigte ätzende Theile.	betäubet; macht Brechen.	behutsam; Würmer; Wechselfieber; in grösserer Dose Gift; betäubend; rasend machend; Fraiss erweckend. Gegengift: Oehl; Stockung der Hände und Füsse in warmes Wasser; Essig.
eyförmig; zugespizt; wechselsweise; an schwanken mit Gabeln versehenen Aesten.	، ،	،	Holz.	wie No. 43.	wie No. 43.	wie No. 43.
eyförmig; zugespizt; wechselsweise.	Julius.	Ost- und Westindien. Deutschland in Gärten. Ein Kraut.	Frucht.	scharfer brennender Geschmack; kein Geruch; scharfe, salzigte Theile.	reitzet; befördert die Verdauung; den Beyschlaf.	Seltener Gebrauch in der Artney, in Spanien zur Chocolade und als Gewürz an die Speisen; dem Essig eine grosse Schärfe zu geben.

K

No.	Name.	Kelch.	Blüthe.	Fäden.	Farbe.	Eyerfach.	Griffel.	Spitze.	Saamgehäufe.	Saame.	Wurzel.
47.	Nachtschatten. Solanum. Solanum nigrum. Linn.	5fpaltig; aufrecht; zugefpitzt; bleibet. Blumen in hängenden Traubé.	5fpaltig; räderartig; umgebogen; gefalten; fternförmig; blaßweiß.	5; klein; pfriemig.	5; länglich; bey einander; an der Spitze mit 2 Löchern.	1; rundlich; ober der Blume.	1:fßlenlänger; fadenförmig.	1; ftumpf.	Beere; rund; glatt; 2zellig; oben gedippelt; fchwarz.	viel; eingeniftelt.	lang; zaferig; weiß.
48.	Hlofchkraut. Bitterfüß. Dulcamara. Solanum Dulcamara. Linn.	—; —; Blumen in aufrechten Trauben.	—; — . purpurfarfarbig.	—; — .	—; — .	—; — .	—; — .	—; — .	—; —; — .	—; — .	lang; zaferig; haarig; holzig.
49.	Judenkirfchen. Alkekengi. Phyfalis Alkekengi. Linn.	—; —; bauchig; bleibet; zeckig. Blumen einzeln io Achfeln.	—; — ; groß; zugefpitzt; gefalten; weiß.	—; klein; bey einander.	—; aufrecht; beveinander.	—; —.	—; —.	—; —.	—; —; in dem ftark aufgelaufenen gefärbten rothen Kelche.	—; nierenförmig.	klein; kriechend; weiß.
50.	Tollbeere. Belladonna. Atropa Belladonna. Linn.	—; buckelig; zugefpitzt; bleibet.	—; glockenförmig; offen; fehr kurz; blaßröthlich.	—; blüthenlang; bogenförmig.	—; dick.	—; —.	—; —.	—; mit einem Kopfe; länglich.	—; 2zellig; rundlich; auf dem großen Kelche fchwarzglänzend.	—; —.	lang; faftig; oft armsdick; aeftig; weiß.
51.	Allraun. Mandragora. Atropa Mandragora. Linn.	—; 5eckig; aederig.	—; glockenartig; aufrecht; blaßgelb.	—; am Grunde wollig.	—; —.	—; —.	—; —; gebogen.	—; —.	—; 2zellig; fehr groß; rundlich; fafrangelb.	—; —; eingeniftelt.	groß; dick; unten gefpalten, oder doppelt aeftig.

Blätter.	Blühzeit.	Ort.	Arzneymittel.	Eigenschaft.	Arzneykraft.	Gebrauch.
breit; länglich; zugespitzt; wechselsweise; saftig.	Sommer.	Europa. Deutschland. Zäune, Hecken, schattige Orte, Gärten. Ein Kraut.	Kraut; Blätter; Waffer.	eckelhafter Geschmack.	macht Schlaf; betäubet; stillt Schmerzen; ziehet zusammen; zertheilet; reiniget; heilet.	Entzündung; giftige Schäden und Geschwüre; harte Geschwulsten; Krebsschäden. Wird nicht leicht innerlich gebraucht.
länglich; zugespitzt; wechselsweise an rebartigen Stengeln, die untersten einfach; die übrigen 1, 2 Anhänge.	May. Junius.	feuchte Orte, Wassergräben, hohle Bäume, Hecken. Eine Staude.	Wurzel; Stengel.	bitterer, zuletzt süslicher; eckelhafter Geschmack.	löset auf; zertheilet; eröfnet; reiniget; heilet; treibet auf den Harn und das Monathliche.	Engbrüstigkeit; Husten; Gelbsucht; geronnenes Geblüte; Verstopfung der Milz und Leber; Würmer; Kröpfe; Wassersucht; die Stengel in der geilen Seuche.
breit; rauch; fleischig; klebrig; wechselsweise. an runden braunrothen Stengeln.	Junius.	Weinberge, Gärten. Ein Kraut.	Kraut; Beere; Saame; Waffer; Rub; Kügelgen.	ohne Geruch; süer licher, süßer, etwas widriger Geschmack.	löset auf; treibet den Urin; lindert die Schmerzen.	Stein- Lendenschmerzen; fallende Sucht; Zahnschmerzen; Podagra; Nieren- Blasenstein.
lang; weich; rauch; wollich; wechselsweise.	May. Junius.	Waldungen, Mauren, Hecken, schattige Orte. Ein Kraut.	Beere; Blätter; Waffer.	giftig; gefährlich.	macht toll; lähmet; betäubet; stillt die Schmerzen.	Innerlich unsicher. Aeusserlich, Fisteln; Krebsschäden. v. Sicelii diff. de Belladonna. Jenae 1724. in 8vo.
länglich; breit; runzelich. Wurzelblätter.	April. May.	Spanien, Italien. Deutschland in Gärten. Ein Kraut.	die Rinde der Wurzel; Extract; Oel.	fast giftig; betäubet.	purgiret stark; macht schläfrig.	Wassersucht; äusserlich verhärtete Geschwulsten; wenig mehr gebräuchlich, und mit großer Vorsicht innerlich. v. Thomas. Disput. de Mandragora. Lips. 1655 & 1660.

No.	Name.	Kelch.	B. Kübe.	Fäden.	Fache.	Eyerfach.	Griffel.	Spitze.	Saamgehäuse.	Saame.	Wurzel.
52.	Toback. Tabacum. Nicotiana. Nicotiana Tabacum.	5fpaltig; eyrund; bleibet.	5fpaltig; trichterförmig; of fen; 5fach gefaltet; blafsroth.	5; pfrie- mig.	5; läng- lich.	1; ey- rund; ober der Blume.	1; fi- den- länger; faden- förmig.	1; aus- ge- fchnit- ten.	Capfel; 2zellig; auf bey- den Sei- ten eine Linie; fpringt auf.	viele; runzlich.	zaferig; weifs.
53.	Stechapfel. Datura. Datura Stramo- nium. Linn.	—; bau- chig; zeckig; länglich; fällt o- ben ab.	—; feft ganzztrich- terförmig; 5faltig. Weifsgelb.	—; —; kelch- lang.	—; läng- lich; ftumpf.	—; —.	—; —; gerad.	—; 2plät- tig.	—; —; 4klap- pig; ey- rund; ftach- licht.	—; ale- renför- mig.	holzig; zaferig.
54.	Scammo- nienwurz. Scammonea fyriaca. Convolvu- lus Scam- monea. Linn.	—; eyför- mig;fehr klein; ftumpf; bleibet. 3 Blu- men in Achfeln.	5lappig;glo- ckenför- mig; grofs; weit; ge- faltet; weifs.	—; —; halb fo lang als die Blü- the.	—; ey- förmig; zufam- menge- druckt.	—; rund- lich; o- ber der Blume.	—; fa- denför- mig; fadlen- lang.	2; läng- lich; breit.	—; 2- 3- zellig; rundlich; in den Kelch einge- wickelt; 3klap- pig.	2; rund- lich in jo- der Zel- le.	grofs; dick.
55.	Turbith. Turpethum. Convolvu- lus Tur- pethum. Linn.	wie No. 53. Mehr Blumen in den Achfeln.	wie No. 53.	wie N. 53.	wie No. 53.	—; —.	—; —; —.	—; —; —.	wie No. 53.	wie Ko. 53.	lang; dick;auf fe braun; innen weifs- licht.
56.	Jalappa. Jalapa, Gla- lappa. Convolvu- lus Jalapa. Linn.	wie No. 53. Einzel- ne Blu- men in Achfeln.	wie No. 53.	wie N. 53.	wie No. 53.	—; —.	—; —; —.	—; —; —.	wie No. 53.	wie No. 53.	langs fchwarz; auffen fchwarz; innen braun.

Blätter.	Blühzeit.	Ort.	Arzneymittel.	Eigenschaft.	Arzneykraft.	Gebrauch.
groß; lang; zugespitzt; klebrig; wechſelweiſe; an rauhen Stengeln.	Julius. Auguſt.	America. Deutſchland. Felder, Gärten, gebaut. Ein Kraut.	Kraut; Oel; Saame; Salz; Syrup.	durchdringender Geruch; ſcharfer, eckelhafter Geſchmack; ſcharfe, flüchtige, harzige, gummige, ſaltige Theile.	reitzet; betäubet; purgiret; macht Schlaf, Brechen, Nieſen; zertheilet; löſet auf, verdünnet den Schleim und führt ihn aus; ſtillet Schmerzen.	Verſtopfungen; Winde; Colic; Stecken; Huſten; eingeſchloſſene Blühe; Wind - Waſſerſucht; Zahnſchmerzen; offene Schäden; Geſchwüre; Kräze; Scharbock; giftige Luft; krebshafte Schäden; Bruſtkrankheiten. Zu Clyſtiren. Rauchtabackclyſtiere. vid. Meines Bruders J. G. Schäffers Tract. 4to 1757 und 1766.
groß; eckigt; ſpitzig; fett; ausgeſchweift; wechſelweiſe.	Sommer.	An den Wegen. Ein Kraut.	Saame.	ſtarker, betäubender, ſchlafmachender Geruch.	macht toll; unſinnig.	Iſt zu vermeiden. Gegengift Weineſſig Brechmittel; Steckung der Hände und Füße in warmes Waſſer; Blaſen ziehen.
pfeilförmig; an den hintern Ecken abgeſtutzt; wechſelweiſe an kriechenden ſich windenden Stengeln.	Sommer.	Syrien. Klein Aſien. Ein Kraut; voll milchigten Saftes.	harzigter Saft aus der Wurzel; Harz; viele Zubereitungen.	ſcharfer, eckelhafter Geruch; ſcharfe ſaltzigte, harzigte Theile.	purgiret ſtark.	Gallenzuſtände; wäſſerige Geſchwulſten; bey Perſonen von hitzigem vollblütigem Temperament behutſam zu gebrauchen.
herzförmig; eckigt; wechſelweiſe; an zeckigten häutigen kriechenden Stengeln.	Sommer.	Malabar. Zeylon. Ein Kraut voll milchigten Saftes.	Wurzel. Species Diturbith genannt. Harz; Extract.	ſcharfer eckelhafter Geſchmack; ſcharfe ſaltzigte, harzigte Theile.	purgiret ſtark.	Würmer; Waſſerſucht; Schlafſucht; Gicht. Jedoch nicht ſonderlich mehr im Gebrauch.
verſchiedt; herzförmig; eckigt; länglicht; lanzenförmig; wechſelsweiſe; an kriechende Stengeln.	Sommer.	Mexico, Vera Cruz in Amerika. Ein Kraut voll milchigten Saftes.	Wurzel; Harz; Tinctur; Specificum jalappinum; diacydonium &c.	ſcharfer eckelhafter harzigter Geſchmack; widriger Geruch; viel harzigte ſaltzigte Theile.	purgiret ſtark.	wie No. 50. Beſtändig im Gebrauch; jedoch mit eben der Behutſamkeit wie No. 50.

Name.	Kelch.	Blüthe.	Fäden.	Fächt.	Eyerfach.	Griffel.	Spitze.	Saamengehäuse.	Saame.	Wurzel.
Meerwinde. Soldanella. Convolvulus Soldanella. Linn.	wie No. 55.	wie No. 53. purpurfarb.	wie No. 53.	wie N 53.	1; rundlich; ober der Blume.	1; fadenförmig; fadenlang.	2; länglich; breit.	wie No. 53	wie No. 53.	zaferig.
Amerikanisches Wurmkraut. Spigelia Anthelmia. Linn.	5fpaltig; fchmal; zugefpitzt; kurz; bleibet. Blumenährenweife.	5fpaltig; trichterförmig; of fen; zugefpitzt; weiß; mit purpurfarbigten Streifen.	5; fadenartig; in der Röhre; röhrenkürzer.	5; länglich; aufrecht; gelb.	—; zwilligt; ober der Blüthe.	—; —; röhrenlang.	1; aufrecht.	2 Capfeln; kuglicht; 4klapppig.	viele; fehr klein; rundlich.	zaferig.
Indianifche Schlangenwurz. Ophiorrhiza Mungos. Linn.	—; gerad; bleibet. Blumen büfchelweife in Aehren.	—; —; —; stumpf; roth.	—; —; röhrenlang.	—; —.	—; —.	—; —; oben dicker.	2; stumpf.	—; 2tellig; 2lappig; breit; stumpf; mit auseinander ftehenden Lappen.	—; eckigt.	holzig; fingersdick; gebogen; außen braun, innen weiß.
Taufendguldenkraut. Centaurium minus. Gentiana Centaurium. Linn.	—; fpitzig; bleibet.	—; — verwelket; röthlich.	—; pfriemig; blüthenkürzer.	5; einfach.	—; röhrig; ober der Blüthe.	1.	—; eyrund.	—; 2tellig; 2klappig; zugefpitzt.	—; klein.	klein; holzig.
Enzian. Gentiana rubra off. Gentiana lutea. Linn.	—; —; —; fpringt an der Seite auf. Blumen wirbelweife.	—; radförmig; verwelket; gelb.	—; —; —.	—; —.	—; länglich; ober der Blüthe.	—.	—; —.	—; —; —; —.	—; —.	lang; dick; außen braun, innen gelb.

Blätter.	Blühzeit.	Ort.	Arzneymittel.	Eigenschaft.	Arzneykraft.	Gebrauch.
nierenförmig; wechselsweise; an dünnen kriechenden Stengeln.	Sommer.	Frankreich, Holland, England. Italië. Meerufer. Ein Kraut voll Milch.	Blätter.	scharfer, bitterer, gesalzener Geschmack.	eröfnet; treibet stark auf den Stuhlgang.	Wassersucht, üble Säfte; Scharbock; Milzsucht.
eyförmig; länglich; unten gegeneinander über; oben kreutzweis; an einem dünnen ästigen Stengel.	Sommer.	Westindien Brasilien. Ein Kraut.	Kraut.	bitterer, schleimiger Geschmack; Geruch wie Petersilien.	macht Schlaf; tödet Würmer.	Würmer und die davon entstehende Krankheiten; Fraisl; Fallsucht; &c. &c. Linn. amoen. acad. Tom. V. Noch nicht im Gebrauch.
lanzenförmig; schmal; gegeneinander über; an einem dünnen geraden ästigen Stengel.	Sommer.	Java, Sumatra, Zeylon. Ein Kraut.	Wurzel.	sehr bitterer Geschmack.	widersteht dem Gift und Fäulnis.	Schlangenbisse; Gifte; wütender Hundsbiß; bösartige Fieber. Kaempf. amoen. exot. Grimm. Act. Nat. Cur. selten in Apothecken zu finden.
schmal; länglich; kurz; gegeneinander über.	Julius. August.	Europa. Trockene, sandige, grasige Orte. Ein Kraut.	Kraut; Blume; Wasser; Conserv; Extract; Salz.	bitterer Geschmack; feuerbeständigsalzige Theile, mit einigen flüchtigöhligen vermischt.	eröfnet; zertheilet; stärket.	Kaltes Fieber; Verstopfung der Leber, Milz, Mutter; Galle; Flecken der Haut; Sommersprossen; blödes Gesicht; Scharbock; scharfe Säfte. Zu Clystiren im Hüftweh.
eyförmig; zugespitzt; nervigt; gegeneinander über.	Junius. Julius.	die Alpgebürge. Ein Kraut.	Wurzel; Extract; Wasser; Theriack.	sehr bitterer Geschmack; kein Geruch; feuerbeständigsalzige Theile.	eröfnet; zertheilet; verdünnet; stärket.	Kalte Fieber; Pest; bösartige Fieber; Würmer; Verstopfung der Leber, Milz, Mutter; Gelbsucht; Wassersucht; Bleichsucht; aeusserlich zu Wicken in Fisteln.

No.	Name.	Kelch.	Blüthe.	Fäden.	Fach.	Eyer-stock.	Griffel	Spitze.	Saamge-häuse.	Saame.	Wurzel.
62.	Fieberklee. Trifolium aquaticum. Menyanthes trifoliata. Linn.	5spaltig; aufrecht; bleibet. Blumen gleichsam wirbelweise 3 und 3 zu oberst des Stengels.	5spaltig; trichterförmig; offen; umgebogen; zaserig; sternartig; blaß leibfarbig.	5; kurz; pfriemig.	5; aufrecht; unten 2spaltig.	1; kegelartig.	1; blüthenlang; wellenförmig.	1; 2spaltig; zusammengedrückt.	Capsel; 1zellig; eyrund; mit dem Kelche umgeben.	viele; eyrund; klein.	schwammig; knotypfig; gegliedert; faserich; weiß.
63.	Schlüsselblume. Primula veris offic. & Linn.	—; 5eckig. Umschlag vielblätterig; vielblümig.	—; —; —; ausgeschnitten; gelb.	1 sehr kurz.	—; aufrecht.	—; kugelrund.	—; kelchlang; fadenförmig.	—; kugelrund.	—; —; oben 10fach zahnartig aufspringend.	—; rundlich.	dick; schuppig; zaserig; röthlich.
64.	Saubrod. Cyclamen. Cyclamen europæum. Linn.	—; rundlich. Blumen einzeln, jede an einem Stengel von der Wurzel aus.	—; umgebogen; doppelt kelchlänger. Röthlich.	— sehr klein; in der Blüthenröhre.	— 1 —.	— rundlich.	—; fadenförmig; fachenlänger.	—; spitzig.	Beere; 1zellig; kugelrund.	—; eckigt.	knollig; hart; zaserig; fleischig; außen schwarz, innen weiß.
65.	Hünerdarm. Anagallis. Anagallis arvensis. Linn.	—; spitzig; gezackt. Blumen einzeln in den Achseln.	—; radförmig; offen. Roth, blau.	—; aufrecht; innen rauch.	—; eingefach.	—; kugelrund.	—; fadenförmig; gebogen.	— mit einem Kopfe.	Capsel; 1zellig; wagrecht aufspringend.	—; —.	weiß; zaserig.
66.	Pfennigkraut. Nummularia. Lysimachia Nummularia. Linn.	—; spitzig; bleibet. Blumen einzeln in Achseln.	—; räderartig; offen; gelb.	—; doppelt blüthenkürzer.	—; spitzig.	—; rundlich.	—; fadenlang; fadenförmig.	—; stumpf.	—; 1klappig; rund.	—; —; —.	länglich; klein und gering.

Blätter.	Blühzeit.	Ort.	Arzneymittel.	Eigenschaft.	Arzneykraft.	Gebrauch.
3 ; rundlich;breit; dick ; auf einem grünen, glatten Stengel; Wurzelblätter.	Junius.	Europa. Sümpfe, feuchte Wiefen. Ein Kraut.	Kraut; Geift; Waffer; Effenz; Extract.	faft ohne Geruch; fehr bitterer, fcharfer Gefchmack; fcharfe, hartzige Theile.	löfet ungemein auf; treibet Schweiß und Harn; eröffnet ; ftärket; reiniget.	Verftopfte und verfchleimte Eingeweide; Schärfe des Geblütes; Scharbock; Fäulniß; Engbrüftigkeit;kurzer Athem; Miltzbefchwerung; Schwind- Waffer- Gelbfucht; kaltes Fieber; Gicht, Gliederreiffen. vid. Bokelman, Eyfel, Tiling. in Act. Nat. Cur.
breit; länglich; rundlich; ftumpffpitzig ; Wurzelblätter.	Merz. April.	Wälder, Wiefen, Gärten. Ein Kraut.	Wurzel; Kraut; Blüthe; Conferv; Waffer; Syrup; Oel.	feiner, angenehmer Geruch; milder, füßlicher, fchleimiger Gefchmack; gummige, hartzige, wenig ölige Theile.	ftärket Herz, Nerven, Haupt, Frucht; ftillt Schmerzen; zertheilet ; macht Niefen und führet den Schleim aus dem Kopfe.	Bruftzuftände ; Gicht ; Gliederkrankheiten ; Schlag ; die Wurzel im Fieber; Stein; Würmer; Brüchen.
rundlich; groß; wie an der Hafelwurz; Wurzelblätter an dünnen Stielen.	Julius. Auguft.	Deutfchland. Ungarn. Oefterreich. Bayern. Ein Kraut.	Wurzel; Salbe.	fcharfer, brennender Gefchmack.	purgirt fehr ftark. Die Salbe auf den Magen gefchmiert, macht Brechen; auf den Unterleib, purgirt fie.	Verftopfung des Leibes; Waffer- Gelbfucht. Ift nicht ficher zu gebrauchen.
klein ; rundlich ; gegeneinander über ; an kriechenden Stengeln.	Sommer.	Weinberge, Gärten , Aecker. Ein Kraut.	Blätter; Blume ; Waffer.	fcharfer Gefchmack.	löfet; ziehet gelind zufammen ; heilet, lindert die Schmerzen.	Raferey in hitzigen Fiebern ; Melancholie ; Tollheit ; Blödigkeit der Augen; Würmer; gifige Biffe.
rund;krauß; gelblichgrün ; gegeneinander über ; an kriechenden Stengeln.	Julius.	Naffe Waldungen, Wiefen, feuchte, fumpfige Orte. Ein Kraut.	Kraut.	fcharf anziehender Gefchmack ; alaunige Theile.	ziehet gelind zufammen ; reiniget; heilet.	Wunden; Blutflüffe; Durchfall; Scharbock; Mundfäule; Entzündung des Halfes.

L

No.	Name.	Keich.	Blüthe.	Fäden.	Farbe.	Eyer-stock.	Griffel.	Spitze.	Samen-haufe.	Samen.	Wurzel.
67.	Sinngrün. Wintergrün. Vinca pervinca. Vinca minor. Linn.	5ſpaltig; aufrecht. zugeſpitzt; bleibet. Blumen einzeln an Stiele in den Achſeln.	5ſpaltig; becherförmig;ſchief; abgeſtutzt; 5eckig; blau.	5; hin und hergebogen; kurz.	5; krumſ; ſtauti 5.	2;an den Seiten 2 Körpergen.	1; beyden gemeinſchaftlich; wellenförmig.	2; oben ausgehöhlt.	Schoten 2; einklappig; der Länge nach auffſpringend.	viele; gefurcht; wellenförmig.	zaſerig.
68.	Schwalbenwurz. Vincetoxicum. Hirundinaria. Aſclepias Vincetoxicum. Linn.	--;klein; zugeſpitzt; bleibet. Blumen in Trauben.	--; flach; umgebogen; weiß. Saftgruben 5.	-; kaum ſichtbar.	-.	-; eyrund.	2; kaum ſichtbar.	-; einfach.	-; einklappig; aufgeblaſen; groß.	-;klein; mit langerWolle.	zaſerig; knollig; macht einen fingerdicken Kopf; innen weiß.
69.	Styraxbaum. Styrax. Styrax officinale. Linn.	--; röhrig;kurz; bleibet. Blumen verſchieden.	-; trichterförmig; weiß.	10;pfriemig;gerad; am Grunde faſt zuſammengewachſen.	10; langlicht; gerad.	1; rundlicht; ober der Blüthe.	1; einfach; fädenlang.	1; abgeſtutzt.	Steinfrucht; rundlicht; 1zellig.	2 Nüſſe; rundlicht;zugeſpitz; an der einen Seiten platt.	holzig.
70.	Preiſſelbeere. Uva urſ. Arbutus Uva urſ. Linn.	--; ſehr klein; bleibet. Blumen in Trauben am Ende der Aeſte.	--; glockenförmig; umgebogem kugelrund;unten durchſichtig; leibfarb.	--; bauchig; an dem Rande angewachſen.	-; 2ſpaltig.	-;10fach gedippelt; ober der Blüthe.	--; blüthenlang; wellenförmig.	-; dick.	Beere; 5zellig; rundlich; roth.	5; beinern; klein.	ganz.
71.	Sauerklee. Acetoſella. Oxalis Acetoſella. Linn.	-;-;-; --. Blumen einzeln an eigenen Stielen.	-; ausgeſchnitten; faſt 5blätterig; weiß, gelb.	--; aufrecht: ungleich.	--;gefurcht.	-;5eckig; ober der Blüthe.	5; blüthenlänger.	5; ſtumpf.	Capſel; 5zellig; 5eckig.	--; eckig.	braunroth; zaſerich; knöpfig.

Blätter.	Blühzeit.	Ort.	Arzneymittl.	Eigenschaft.	Arzneykraft.	Gebrauch.
länglichrund; glatt; immer grün; 1 und 2 ge gen einander; an kriechenden Sten geln.	April. May.	Deutschland. Gebirge, Wal dungen, Ber ge, Gärten. Ein Kraut.	Kraut.	ohne Geruch; bit terer, herber Ge schmack; feuerbe ständiges Salz, mit viel Alaune.	ziehet zusam men; heilet.	Bauch- und Blutflüsse; ro the Ruhr; Wunden; Hals beschwerungen; faules Zahnfleisch; geschossenes Zäpflein; weisser Fluß; in Kröpfen.
länglich; breit; zugespitzt; 2 und 2 gegen über; an gerad in die Hö he stehendem Stengel.	Julius. August.	Berge, Wäl der, rauche, fandige Orte, auch Gärten. Ein Kraut.	Wurzel; Kraut; Was fer; Extract.	starker, widriger, scharfer Geruch; gewürzhafter Ge schmack; schleimi ge, harzige Theile.	erwärmet; schnei det ein; löfet auf; treibet Schweiß, Harn, Monaths zeit.	bösartige Krankheiten; Gelb- Wasserfucht; Grim men und Schmerzen in Gedärmen; Sand; Grieß; Würmer; Monathszeit; Engbrüstigkeit. Frische Wurzel macht Erbre chen. v. Wedel. diff Je nae 1720.
eyförmig; zuge spitzt; wechfels weife.	Sommer.	Syrien, klein Afien, das füd liche Europa. Ein Baum.	flüfsiger und harter Styrax; ein Harz. Pil len; Rauch kerzlein; Zelt lein; Ofen lack; Rauch werk.	etwas fcharfer, ge würzhafter, fchlei michter Gefchmack; angenehmer Geruch; flüchtigfalzigte, oe ligte, harzigte Thei le.	stärket; zerthei let; löfet auf; er wärmet.	Bruftkrankheiten; kur zer Athem; Heiferkeit; Huften; Catarrhe.
länglich; evrund; dicht; ganz; flei fchig; immer grün; wechfels weife; an nie der liegenden Stengeln.	May. Junius.	Deutschland. Ein Kraut.	Blätter; Bee re.	angenehmer, wein fäuerlicher, bitterli cher Gefchmack.	ziehet gelind zu fammen; stärket; treibet.	Nieren- Blafenftein; Nie ren- Blafengefchwüre; Brennen und Verhaltung des Urins. Conf. Celeb. de Haen. Rat. medendi P. II. C. XII. p. 191. feq.
3 und 3; herz förmig; an klei nen dünnen Sten geln. Wurzelblät ter.	April. May.	Waldungen, Bäume, Stein ritzé, feuchte, fchattige Orte Ein Kraut.	Kraut; Was fer; Confer v; Syrup.	fäuerlicher Ge fchmack; feuerbe ständige, falzige, irdifche Theile.	stärket; erfrifchet; hält an; kühlet; löfchet den Durft; stillt den Hunger; dämpft die Galle.	Fieber; Hitze; Aufwal lung des Geblütes; Erbre chen; Bauchflüffe; giftige, hitzige Krankheiten. Fle cken in Kleidern. J. Franci Herba Alleluja. Ulm. 1712.

L 4

No.	Name.	Kelch.	Blüthe.	Fäden.	Fach.	Eyerfach.	Griffel.	Spitze.	Saamgehäuse.	Saamn.	Wurzel.
72.	Bisampappel. Abelmosch. Abelmoschus. Hibiscus Abelmoschus. Linn.	2fach; vielspaltig. — 5spaltig; becherförmig; bleibet.	5spaltig; bis auf den Grund getheilet; glockenförmig; die Theile umgekehrt herzförmig; gelb.	viele; unten zusammengewachsen.	viele; nierenförmig.	1; rundlich; ober dem Kelch.	5;fadenförmig; fadenlänger; oben 5spaltig.	5; mit Köpfen.	Capsel; rundlich; 5zellig; 5eckig; 5klappig.	viele; nierenförmig.	holzig.
73.	Baumwolle. Gossypium. Gossypium herbaceum. Linn.	—; 3spaltig. — 5spaltig.	—; —; radförmig; die Theile umgekehrt herzförmig; gelb, innen roth.	—; —.	—;—.	—; —.	—; blukenförmig; fadenlang.	4; dick.	—; 4zellig; 4klappig.	—; eyförmig, in Wolle eingewickelt; schwarz.	zaserig.
74.	Käsepappel. Malua vulgaris. Malua rotundifolia. Linn.	—; 3blätterig. — 5spaltig. Blumen in Achseln.	—; —; glockenförmig; abgebissen; weiß;röthlich.	—; —.	—;—.	—; kreisrund; ober dem Kelch.	—;—; kurz; wellenförmig.	viele; borstig.	—; viele; in eine glatte Scheibe gelagert; gegliedert.	—; nierenförmig; in jeder Capsel einer.	lang; weiß.
75.	Feßtriß. Sigmarskraut. Alcea. Malua Alcea. Linn.	—; — — —; Blumen in den obern Achseln.	—;—;—; —; röthlich.	—; —.	—;—.	—; —.	—;—; —.	—;—.	—;—; —.	—; —.	dick; holzig.
76.	Herbstrose. Malua arborea. Alcea rosea. Linn.	—; 6spaltig. 5 —.	— ausgeschnitten; röthlich.	—; wellenförmig; bey einander; unten zusammengewachsen.	—; fast nierenförmig.	—; rundlich; ober dem Kelch.	—;—.	—;—.	—;—; gegliedert.	—; —.	lang; stark.

Blätter.	Blühzeit.	Ort.	Arzneymittel.	Eigenschaft.	Arzneykraft.	Gebrauch.
herzförmig; 7eckig; am Rande gezähnt; rauch; wechselsweise; an einem rauchen Stengel.	August.	Ost- u. West-Indien, Afrika. Deutschland in Gärten. Eine Staude.	Saamen.	etwas bitterer Geschmack; angenehmer Biesamgeruch, flüchtige, salzigte, oeligte Theile.	stärket; reizet.	Nicht sonderlich im Gebrauch. Zum Parfumiren.
5spaltig; rauch; wechselsweise; an einem rauchen Stengel.		Beede Indien, Deutschland zuweilen in Gärten. Ein Kraut.	Saamen; Wolle.	flistlichter; schleimichter Geschmack; kein Geruch.	Saame erweicht; lindert.	Saame in Husten; Seitenstechen; Brustkrankheit; nicht sonderl im Gebrauch. Wolle gebrast zum Blutstillen; angezündet zu Mutterbeschwerungen; roh zu Wicken in die Ohren.
breit; rundlich; gekerbt; haarig; wechselsweise; an röthlichen auf der Erde kriechenden Stengeln.	Sommer.	Europa, Wege, Zäune, Mauren. Ein Kraut.	Wurzel; Kraut; Saame; Wasser. Eines der 5 erweichenden Kräuter.	unschmackhaft, schleimig.	ziehet zusammen; erweicht; lindert; heilet; macht schlüpfrig; kühlet; stillet Schmerzen.	böse verwundete Hälse; Bräune; Scharbock; Durchlauf; Ruhr; Geschwulst.
5fach zerschnitten; wie an den Pappeln.		An den Ecken der Felder, an den Sträuchen, Wegen. Ein Kraut.	Wurzel; Blätter; Saame.	wässerige, schleimige Theile.	zertheilet; erweichet; mildert.	Magensäure; Schärfe des Geblütes; dunkele, trübe Augen.
grofs; breit; gekerbt; wechselsweise; an dicken, hohen, hohlen Stengeln.	Julius. August.	Gärten. Ein Kraut.	Blüthe; Saame.	wie No. 73.	wie No. 73.	wie No. 73.

L 3

No.	Name.	Kelch.	Blume.	Fäden.	Farbe.	Eyerstock.	Griffel.	Spitze.	Samengehäuse.	Saame.	Wurzel.
77.	Weiſſe Pappel. Eibiſch. Althæa. Althæa officinalis. Linn.	1fach; 9ſpaltig. 5—.	5ſpaltig; abgebiſſen; röthlich.	viele; wellenförmig; bey einander; unten zuſammengewachſen.	viele; faſt nierenförmig.	1; rundlich; über dem Kelch.	1; kurz; wellenförmig.	viele; bärtig.	Capſel; viele; gegliedert.	viele; nierenförmig.	dick; zähe; ſchleimig; innen weiſs.
78.	Acacien, Egyptiſcher Schotendorn. Acacia egyptiaca. Mimoſa Senegal. Linn.	5ſpaltig; ſehr klein; Blumen 4hrenweiſs.	—; trichterförmig; ſehr klein; gelblicht.	—; ſehr lang.	—; liegen auf.	—; lang.	—; fadenförmig; fadenkürzer.	1; abgeſtutzt.	Schote, lang; 2klappig; mit Querabtheilungen.	—; rundlich.	holzig.
79.	Schweizerhoſen; Mirabellen; falſche Jalapa. Mirabilis Jalapa. Linn.	5blütterig; bauchig; bleibet; unter der Frucht; Blumen am Ende der Aeſte mehr beyſammen.	—; faſt ganz; 5faltig; trichterförmig; ober der Frucht; roth, weiſs, gelb, geſprengt; Saftkörper unter der Blüthe; kuglicht.	5; fadenförmig; ungleich; gebogt; aus dem Grunde entſtehend; ſeitwärts an die Blüthenröhre angewachſt.	5; rundlich.	—; rundlich; in dem Saftkörper zwiſchen der Blüthe und dem Kelch.	—; —; geneigt.	—; kuglich; gedippelt.	0.	Kern; eyförmig; ſpitzig.	lang; dick; auſſen ſchwärzlicht; innen braun.
80.	Hollunder. Sambucus. Sambucus nigra. Linn.	5ſpaltig; klein; bleibet; ober der Frucht. Blumen faſt ſchirmig.	—; räderartig; ſtumpf; weiſs.	—; blüthenlang; pfriemig.	—; —.	—; eyrund; ſtumpf; unter der Blume.	0. Eine bauchige Drüſe.	1; ſtumpf.	Beere; 1zellig; rundſich; ſchwarz.	3; ecklg.	holzig; länglich; dünn; weiſslich.

Blätter.	Blühzeit.	Ort.	Arzneymittel.	Eigenschaft.	Arzneykraft.	Gebrauch.
haarig; breit; rundlich; zugespitzt; wechselsweise; ganz gelind anzugreifen.	Julius.	Europa. feuchte Orte, Wassergräben, Wiesen. Ein Kraut.	Wurzel; Kraut;Saame; Syrup. Eines der 5. erweichenden Kräuter.	wie No. 73.	besänftiget; lindert; erweichet; zertheilet; zeitiget.	Geschwüre;Seitenstechen; Nierenschmerzen; Brust-Lungenkrankheiten; Nieren-Blasenstein; Harnschmerzen; Ruhr; Scharfe. Zu Umschlägen, Clystiren &c.
doppelt gefiedert; wechselsweise; Blättgen 5 und mehr; klein an grauen Stamm und Aesten; mit 3 Stacheln bey jedem Blat.	,	Arabien, Egypten, Afrika. Ein Baum.	trockener Saft; Arabisches Gummi.	Saft herb; zusammenziehend. Gummi schleimicht.	Saft; ziehet zusammmen. Gummi lindert.	Saft in Bauchflüssen; Ruhr. Gummi in der Ruhr; Heiserkeit; Husten; Blutspeyen; Blutharnen; Brennen des Urins.
eyförmig; zugespitzt; gegeneinander über; an gegliederten knotigten Stengeln.	Sommer.	beyde Indien. Deutschland in Gärten. Ein Kraut.	Wurzel; Harz.	scharfer eckelhafter harzu terGeschmack; widrigerGeruch; viel harzigte salzigte Theile.	purgiret wie die wahre Jalappe No 55.doch nicht so starck. Die Dosis doppelt so viel als No. 55.	wie No. 55.
gefiedert; oben einzeln; kuglich; ausgezackt; gegeneinander über an Aesten, die inwendig einen schwammigen weissen Kern haben.	May. Junius.	Europa. an feuchten; schattigen, umgebauten Orten, Gesträuchen, Gärten. Ein Baum, oder Staude.	innere Rinde; Blätter; Blüthe; Conserv. Wasser,Geist; Essig; Beere; Oel; Rob; Juden-schwamm.	widriger, scharfer bitterer Geschmack; starker flüchtiger angenehmer Geruch; schleimige öbge Theile.	frische Blüthe purgiret starck; treibet; reiniget; kühlet; lindert; erweichet; zertheilet; stillt Schmerzen; löst auf; treibet Schweiß, und ziehet zusammen.	Wassersucht; geschwollene Füsse; Rose; Zahnschmerzen; Bräune; Geschwulst; Blähungen; Gliederschmerzen; ansteckende böse Krankheiten; giftige Stiche und Bisse; böser Hals; Blut zu stillen. Wedelii Diss de Sambuco Jenae 1720.

No.	Name.	Kelch.	Blühte.	Fäden.	Farbe.	Eyerfach.	Griffel.	Spitze.	Saamgehäuse.	Saame.	Wurzel.
81.	Attig. Ebulus. Sambucus Ebulus. Linn.	5fpaltig; klein; bleibet; ober der Frucht. Blumen faft fchirmig.	5fpaltig; räderartig; ftumpf; weifs.	5; blühtenlang; pfriemig.	5; rundlich.	1; cyrund; ftumpf; unter der Blume.	o. Eine bauchlige Drüfe.	3; ftumpf.	Beere; 1zellig; rundlich; fchwarz.	3; eckig.	holzig.
82.	Caffebaum. Coffea. Coffea arabica. Linn.	—; fehr klein; ober der Frucht. Blumen ohngefähr 4 in Achfeln.	—; trichterförmig; umgebogen; weifs.	—; pfriemig; auf der Blühtenröhre.	—; fchmal; fädenlang; liegen auf.	—; rundlich; unter der Blume.	1; einfach; blühtenlang.	1;pfriemig; umgebogen.	—;rundlich; na befiecht; 1zellig; roth.	2; halb eyrund; in einer Hülfe.	..
83.	Fleberrindenbaum. China chinae. Curtex peruvianus. Cinchona officinalis. Linn.	—; glockenförmig; ober der Frucht Blumen bufchweife.	—; —; an der Spitze wolligt.	—; borftig; an) der Mitte der Blühtenröhre.	—; länglich; innerhalb Blühthe.	—; —.	—; blühthenlang.	1; länglich.	Capfel; 2zellig; länglich.	viele; länglich; platt.	..
84.	Kürbis. Cucurbita. Cucurbita Pogenaria. Linn.	—; —; fällt ab. Männl.und weibl. an den Ranken abgefondert.	—; glockenförmig; runzelich; zederig; dem Kelche angewachft; weifs.	3; oben zufammengewachfen; unten frey; dem Kelch angewachft. W. o.	3; krumm laufende Linien. W. o.	—; grofs; unter der Blume; um denfelben 3 kurze Spitzen.	—. —; kegelartig.	1; dreyfpaltig.	—; 3zellig;grofs; auffen holzig; innen fartig: verfchiedener Bildung.	—; länglich; flach; am Rande erhoben.	zaferig.
35.	Wattermelone. Citrullus. Nugaria. Cucurbita Citrullus. Linn.	—; wie No. 84.	—; wie No. 84	—; —.	—; ...	—; —.	—; —.	—; —.	—; fartig; wätterig.	—; mit abgeftutzten Ecken; fchwärzlich, dunkelbraun.	..

Blätter.	Blühzeit.	Ort.	Arzneymittel.	Eigenschaft.	Arzneykraft.	Gebrauch.
wie No. 19; nur länger und spitziger.	May. Junius.	Europa. Waldungen, feuchte fumpfige Orte. Ein Kraut.	wie No. 79.	wie No. 79.	wie No. 79.	wie No. 79.
eyförmig; zugefpitzt; gegen einander über; oben dunkelgrün; glänzend; unten blaßgrün.	Frühling und Herbft.	Das glückfelige Arabien. Deutfchland in Gewächshäufern noch felten. Ein Baum.	Saamenkörner; deren Decoct.	angenehmer Geruch; etwas bitterer Gefchmack; empyreumatifchoeligte Theile.	ftilliget; macht wachen; treibet Urin; Schweifs; u. das Monathliche. Im Ueberflufs macht er Zittern; dickes Geblüt.	mehr im gemeinen als Arzneygebrauch. Hypochondrifchen, hyfterifchen, melancholifchen Perfonen fchädlich.
lanzenförmig; zugefpitzt, ganz; unten rauch; gegen einander über.	*	Peru in Amerika. Ein Baum.	Rinde; Extract; Effenz; Elixir; Latwerge; Syrup.	fcharfer; fehr bitterer Gefchmack; feuerfeftes Salz mit vielen irdifchen Theilen vermifcht.	hält an; ftärket; widerftehet der Fäulnifs.	Wechfelfieber; Mutterbefchwerungen; Fraifs; fallende Sucht; Würmer; Hectik; Lungenfucht; Catarrhe; fchwache Verdauung. Mit gewiffer Behutfamkeit eines der allerherrlichften Arzneymittel.
wechfelsweife; winklicht; rauch; eckigt; breit; ausgekerbt; an dicken rauchen gabelichten Ranken.	Junius Julius.	Indien Egypten. Deutfchland. Gärten, Weinberge, Aecker. Ein Kraut.	Saame; Syrup.	milchig; fehleimig; ölig; füfslich.	kühlet; verdünnet; mildert. Einer von den 4. gröffern kühlenden Saamen.	hitzige Fieber; Gallenfieber; Harnbrennen; Seitenftechen; Heiferkeit; Bruftzuftände; Schärfe der Säfte; Stein; Schlaflofigkeit; Phantafien.
fehr tief eingefchnitten; wechfelsweife an gabelichten Ranken.	Sommer.	Sicilien. Deutfchland in Gärten. Ein Kraut.	Saamen.	milchig; fchleimig; wäfferig.	kühlet; verdünnet; mildert; reiniget. Einer von den 4 gröffern kühlenden Saamen.	wie No. 83. Blafen Nierenkrankheiten; Entzündung des Geblütes und der Galle.

M

No.	Name.	Kelch.	Blüthe.	Fäden.	Fache.	Eyerstock	Griffel	Spitze.	Saamengehäuse.	Saame.	Wurzel.
86.	Balsamapfel. Stechapfel. Momordica. Momordica Balsamina. Linn.	5spaltig; hohl; offen; fällt ab. M u.W. an einer Pflanze in Aehseln.	5spaltig; radförmig; äderig; runzelich; dem Kelche angewachsen; gelb.	3; kurz; M. u. W.	3; davon 2 gespalten, am dritten einfach. W. o.	1; groß; unter der Blume.	1; 3spaltig; langrund.	3; buckelich.	Apfel; 3zellig; springt auf.	viele; 3zellig; zusammengedrückt; in rothen Hülsen eingeschlossen.	klein; zaserig.
87.	Eselskürbis. Cucumis asinus. Elaterium. Momordica Elaterium. Linn.	--; wie No. 86.	—; wie No. 86.	~5 pfriemig.	—; 2 davon gespalten; der dritte einfach. W. o.	—; einfach; unter der Blume. M. o.	—; —; fäulenförmig.	--; länglich, buckelich.	langrund; stachelich; zerspringt leicht.	—; schwarz; aufgeblasen; erhaben.	— ; --.
88.	Coloquinthen. Parisäpfel. Cucumis Colocynthis. Linn.	--; wie No. 84.	—; wie No. 84. bleichgelb.	--; wie N. 84. W. klein.	--; wie No. 84. W. o.	—; wie No. 84.	—; wie No. 84.	-; 2- spaltig; wie No. 84.	—; —; holzig; länglichrund; bitter; fleischig; schwammig; grün und citronengelb.	—; platt; rund; hart; wie Gurkensaame; weiß.	zaserig.
89.	Gurke. Cucumis Cucumis sativus. Linn.	--; wie No. 84.	—; wie No. 84. gelb.	--; davon 2 oben gespalten.	—; krumlaufende Linien.	—; groß; um denselben 3 Fäden ohne Fache; unter der Blume.	—; welenförmig; sehr kurz.	—; 2- spaltig; buckelich; dick.	-; 3. 4. zellig; kurzstachelich; buckerich; fleischig; saftig; grün; gelb.	—; länglich-rund; plattgedruckt; an boyden Seiten zugespitzt; gelblichweiß.	—.

Blätter.	Blühzeit.	Ort.	Arzneymittel.	Eigenschaft.	Arzneykraft.	Gebrauch.
gespalten; gezackt; wie an den Zaunrüben; oder wie Weinblätter; wechselweise; an kriechenden windenden Stengeln; mit Gabeln.	August.	beyde Indien. Egypten. Deutschland in Gärten. Ein Baum.	Früchte; Blätter; Oel.	wässerige, ölige Theile.	heilet; mildert; kühlet.	Schmerzen der Goldader; Wunden; Brand vom Feuer. Innerlich nicht gebräuchlich.
fast herzförmig; gezackt; übrigens wie No. 36. jedoch ohne Gabeln.	Julius. August.	Syrien, Egypten. Italien. Deutschland in Gärten. Ein Kraut.	Frucht, eingekochter Saft; (Elaterium) Extract.	scharf, bitterer, eckelhafter Geschmack.	treibet; purgiret stark; machet; Erbrechen; tödtet die Geburt und treibet sie ab.	wässerige Feuchtigkeiten; Wassersucht; Würmer; Zahnwehe; Haupt- Gliederschmerzen. Ist unsicher.
einzeln; breit; sehr tief eingeschnitten; rauh; an langen Stielen, und kriechenden rauhen Stengeln.	. . . .	Syrien. Deutschland in Gärten. Ein Kraut, so sich um andere windet.	Frucht, oder Apfel; Mark; Harz; Essenz; Extract mit Wasser; Oel; Kügelgen.	besonderer widriger, bitterer Geruch; ganz ungemein scharfer, widriger Geschmack; gummige, schleimige, harzige, sehr scharfe, salzige Theile.	reitzet; purgiret stark; löset auf.	behutsam; jedoch in gefährlichen langwierigen Krankheiten; Lähmungen; Wassersucht; Würmer; Reinigung des Kopfs, der Mutter, Zurückbleibung der monatlichen Zeit. vid. Emanuel de Valderama de usu Colocynthidis.
winklicht; rauch; eckigt; breit; ausgekerbt; wechselsweise an dicken, rauhen, gabelichten Ranken.	Julius.	Indien. Deutschland, Gärten, Felder, Weinberge gebauet. Ein Kraut.	Saame.	milchigt; süßlicht; schleimig; oeligt.	kühlet; eröffnet; verdünnet; mildert die Schärfe; treibt. Einer von den 4 grüßern kühlenden Saamen.	Brustcatarrh; Harnbrennen; Schärfe der Säfte; Fieber; Hitze; Seitenstechen; Steinbeschwerungen; Lungen-Schwind-Dürrsucht; Schlaflosigkeit; Phantasien.

M 2

No.	Name.	Kelch.	Blüthe.	Fäden.	Fache.	Eyerfach.	Griffel.	Spitze.	Saamgehäuse.	Saame.	Wurzel.
90.	Melone. Pfebe. Melo. Cucumis Melo. Linn.	5spaltig; wie No. 89.	5spaltig; wie 89.	3; wie N. 89.	3; wie No. 89.	1; wie No. 89.	1; wie No. 89.	3; wie No 89.	Apfel; 3zellig; doppelt getheilet; 1 fleischig; vielfarbig; gefleckt.	viele; wie No. 89.	zaserig.
91.	Zaunrübe. Steckrübe. Bryonia. Bryonia alba. Linn.	—; wie No. 89. Blumen in Trauben; M. u. W.	—; wie No. 89; sternartig; weißgelblich.	—; sehr kurz. W. o.	3; davon 2 an jedem Faden zusammengewachsen; 1 am dritten Faden.	—; unter der Blume.	—; blühenlang; offen.	2; ausgeschnitten; offen.	Beere; rund; glatt; schwarz	—; eyrund.	lang; groß; dick; saftig; schwammig; außen gelblich, innen weiß, und voll Zirkeln.

Zweyte

Pflanzen mit einfachen unähnlichen

No.	Name.	Kelch.	Blüthe.	Fäden.	Fache.	Eyerfach.	Griffel.	Spitze.	Saamgehäuse.	Saame.	Wurzel.
92.	Gemeine Osterlucey. Hohlwurz. Aristolochia vulgaris. Aristolochia clematitis. Linn.	0.	ganz; zungenförmig; schwarzgelb. Blumen, viele in den Achseln.	0.	6; 4zellig.	1; eckig; unter der Blume.	1; kaum sichtbar.	1; 6spaltig; hohl.	Capsel; 6zellig; 6eckig; groß.	viel; eckig; schwärzlich.	lang; dünn; zaserig; außen graubraun, innen gelb.

Blätter.	Blühzeit.	Ort.	Arzneymittel.	Eigenschaft.	Arzneykraft.	Gebrauch.
wie No. 89. Jedoch kleiner, rundlicher und weniger eckigt.	Junius. Julius.	Palästina. Deutschland in Gärten. Ein Kraut.	Saame. Frucht.	sehr angenehmer, erquickender, lieblicher Geruch; süsser Geschmack.	kühlet; verdünnet; mildert. Macht viel Schleim und Unrath. Einer von den 4. grössern kühlenden Saamen.	wie No. 89. häufiger Genuß ist ungesund.
eckig; rauh; weißlichgrün; an gelblichen Ranken.	Julius.	Zäune, Hecken, schattige Orte. Ein Kraut.	Wurzel.	heftiger, unangenehmer, ganz gustartiger Geruch; heftiger, scharfer, beissender, widriger Geschmack; saltzige, harzige Theile.	zertheilet; löst auf; heilt; treibet; purgiret.	Wassersucht; Gliederkrankheiten; Wehmer. Jedoch mehr äusserlich wider die Flecken und Ausschläge des Gesichtes; Geschwulst; an Pflastern und Bähungen. Hermann. de Hardt de Bryonia. Helmst. 1719.

Ordnung.
vollkommener einblätterigen Blume.

Blätter.	Blühzeit.	Ort.	Arzneymittel.	Eigenschaft.	Arzneykraft.	Gebrauch.
herzförmig; wechselsweise; an aufrechten Stängeln.	May.	Frankreich. Deutschland. Ein Kraut.	Wurzel; Kraut.	bitterer, scharfer Geschmack; viele harzige, gummige Theile.	hitzig; schneidet; durch; eröffnet; verdünnet; treibet; macht Brecher; reiniget die Wunden.	fallende Sucht; Schlag; Krampf; Brust- Lungenschleim; Husten; Nachgeburth; Nachwehen; Wunden; Krätze; offene Schäden. Wird jedoch innerlich selten gebraucht.

Name.	Kelch.	Blüthe.	Fäden.	Farbe.	Feyer-stock	Griffel.	Spitze.	Saamge-häuse.	Saame.	Wurzel.
Lange Osterlucey. Aristolochia longa off. & Linn.	0. Blumen einzeln in den Achseln.	ganz; zungenförmig; bleichgelb.	0.	6; 4zellig.	1; eckig; unter der Blume.	1; kaum sichtbar.	1; 6fpaltig, hohl.	Capfel; 6zellig; 6eckig. groſs.	viel; breit.	hart; schwer; knorrig; lang; runzlicht; auſſen braun, innen gelblicht.
Runde Osterlucey. Aristolochia rotunda off. & Linn.	— ; —.	— ; — ; schwarzbraun.	— ;	— ; —.	— ; —.	— ; —.	— ;	— ; —; — .	— ; —.	— ; — ; — ; rund; runzlicht; auſſen braun, innen gelb.
Virginifche Schlangenwurzel. Serpentaria virginiana. Aristolochia Serpentaria. Linn.	— ; —.	— ; — ; purpurbraun.	—.	— ; —.	— ; —.	— ; —.	— ;	— ; — ; — .	— ; —.	dünn; zaferig; weiſslicht.
Aaronwurzel. Teutfcher Ingber. Arum. Arum maculatum. Linn.	— : Blume einzeln auf einem Stiele von der Wurzel.	— ; ohrförmig; gefärbet; fällt ab. Eigentlich mehr eine Scheide, in deren Mitte ein purpurbraunes oben bloſſes Zäpflein befindlich.	—.	viele; 4eckig; mitten zwifchē 2 Reihen Fäden in der Mitte des Zäpfleins.	viele; zu unterſt an dem Zäpflein.	0.	— ; wollig.	Beere; viel; 1zellig; kugelrund; gelbroth.	— ; rundlich.	rund; woſs.

Blätter.	Blühzeit.	Ort.	Arzneymittel.	Eigenschaft.	Arzneykraft.	Gebrauch.
herzförmig; wechfelsweife; an einem fchwachen äftigen Stängel.	May.	Italien. Spanien. Schweitz. Frankreich. Ein Kraut.	Wurzel; Effenz; Extract.	bitterer, brennender, gewürzhafter Gefchmack; wirkfame harzige, gummige, fonderlich erdige Theile.	fchneidet durch; zertheilet; treibt Harn, Monathszeit, Geburth, Winde, Blähungen.	Verhaltung des Monathlifchen; weiffer Flufs; Cachexie; Bleichfucht; Mutterzuftände; Fifteln; Podagra; Krätze; Wafferfucht; Gefchwulft. vid. Bajeri Diff. de Ariftolochia Altorf. 1719.
+; ~; ftumpf; faft am Stängel feft fitzend. Der Stengel wie No. 93.	+ .	wie No. 93.	Wurzel.	wie No. 93.	wie No. 93.	wie No. 93.
länglicht; herzförmig; platt; wechfelsweife; an fchwachen gewundenen runden Stängeln.	+ .	Virginien. Ein Kraut.	Wurzel.	gewürzhafter Gefchmack und Geruch faft wie Campfer.	eröfnet; verdünnet; treibt Schweifs; widerftehet dem Gift.	Schlangenbifs; wütender Hundsbifs; Fieber; bösartige Krankheiten; Catarrh; Schlagflüffe; Schlaffucht; Mutterzuftände.
faft pfeilförmig; ganz; Wurzelblätter.	+ .	Deutfchland. Ein Kraut.	Wurzel; Kraut.	brennender, fcharfer Gefchmack.	eröfnet; zertheilet; löft auf; verdünnet; treibt auf den Harn; laxirt.	dreytägiges Fieber; Eckel; Bleichfucht; Auszehrung. v. Wedelii Difput. de Aro Jena 1701.

No.	Name.	Kelch.	B.Gbe.	Fäden.	Fache.	Eyer-ftock	Griffel.	Spitze.	Saamge-bäufe.	Saame.	Wurzel.
97.	Grofs Baldrian. Valeriana major, hortenfis, Phu. Valeriana Phu. Linn.	o; oder kaum fichtbar. Blumen faft fchirmförmig.	sfpaltig; trichterförmig; an der einen Seite buckelig; weifs.	3; aufrecht.	viele; rundlich.	1; unter der Blume.	1; fädenlang.	1; dick.	Beere; abfallend; gekrönet.	einzeln; länglicht.	länglich; runzelich; knotig; zaftrig; auffen blafsbraun, innen weifsgrau.
98.	Wilder Baldrian. Valeriana fylveftris. Valeriana officinalis. Linn.	—; —; —.	—; —.	—; —.	—; —.	—; —.	—; —.	—; —.	—; —; —.	—; —.	—; —.
99.	Celtifcher Nardus. Spica celtica. Nardus. Valeriana celtica. Linn.	—.	—; —.	—; —.	—; —.	—; —.	—; —.	—; —.	—; —; —.	—; —	zaferig; zart; fchwärzlich.
100.	Rosmarin. Rofmarinus. Rofmarinus officinalis. Linn.	3fpaltig. Blumen zwifchen den Achfeln.	—; lippenförmig; blafsblau.	2; pfriemig.	2; einfach.	—; 4fpaltig; ober der Blume.	—; fädenlang.	—; einfach.	o.	4; langrund.	dick; grofs; weifs.
101.	Salbey. Salvia. Salvia officinalis.	—; geftrichelt. Blumen wirbelweife.	4fpaltig; lippenförmig; blaulich.	2; kurz; an deren Mitte 2 längere angeheftet; 2 andere ganz kurze.	—; —.	—; —;	—; fehr lang.	—; 2. fpaltig.	o.	4; rundlich.	zaferig; zart; holzig.

Blätter.	Blühzeit.	Ort.	Arzneymittel.	Eigenschaft.	Arzneykraft.	Gebrauch.
paarweife;gegen-über; gefiedert; die Wurzelblät-ter eyförmig; ganz.	Junius.	Wiefen, Ber-ge. Ein Kraut.	Wurzel.	guter Geruch; bitte-rer, gewürzhafter, fcharfer Gefchmack; viel harzige, gum-mige, ölige erdige Theile.	treibt Harn, Schweifs; reini-get; eröffnet ftark; ftndert die Schmerzen, macht Nießen.	Augenzuftände;Wunden; Peft; giftige Krankheiten; fallende Sucht; kurzer Athem;Seitenftechen; Fie-ber; Gelbfucht; Mutter-zuftände; anfangender Staar. vid. Spies Diff. Helmftad. 1724. R. Joh. Marchanti mem.de l'Acad. de Paris 1706.
alle gefiedert; ge-zähnt; gegenein-ander über.	• ; - ;	• • feuchte Wie-fen, Wälder. Ein Kraut.	Wurzel; Waffer.	wie No. 97. faft noch ftärker.	wie No. 97.	wie No. 97. befonders zur fallenden Sucht und Mutterzuftänden.
länglich; ganz; ftumpf; gegen-einander über.	• • •	Tyrol. Schweitz. Ein Kraut.	Wurzel; Blü-the.	gewürzhafter, guter Geruch; gewürzhaf-ter fcharfer Ge-fchmack.	zertheilet;erwär-met; treibt Harn und Schweifs.	Lähmungen; Krampf; Ge-gengift; Mutterzuftände. v. J. Faber Diff. de Nar-do Romae 1606.
klein; fchmal; oben dunkelgrün; unten weifslich; gegeneinander über; an biegfa-men, holtzigen Stängeln.	April.	Spanien. Frankreich. Deutfchland. in Gärten. Eine baumar-tige Staude.	Kraut; Blü-the; Waffer; Oel; Saame; Effenz; Geift.	guter, gewürzhaf-ter Geruch; bitte-rer, fcharfer Ge-fchmack; viel flüchti-ge, ölige, harzige, wenig gummige, er-dige Theile.	zertheilet; erwär-met; verdünnet; ftärket; ziehet et-was zufammen.	Haupt-Magen-Mutter-Nervenkrankheiten; Läh-mungen; Gicht; Schlag; Engbrüftigkeit; Fieber; Winde; Bauchgrimmen; weifser Fluts. v.Alb.Fickii, H. Nebetii & Spiefii Diff.
länglich; hart; rauch; gegen-einander über; an wolligen 4e-ckigen Stielen.	Junius.	Deutfchland. Gärten, Weinberge. Eine Staude.	Kraut; Blü-the; Waffer; Geift; Oel.	guter gewürzhafter Geruch; bitterer, fcharfer Gefchmack; flüchtige, ölige, har-zige erdige, wenig gummige Theile.	reiniget; ziehet zufammen; er-wärmet; treibt Harn, Schweifs; ftärket die Ner-ven; eröffnet; lö-fet auf, macht Nießen.	Augen-Hals-Wund-Kopf-Nervenkrankhei-ten; Bräune; Lungen-Schwindfucht; Magen-Mutterzuftände; weifser Fluts; Mundfäule; Krampf; Gicht; Podagra; Parthenius, Paullini, We-delius, Stenzelius.

N

No.	Name.	Kelch.	Blüthe.	Fäden.	Fachs.	Eyer-stock	Griffel.	Spitze.	Saamge-häufte.	Saame.	Wurzel.
102.	Gemeines Scharlach-kraut. Seltene. Salvia Scla-rea. Linn.	3fpaltig; geftrichelt; Blumen in wirblich-ten Aehren mit gefärb-ten Blät-tern unter-mengt.	4fpaltig; lippen-förmig; bläulich.	2; kurz; an deren Mitte 2 länge-re ange-heftet; 2 ande-re ganz kurze.	2; ein-fach; an den lan-gern Fä-den.	1; 4fpal-tig; über der Blu-me.	1; fehr lang.	1; 2-fpaltig.	0.	4; rund-lich.	holzig; zaferig; auffen fchwarz.
103.	Rümifcher Scharlach. Horminum. Salvia Hor-minum. Linn.	—; —; Blumen in wirblich-tenAehren, oben auf keine fon-dern blofs gefärbte Blätter.	—; —; purpur-farb.	—; —; —.	..; ...	—; —.	—; —.	—; —.	—; —.	—; —.	holzig; zaferig.
104.	Majoran. Majorane. Origanum Majorana. Linn.	2blätterig; kurz. Blumen in Aehren.	—; —; faft gleich;o-ben aus-gefchnit-ten, un-ten 3-fpaltig; weifs.	4; faden-förmig; 2 länger.	4; ein-fach.	—; —.	—; fa-der-för-mig; gegen die o-bere Lippe geneigt.	—; —.	—.	—; ey-rund.	zart; zaferig.
105.	Doft. Wohlge-muth. Origanum vulgare. Linn. & offi-cin.	—; lippen-förmig; rührig; ½; faft gleich; Blumen bufchig in Aehren.	—; —; oben ausge-fchnit-ten, un-ten 3-fpaltig; röthlich.	—; —.	..; ...	—; —.	—; gegen die o-bere Lippe gebo-gen.	—; —.	—.	—; —.	—; —.
106.	Cretifcher Wohlge-muth. Origanum creticum. Linn. & off.	—; —; —. Blumen in langen eckigten geraden Aehren.	wie No. 106. —.	—; —.	—; ...	—; —.	—; —.	—; —.	—; —.	—; —.	—; —.

Blätter.	Blützeit.	Ort.	Arzneymittel.	Eigenschaft.	Arzneykraft.	Gebrauch.
länglich; herzförmig; runze'ich; äderig; ausgezackt; gegeneinander über.	Junius. Julius.	Italien. Deutschland in Gärten. Ein Kraut.	Kraut; Saame.	heftiger Geruch; wild, ohne Geruch.	stärket den Magen; reinigt; erwärmt; treibt die Winde, verzehret die Geschwulst.	Magenschmerzen; weißer Fluß; Mutterbeschwerden; Augenkrankheiten. Reichlimus.
länglich; stumpf; am Rande gekerbet; gegeneinander über.	Julius.	Griechenland. Orient. Deutschland in Gärten. Ein Kraut.	Kraut.	wie No. 101.	wie No. 102.	wie No. 102.
gegeneinander; rundlich; klein; weich; weißlich; an kleinen, holzigen, dünnen, etwas haarigen Stielen.	September.	Orient. Egypten. Deutschland in Gärten. Ein Kraut.	Kraut; Conferv. Waffer; Oel; Saame; Salbe.	guter, starker Geruch; hitziger, bitterlicher, scharfer Geschmack; flüchtige, ölige, gummige Theile.	zertheilet; verzehret; stärket Kopf, Nerven, Magen, Mutter, macht Nießen.	Nerven - Kopfkrankheiten; Catharre; Schlag; Schwindel;fallende Sucht; Augenschmerzen; Waffersucht;Stein; Krampf; Bauchgrimmen; Blähungen. vid. Gravii Diss. Panacea vegetabilis calida sive Majorana nostras. Jenae 1639.
länglich; zugespitzt; gekerbt; gegenüber; durchsichert, wie Schweißlöcher.	Junius. Julius.	Zäune, Wege, Hecken, Berge. Ein Kraut.	Kraut; Blumen; Waffer; Oel.	guter, starker Geruch; scharfer, gewürzhafter, zusammenziehender Geschmack; ölige harzige Theile.	öffnet; zertheilet; verdünnet; säubert; treibt Schweiß, Monathszeit; reiniget; stärket.	Haupt- Nervenkrankheiten; Husten; Stecken; Bleichsucht; Mutterzufälle; Magenschmerzen; Würmer; Ruhr; Zahnweh.
eyrund; zugespitzt; rauch; gegenüber; durchlöchert wie Schweißlöcher.	Julius. August.	Italien, Griechenland. Deutschland in Gärten. Ein Kraut.	Blumen.	wie No. 106. doch noch stärker.	wie No. 106.	wie No. 106.

N 2

No.	Name.	Kelch.	Blüthe.	Fäden.	Fache.	Eyerfach.	Griffel.	Spitze.	Saamgehäuse.	Saame.	Wurzel.
108.	Cretischer Diptam. Dictamnus creticis. Origanum Dictamnus. Linn.	1lippig; röhrig; Blumen in hängenden Aehren, mit gefärbten Blättern.	wie No. 106.	4; fadenförmig; 2 länger.	4; einfach.	1; 4spaltig; ober der Blume.	1; fadenförmig gegen die obere Lippe gebogen.	1; 2spaltig.	0.	4; eyrund.	zart; zaferig.
109.	Thymian. Thymus vulgaris. Linn. & off.	5spaltig; lippenförmig; wollig; oben zähnig, unten zborstig. Blumen in wirblichten Aehren.	4spaltig; lippenförmig; oben ganz; unten 3spaltig; die mittlere breiter; purpur-farbig.	—; pfriemig; 2 länger; gebogen.	—; —; klein.	—; —.	—; —.	—; —; spitzig.	—.	—; rundlich.	dünn; zaferig.
110.	Quendel. Serpillum. Thymus serpillum. Linn.	—; —; Blumen in Köpfen.	—; —; purpurroth.	—; —.	—; —.	—; —.	—; —.	—; —.	—.	—; —.	zaferig.
111.	Melisse. Melissa. Melissa officinalis. Linn.	—; gestrichelt; lippenförmig; oben 3spaltig, unten 2spaltig. Blumen in wirblichten Achren.	—; oben ausgeschnitté, unten 3spaltig; die mittlere herzförmig; weiß.	—; —.	—; beyeinander.	—; —.	—; —.	—; —.	—.	—; eyrund.	schief; rund; zaferig; holzig.

Blätter.	Blühzeit.	Ort.	Arzneymittel.	Eigenfchaft.	Arzneykraft.	Gebrauch.
eyrund; wollicht; zumahl die untern; gegeneinander über.	Auguft.	Candien. Deutfchland in Gärten. Ein ftaudichtes Gewächfe. Frankreich.	Kraut.	wie No. 106. doch noch ftärker.	wie No. 106.	Mutterzuftände; Bleichfucht; verhaltue Monathzeit; Beförderung der Geburt; zum Theriack; Diafcordien Latwerge.
gegeneinander über; klein; zart; fchmal; eyförmig; gebogen; an holzigen Stängeln.	Junius u. w.	Italien. Deutfchland in Gärten. Ein Kraut.	Kraut; Waffer; Saame; Oel.	guter, gewürzhafter Geruch; fcharfer bitterer, gewürzhafter Gefchmack; viel wefentlich ölige, harzige Theile.	treibt Schweifs; ftärket; verdünnet; zertheilet; eröffnet; löfet auf.	Verftopfung; Säure; Magen-Haupt-Mutterkrankheit; Schwermuth; Alter; Gliederichmerzen; Monathzeit; Würme; blaue Mähler.
breit; wenig zugefpitzt; gegeneinander über an eckigen Stängeln.	Junius. Julius. Auguft.	Europa. Deutfchland. Sandige, fonnigte Boden, Berge, ungebaute Orte, Wege. Ein Kraut.	Kraut; Blätter; Waffer; Geift; Oel.	durchdringender, lieblicher Geruch; fcharfer, bitterer, gewürzhafter Gefchmack; viel wefentlich ölige, fcharfe, harzige, erdige Theile.	öffnet, zertheilet; ziehet zufammen; ftärket Haupt, Nerven, Mutter; treibet Schweifs, Winde.	Giftige Stiche und Biffe; langwierige Krankheiten; Kopffchmerzen; Stein; Griefs; Engbrüftigkeit; Wafferfucht; Harnwinde; Schlag; Lähmungen; Winde; Flüffe; Monathzeit. Aeufserlich in reifsenden und rheumatifchen Schmerzen; blaue Flecken und Quetfchungen.
2 gegeneinander; rauch; ausgezakt; an eckigen Stängeln.	Julius.	Gärten, Weinberge. Ein Kraut.	Kraut; Syrup; Effenz; Waffer; Geift; Oel; Saame.	bitterlicher Geruch; angenehmer, gewürzhafter, bitterlicher Gefchmack; viel wirkfame, harzige, gummige, erdige Theile.	erwärmet; reiniget; befänftiget; ftärket; zertheilet; treibet.	Haupt-Herz-Mutter-Magenkrankheiten; Schlag; Schwindel; fallende Sucht; giftige Suche und Biffe; Hertzklopfen; Schwermuth; Erbrechen.

No.	Name.	Kelch.	Blüthe.	Fäden.	Farbe.	Eyerstock.	Griffel.	Spitze.	Saamgehäuse.	Saamen.	Wurzel.
112.	Ackermünze. Calamintha montana. Meliſſa Calamintha. Linn.	5ſpaltig; geſtrichelt; ½. Blumen wirbelweiſe.	4ſpaltig;lippenförmig; wie No. 111. aber purpurfarbig.	4; pfriemig; 2 länger; gebogen.	4; beyeinander.	1; 4ſpaltig; ober der Blume.	1; fadenförmig.	1; 2ſpaltig.	o.	4; cyrund; ſchwärtlich.	zaſerig.
113.	Türkiſche Meliſſe. Meliſſa turcica. Dracocephalum Moldavica. Linn.	—; —; bauchig; oben enger. Blumen wirbelweiſe; groſs; mit Blätgen unter ſich.	—; —; oben gewölbt; gefaltt; ganz; in der Mitte ein längl. bauchichter Rachen; unten 3ſpaltig; blau oder vveiſs.	--; --; unter der obern Lippe.	—; hertzförmig.	—; —; —.	—; —; —.	—; —.	—.	—; länglich; 3eckigt.	.
114.	Brunellenkraut. Prunella. Prunella vulgaris. Linn.	—; lippenförmig; bleibet. Blumen ahrenweiſe.	—; —; oben ganz, unten 3ſpaltig; blau.	—; —; an der Spitze 2ſpaltig.	—; einfach; unter der obern Spitze.	—; —; —.	—; —.	—; 2ſpaltig; oder ausgeſchnitten.	—.	—; cyrund.	dünn; zaſerig.
115.	Baſilien. Baſilicum. Ocymum Ocymum Baſilicum. Linn.	6ſpaltig; lippenförmig; oben 2ſpaltig, unten 4ſpaltig. Blumen wirbelweiſe.	5ſpaltig;lippenförmig; oben 4ſpaltig, gleich; unté ganz; purpurfarbig, weiſs.	—; 2 län.	—; halbmoondförmig.	—; —.	—; —.	—; —; .	—.	—; —.	ſchwartz; holtzig; zaſerig.
116.	Hertzgeſpann. Cardiaca. Leonurus Cardiaca. Linn.	5ſpaltig; 5eckig; bleibet. Blumen wirbelweiſe.	—; —; oben ganz, wollig; unten 3ſpaltig; weiſslich, röthlich.	—; --.	—; 2ſpaltig; gedippelt.	—; —.	—.	—; —.	—.	—; länglich.	.

Notes in row 115 Farbe/Fäden columns: ger; unten mit einem Querfortſatze.

Note in row 116: ohne Querfortſatz.

Blätter.	Blühzeit.	Ort.	Arzneymittel.	Eigenschaft.	Arzneykraft.	Gebrauch.
2 gegeneinander; gekerbt; fpitzig; rauch; haarig; an 4eckigen Stengeln.	Julius. Auguft.	Europa. Deutfchland ungebaute Felder, Berge Ein Kraut.	Kraut; Waffer.	guter, gewürzhafter Geruch; viel ölige, feuerbeftändig falzige Theile.	treibet; zertheilet; löfet ab; ftärket; verdünnet; eröffnet; reiniget.	Magen - Mutter - Bruft-Krankheiten; Verftopfungen; Stocken; kurzer Athem; Huften; Schwinden der Glieder; Gelbfucht; Würmer; blaue Flecken.
2 gegeneinander; lang 4 fchmal; tief; gezähnt; lichtgrün; an 4eckigten Stängeln und Aeften.	Julius. Auguft. September.	Moldau. Deutfchland in Gärten. Ein Kraut.	Kraut; Saamen.	wie No. 112. faft noch ftärker.	wie No. 112.	wie No. 112.
2 gegeneinander; länglich; rauch; oft gekerbt; an 4eckigen, rauchen Stängeln.	Sommer.	Europa. Deutfchland. Ungebauete Orte, Wiefen, Wälder, Gras. Ein Kraut.	Kraut; Waffer.	bitterer, fchleimiger, klebriger Gefchmack.	ziehet zufammen; reiniget; kühlet; hält an; tilgt die Schärfe.	Wund - Lungen - Nieren-krankheiten; Ruhr; Peft; Bräune; Mundfäule; Zahnfchmerzen; Halsweh.
2 gegeneinander; länglich; ganz oder gekerbt.	Julius. Auguft.	Indien. Deutfchland in Gärten. Ein Kraut.	Saame.	ftarker, angenehmer Geruch; fchleimige Theile.	zertheilet; erwärmet; eröffnet; ftärket Herz, Haupt, Nerven, Mutter.	Erbrechen; Traurigkeit; Schwindfucht; Ohnmacht; kurzer Athem; Huften; Warzen; Bräune; Mundfäule; Kopfweh; Auffpringen der Lippen und Bruftwärzlein.
2 gegeneinander; grofs; tiefeingekerbt.	Junius.	Europa. Deutfchland. wilde, rauhe Orte, Mauern, Zäune, Hecken. Ein Kraut.	Kraut.	ftarker, nicht gar widriger Geruch; bitterer Gefchmack.	öffnet; ftärket; ziehet zufammen; treibt; zertheilet; heilet.	Mutterkrankheit; Herzklopfen; Stein; Monathszeit; Bruftbefchwerden; Huften; Würmer; Wunden.

Name.	Kelch.	Blüthe.	Fäden.	Fache.	Eyerfach.	Griffel.	Spitze.	Saamgebäuse.	Saame.	Wurzel.
Weißer Andorn. Marrubium album. Marrubium vulgare. Linn.	10spaltig; 10fach geftrichelt; wechfelsweife ungleich. Blumen wirbelweife.	5spaltig; lippenförmig; oben 2fpaltig, unten 3fpaltig; weiß.	4; 2 länger;	4; einfach.	1; 4fpaltig; ober der Blume. unten mit einem Querfortfatze	1; fadenförmig.	1; 2fpaltig;	0.	4; länglich.	zaferig; fchwarz.
Schwarzer Andorn. Marrubium nigrum. Ballota nigra. Linn.	5spaltig; 10fach geftrichelt; zeckigt. Blumen wirbelweife.	4fpaltig; lippenförmig; oben ganz; hohl; unten 3fpaltig; purpurfarb.	—; —.	—; länglicht.	—; —. —;	—; —.	—; —.	—.	—; eyförmig.	zaferig.
Schreykraut. Gliedkraut. Sideritis. Stachys recta. Linn.	—; eckigt; ungleich. Blumen in wirbelichten Aehren.	5fpaltig; lippenförmig; oben aufrecht, 2fpaltig; unten 3fpaltig, in der Mitte gezackt; blaßgelb, dunkelweiß.	—; 2 kleiner; in der Röhre.	—; rundlich.	—; —. —.	—; —; fadenlang.	—; —; fpitzig.	—.	—; eckigt; fchwarz.	holzig.
Betonien. Betonica. Betonica officinalls. Linn.	—; röhrig; fpitzig; bleibet. Blumen in einer unterbrochenen Aehre.	4fpaltig; lippenförmig; oben ganz, unten 3fpaltig; in der Mitten gefpalten; röthlich; weiß.	—; —.	—; —.	—; —. —.	—; pfriemig.	—. —.	—.	—; eyrund.	länglich; breit.

Blätter.	Blühzeit.	Ort.	Arzneymittel.	Eigenschaft.	Arzneykraft.	Gebrauch.
2 gegeneinander; fast rund; runzlich; dick; lidrich; eingeschnitten; wollig; haarig; weiß; an einem wolligen, 4eckigen Stiel.	Julius. August.	Europa. Deutschland. Ungebaute Orte, Wege, Straßen, Weinberge. Ein Kraut.	Kraut; Wasser; Syrup; Extract.	besonderer, unangenehmer Geruch; bitterer, scharfer, zusammenziehender Geschmack; wenig ölige, harzige, viel gummige, erdige Theile.	zertheilet; löset auf;reiniget; stärket; treibt Harn, Monathszeit, Würmer.	Verstopfung der Leber, Mutter, Milz, Lunge; Wasser- Bleichsucht; feuchtes Stecken, Husten; Feigwarzen;Zahnschmerzen.
2 gegeneinander; herzförmig; eingekerbt;schwarzgrün.	Junius Julius. August.	Europa. Deutschland. Ungebaute Orte, Wege, Straßen. Ein Kraut.	Kraut.	unangenehmer stinkender Geruch; bitterer Geschmack; ölige, saltzigte,erdige Theile.	zertheilet; reiniget.	Mutterzustände; Milzsucht; güldene Ader; wütender Hundsbiß. Seltener Gebrauch.
gegenüber; länglich; wollig; eingeschnitten; an wolligen, 4eckigen Stängel.	May.	Das südliche Europa. Aecker, trockene,sandige Orte, Berge. Ein Kraut.	Kraut.	herber, scharfer Geschmack.	ziehet an; stärket; treibt Harn.	Wunden; Glieder- Nervenzustände. Zu Bädern wider die Abzehrung und das Schreyen der Kinder.
gegenüber; länglich; zackig; an einem 4eckigen rauhen Stängel.	Junius. Julius.	Europa. Wiesen, Berge,Wälder. Ein Kraut.	Kraut; Blüthe; Wasser; Conserv; Syrup; Pflaster.	guter Geruch; scharfer,bitterlicher, gewürzhafter Geschmack.	zertheilet; verdünnet; stärket; heilet; eröffnet; treibet Schweiß.	Haupt- Nervenkrankheiten; Schlag; Krampf; fallende Sucht; Husten; Schwindsucht; Grieß; Sand; Wunden; Augen-Mutterzustände. vid Apuleji libeft. 1528. Basil.& Eystlii Differt.

O

106

II. Ordnung. Einblätterige

No.	Name.	Kelch.	Blüthe.	Fäden.	Farbe.	Eytr. fach	Griffel.	Spixe.	Saamgehäuse.	Saame.	Wurzel.
121.	Taube Neffel. Lamium. Lamium album. Linn.	5fpaltig; röhrig; fpitzig; bleibet. Blumen wirbelweife.	4fpaltig;lippenförmig; oben ganz, gewölbt;in der Mitte ein längl. Rachen mit umgebogenen Zähne an den Seiten; unten herzförmig; weiß.	4; kleiner; unter der obern Lippe oder Helm.	4; länglicht; rauch.	1; 4fpaltig; ober der Blume.	1; fadenförmig; fidenlang.	1; 2- fpaltig.	0.	4; 3eckigt; kurz; fchwärzlich.	länglich; zaferigt; kriechend.
122.	Gundelrereben. Hedera terreftris. Glecoma hederacea. Linn.	—; zugefpitzt; ungleich; geftriebelt. Blumen wirbelweife.	5fpaltig;lippenförmig; oben 2fpaltig, unten 3fpaltig; purpurfarb.	—; pfriemig.	—; 2 und 2; kreuzförmig.	—; —.	—; —; gebogen.	—; —.	—.	—; eyrund.	zart; weiß.
123.	Kraufemünze. Mentha crifpa offic. & Linn.	—; röhrig; gleich; bleibet. Blumen in Köpfen.	4fpaltig; faft gleich; oben ausgefchnitten; röthlich.	—; —; 2 länger; blüthenlang.	—; rundlich.	—; —.	—; aufrecht; fadenförmig.	—; —.	—.	—; klein.	lang; zaferig.
124.	Pfeffermünze. Mentha piperita. Linn.	wie No. 123.	wie N. 123.	—; —; —; blüthenkürzer.	—; —.	—; —.	—; —.	—; —.	—.	—; —.	,.
125.	Gemeine Münze. Mentha fylveftriz. Linn.	—; —; —; —. Blumen in langen Aehren.	wie N. 123.	—; —; —; blüthenlänger.	—; —.	—; —.	—; —.	—; —.	—.	—; —.	,.

Blätter.	Blühzeit.	Ort.	Arzneymittel.	Eigenschaft.	Arzneykraft.	Gebrauch.
gegenüber; herzförmig; zackigt; mit Stielen versehen; an 4eckigten Stengeln.	Sommer.	Europa. gebaute Orte; Gärten, Felder. Ein Kraut.	Kraut; Blüthe und deren Conferv.	ſtinkender Geruch; bitterer Geſchmack; laugenhafte und etwas ſchwefflichte Theile.	erwärmet; trocknet; zertheilet; treibt den Urin.	Stein und Grieſs; Verſtopfungen der Leber, Milz und Drüſen; beſonders das friſche Kraut.
gegenüber; rund; dick; runzlich; gekerbt; an kriechenden Stängeln und Ranken.	April. May.	Europa. Deutſchland. Schattige Orte, Zäune, Mauren, Gärten.	Kraut; Conſerv; Waſſer; Syrup; Extract.	ſtarker Geruch; bitterlicher, ſcharfer Geſchmack.	ziehet zuſammen; heilet; zertheilet; eröffnet; reiniget; verdünnet; treibt Harn, Monathszeit.	Verſtopfung der Leber und Milz; Kopfſchmerzen; Bruſtverſchleimung; Waſſer-Schwindſucht; Huſten; Bauchgrimmen; Blutſpeyen; Mundfäule; alte Schäden.
gegenüber; herzförmig; gezähnet; gekrauſet; etwas wollig; ohne Stiele.	Julius.	Europa. Deutſchland. Gärten, Weinberge. Ein Kraut.	Kraut; Syrup; Waſſer; Oel; Conſerv.	guter Geruch; ſcharfer, bitterer Geſchmack; ölige, harzige Theile.	erwärmet; ſtärket; treibt Blähungen; eröffnet; zertheilet.	Haupt- Magen- Mutterkrankheiten; Erbrechen; Saamenfluſs; Colic; Würmer.
gegenüber; eyförmig; mit Stielen.	⸰	Engelland. Deutſchland in Gärten. Ein Kraut.	Kraut.	wie No. 123.	wie No. 123.	wie No. 123.
gegenüber; länglich; gezähnt; rauch; ohne Stiele.	⸰	Europa. Deutſchland feuchte Orte. Ein Kraut.	Kraut.	wie No. 123.	wie No. 123.	wie No. 123.

O 2

No.	Name.	Kelch.	Blüthe.	Fäden.	Farbe.	Eyer-fach.	Griffel.	Spitze.	Saamge-häuse.	Saame.	Wurzel.
126.	Polev. Pulegium. Mentha Pulegium. Linn.	5fpaltig; röhrig; gleich;bleibet. Blumen wirbelweife.	4fpaltig; faft gleich; obé ausgefchnitté;röthlich.	4; pfriemig; 2 länger; blüthenlänger.	4; rundlich.	1; 4fpaltig; ober der Blume.	1; aüfrecht; fadenförmig.	1; 2fpaltig.	o.	4; klein.	zaferig.
127.	Katzenkraut. Katzenmünze. Nepeta. Mentha cataria. Nepeta Cataria. Linn.	—; röhrig; ungleich; 3 obere gerad; die untern gebogen. Blumen in wirblichten Aehren.	—; —; obé ausgefchnitten, unten 3fpaltig; die mittlere gefäget; weifs.	—; —.	—; liegen auf.	—; —.	—;pfriemig.	—;—.	—.	—; eyrund.	r.
128.	Lavendel Lavandula. Lavandula Spica. Linn.	—; —; —; kurz; bleibe;mit einem Afterblatte. Blumen in Aehren.	..; lippeförmig; oben 2fpaltig; unten 3fpaltig; purpurfarbig; blau, weifs.	—; —.	—; klein.	—;—.	—; fadenförmig.	—; ausgefchnitten.	—.	—; faft eyrund.	holzig; zaferig.
129.	Arabifcher Stoechas. Stoechas arabica. Lavandula Stoechas. Linn.	wie N. 128. Blumen in Aehren, fo oben nichts als Afterblätter haben.	wie No. 128. blau.	—; —.	—; ...	—; —.	—;—.	—;—.	—.	—; —.	—; —.
130.	Ifop. Hyffopus. Hyffopus officinalis. Linn.	—; länglich; geftrichelt; bleibet. Blumen in Aehren.	—; —; obé ausgefchnitten; unté 3fpaltig ; die mittlere herzförmig; gefäget; blau.	—; —; 2 länger.	..; einfach.	—; —.	—; —.	—; 2fpaltig.	—.	—; eyrund.	holzig; hart; fingersdick.

Blätter.	Blühzeit.	Ort.	Arzneymittel.	Eigenschaft.	Arzneykraft.	Gebrauch.
gegenüber; rundlich; rauch; wenig gezackt;an rundl. kriechenden Stängeln.	Sommer.	Europa. Deutschland. feuchte Aecker, Wiesen, Gärten. Ein Kraut.	Kraut; Waſſer; Oel; Eſſenz.	guter Geruch; gewürzhafter, ſcharfer, bitterlicher Geſchmack; viel weſentlich ölige Theile.	verdünnet; erößnet; zertheilet; stärket; treibet, reiniget; löſet auf; reitzet.	Mutter - Bruſtkrankheiten; Monathzeit; Geburth; Schwindel; Eckel; Stein; Waſſer - Gelbſucht; Engbrüſtigkeit; Sommerflecken.
gegenüber; herzförmig.	Julius. August.	ungebaute Orte, Krautergärten. Ein Kraut.	Kraut; Waſſer.	beſonderer Geruch; bitterer Geſchmack.	treibet; zertheilet; stärket Haupt und Magen.	Bruſtſchleim;Bleichſucht; Mutterkrankheit; Würmer; blödes Geſichte; Winde; Leber - Milzkrankheit.
gegeneinander über; länglich; fleiſchig; weiſslich.	Julius.	Italien. Frankreich. Deutſchland in Gärten. Weinbergen. Ein Kraut.	Blüthe; Waſſer; Geiſt; Oel; Saame.	guter, lieblicher Geruch, bitterer ſcharfer Geſchmack; flüchtige, ſalzige, ölige Theile.	zertheilet; erwärmet; eröffnet; ziehet zuſammen; stärket Haupt und Nerven; treibt Harn, Monatszeit, Geburt; macht Nieſen.	Schlag; Schwindel; Läh- mung; Milzbeſchwerung; fallende Sucht; Krampf; Nachgeburt; Mutterzuſtände; Colic; Zahnſchmerzen; Quetſchungen.
gegeneinander; länglich; ſchmal; fleiſchig; weiſslich; an holzigten Stängeln.	August.	Italié das Mittl. Frankreich. Spanien. Arabien. Deutſchland in Gärten. Eine kleine Staude.	Blüthe; Syrup.	angenehmer Geruch; ſcharfer, bitterer Geſchmack; flüchtige, ſalzige, ölige Theile.	verdünnet; eröffnet; erwärmet; stärket; treibt Harn, Monatszeit Geburt.	beynahe wie No. 128.
länglich; ſchmal; wirbelweiſe; an 4eckigen Stängeln.	Sommer.	Garten, Ein Kraut.	Kraut;Syrup; Eſſenz; Waſſer; Oel; Saame.	guter balſamiſcher Geruch; ſcharfer, bitterer, gewürzhafter Geſchmack.	stärket Magen, Gedärme; Haupt, Nerven; löſet ab; zertheilet; verdünnet; reiniget; eröffnet; treibt Harn, Monathzeit.	Augen-Bruſtkrankheiten; Keuchen; Huſten; Engbrüſtigkeit; Milz- Geb. Waſſerſucht; böſer Hals; Würmer; Bauchſchmerzen; Stein;Grieß. Garoſol. Diſſ. Roma 1718 Goeritzel de Hyſsopo. Ratisb. Wedelii Diſſ.

No.	Name.	Kelch.	Blüte.	Fäden.	Fache.	Eyer-fach.	Griffel.	Spitze.	Saamge-häufe.	Saame.	Wurzel.
131.	Saturey. Satureja. Satureja hortenfis. Linn.	5fpaltig; länglich; geftrichelt; bleibet. Blumen 2 beyfammen.	4fpaltig; lippenförmig; oben 2- unten 3fpaltig; leibfarb.	4; pfriemig; 2 länger.	4; bey einander.	1; 4fpaltig; ober der Blume.	1; borftenförmig.	1; 2 fpaltig.	o.	4; rundlich.	klein; holzig.
132.	Cretifcher Thymian. Thymus creticus. Satureja capitata. Linn.	—; — ; Blumen in Aehren.	—; — ; purpurfarb; weifs.	—; — .	—; — .	—; — ; — .	—; — .	—; — .	— ; .	—; — .	— ; .
133.	Lachenknoblauch. Scordium. Teucrium Scordium. Linn.	—; — ; ungleich; bleibet. Blumen paarweifs in den Achfeln.	—; — ; oben tief gefpalten; unten 3-fpaltig; röthlich.	—; .	— ; klein.	—; — .	—; — .	—; — .	—; .	— ; .	zaferig; krumm; kriechend.
134.	Amberkraut. Maftichkraut. Marum verum. Teucrium Marum. Linn.	—; — ; Blumen in gegenüberftehenden Trauben.	—; — ; purpurfarbig.	—; — ;	—; — .	—; — ; — .	—; — .	—; — .	—; .	— ; .	holzig; zaferig.
135.	Gamanderlein. Chamædrys. Teucrium Chamædrys. Linn.	—; — ; Blumen 3 beyfammen in Achfeln.	—; — .	—; .	—; .	— ; — .	—; .	—; .	—; .	— ; .	klein; holzig; zaferig.

Blätter.	Blüthzeit.	Ort.	Arzneymittel.	Eigenfchaft.	Arzneykraft.	Gebrauch.
länglich; fchmal; wirbelweife; an 4eckigen Stängeln.	Sommer.	Italien. Frankreich. Deutfchland in Gärten. Ein Kraut.	Kraut; Waffer; Oel; Saame.	ftarker, gewürzhafter Geruch; fcharfer Gefchmack.	treibet Winde, Harn, Monathszeit; reitzet; eröffnet; zertheilet; ftärkt das Haupt. wie No. 126.	Bruft- Lungen - Magerkrankheiten; Brechen; Colic; Engbrüftigkeit; todte Geburth; Mutterzuftände. wie No. 126.
gegeneinander; länglich; getüpfelt; am Rande mit Haaren befezt.	Sommer.	Griechenland, Candien. Spanien. Deutfchland in Gärten. Ein Kraut.	Kraut mit der Blüthe.	angenehmer gewürzhafter Geruch; bitterer Gefchmack.	treibt Urin, Monathszeit, Geburt, Nachgeburt; eröffnet; löfet den zähen Schleim auf.	Engbrüftigkeit; Mutterzuftände, Würmer; Schwermuth; Wahnwitz.
gegeneinander über; länglich; gekerbt; an ausgebreiteten Stängeln und Aeften.	Julius.	Europa. Deutfchland. fumpfige Orte, Gräben. Ein Kraut.	Kraut; Waffer; Syrüp; Effenz; Effig; Conferv. Salz; Extract.	widriger Knoblauchsgeruch, bitterlicher, fcharfer, gewürzhafter Gefchmack; viel harzigte, erdige, wenig fchleimige Theile.	treibt Schweifs; Würmer; läßt auf; wärmet; reiniget; heilet; verdünnet; widerftehet der Faulung und zertheilet.	Anhaltende, wechfelnde Fieber; Krebs; Peft; hitzige, langwierige Krankheiten; Ruhr; Lungengefchwüre. Aeufferlich in Entzündungen und faulenden Gefchwüren.
gegeneinander über; fpitzig; lanzenförmig; unten grau, oben grün.	Junius. Julius.	Schweitz. Deutfchland in Gärten. Ein ftrauchartiges Kraut	Kraut; Blätter; Effenz.	ftarker balfamifcher, gewürzhafter, weiniger Geruch; fcharfer, hitziger, bitterer Gefchmack.	ftärket Haupt, Magen, Nerven; treibt Harn, Winde; machet Niefen.	Schwindel; Hauptflüffe; Augenfchwäche; Schnupfen; Mutterzuftände; Bauchgrimmen.
länglich; rauch; gezackt; gegeneinander über; an rauchen ausgebreiteten Stängeln.	Julius.	Deutfchland. Berge, Wälder. Ein Kraut.	Kraut; Waffer; Effenz; Extract; Conferv; Syrup.	ftarker, angenehmer, gewürzhafter Geruch; fcharfer, bitterer Gefchmack; viel flüchtiges, wefentliches, bitteres Salz.	löfet auf; ftärket; reinigt das Geblüte; treibt Schweifs, Monathszeit, Harn, Würmer.	Verftopfung der Gefäße; Podagra; Bleich- Gelb-Wafferfucht; Scharbock; Gliederfchmerzen; Catarrhe; Fieber; Fifteln, Wunden.

II. Ordnung. Einblätterige

No.	Name.	Kelch.	Blüthe.	Fäden.	Fächer.	Eyer-fach.	Griffel.	Spitze.	Samengehäuse.	Saame.	Wurzel.
136.	Schlag-kraut. Chamæpi-thys. Teucrium Chamæpithys. Linn.	5fpaltig; längl.ungleich; bleibet. Blumen einzeln in Ach-feln.	5fpaltig; lippenfür-mig; oben tief gefpal-ten; unten 3fpaltig; gelb.	4; pfrie-mig; 2 län-ger.	4; klein.	1; 4fpal-tig; ober der Blu-me.	1; bor-ftenfür-mig.	1; 2 fpaltig.	0.	4; rund-lich.	klein; länglich; hart; ein-fach.
137.	Bergpoley. Polium montanum. Teucrium montanum. Linn.	—; —; Blumen in Bü-fchen am Ende derSten-gel.	—; —; weißs.	—; —.	—; —.	—; —.	—; —.	—; —.	—; —.	—; —.	?.
138.	Cretifcher Bergpoley. Polium montanum creticum. Teucrium creticum. Linn.	—; —; Blumen in Trau-ben.	—; —.	—; —.	—; —.	—; —.	—; —.	—; —.	—; —.	—; 1.	?.
139.	Gulden-günfel. Confolida media. Bugula. Ajuga pyra-midalis. Linn.	—; —; Blumen in wir-bellich-ten Aeh-ren.	—; —; oben 2fpal-tig, auf-recht; unten 3fpal-tig; blau, afchenfar-big.	—; auf-recht.	—; dop-pelt.	—; —.	—; —.	—; die untere kürzer.	—	—; läng-lich.	zaferig.
140.	Eifenkraut. Verbena. Verbena officinalis. Linn.	—; 5te abge-ftutzt; bleibet. Blum in fchma-len Aeh-ren.	—; rund-lich; un-gleich; pur-purfarbig.	—; fehr kurz.	—; gebo-gen.	—; 4-eckig; ober der Blume.	—; —.	—; ftumpf.	—.	—;ftumpf.	lang; zart.

Blätter.	Blühzeit.	Ort.	Arzneymittel.	Eigenschaft.	Arzneykraft.	Gebrauch.
gegeneinander; länglich; fchmal; 3fpaltig; rauch; gelbgrün; an ausgebreiteten Stängeln.	Julius.	Deutfchland. Berge, Wälde, Felder, Gärten. Ein Kraut.	Kraut; Extract.	harziger gewürzhafter, balfamifcher Geruch; bitterer, herber Gefchmack.	treibt Harn, Stein, Monathszeit, Geburt, Nachgeburt; eröffnet; ftärket Haupt und Nerven; vertheilt; reiniget.	Flüfse; Fieber; Gliederfchmerzen; Schwindel; Schlagflüfse; fallende Sucht; Harnwinde; Blutharnen; Gelb-Waffersucht; Bauchgrimmen; Lungengefchwüre.
gegeneinander; lanzenförmig; ganz unten wolligt.	"	Das füdliche Deutfchland Berge, trockene Orte. Ein Kraut.	Kraut	angenehmer Geruch; bitterer Gefchmack.	treibt Harn, Monathszeit, Geburt, Nachgeburt; eröffnet; ftärket.	Gelb-Waffersucht; fallende Sucht; Sylv. Raferey; Nachtwandern; Mutterzuftände.
gegeneinander; länglich; ganz.	Sommer.	Candien. Eine kleine Staude.	Kraut mit der Blüthe.	angenehmer, gewürzhafter Geruch; bitterer Gefchmack.	treibt Urin, Monathszeit &c. &c.	wie No. 131. gehört zum Theriack.
gegeneinander; länglich; breit; gekerbt.	Frühling.	Europa. Wiefen, Gärten, Gras. Ein Kraut.	Kraut.	füßlichbitterer, zufammenziehender Gefchmack.	eröffnet; hält an; erweicht; laxiret.	Wunden; Quetfchungen; Verftopfung der Leber, Milz, Harnwäge; Gelb-Wafer-Schwindfucht; innerliche Gefchwüre.
eingefchnitten; länglich; runzlich.	Julius. Auguft.	Europa. Wege, Gärten, ungebaute Orte. Ein Kraut.	Kraut; Waffer.	ohne fonderlichen Geruch; viel irdifche Theile.	zertheilet; ziehet zufammen; heilet; kühlet; treibet Monathszeit und Frucht.	Wunden; Kopffchmerzen; Durchlauf; Waffersucht; Podagra; Hauptweh; böfer Hals; Mundfäule; harte und fchwere Geburt.

P

No.	Nam.	Kelch.	B.Gbt.	Fäden.	Fcht.	Eyer-fach.	Griffel.	Spitze.	Saamge-häuse.	Saame.	Wurzel.
141.	Welsch Bärenklau. Branca ursina italica. Acanthus mollis. Linn.	6blätterig;aus 3 Paar ungleichen Blättern. Blumen in einer Aehre.	1lippig; 3lappig; weißgelb.	4; 2 länger.	4; wollig.	1; gewunden; ober der Blume.	1; fadenförmig.	2; spizig.	Capsel; 2zellig.	1, 2; 8eckig; buckelig; gelb.	zaferig.
142.	Augentroſt. Euphraſia. Euphraſia officinalis. Linn.	4spaltig; ungleich; bleibet. Blumen in Acheln.	4spaltig;larvenförmig; 3 gleich; 1 ausgeschnitten; weiß;gelbgedippelt.	--; fadenförmig.	--t 2lappig; die untern am Ende zugespizzt.	--; länglich; rund; ober der Blume.	--; faden lang; gebogen.	4;ganz.	--; 2zellig; zusammengedrückt.	viel; klein; rundlich.	dünn; zaferig.
143.	Ehrenpreiſt. Veronica. Veronica officinalis. Linn.	--; bleibet. Blumen in Aehren.	--; räderartig; blau.	--;aufsteigend.	--; länglich.	--; zusammengedrückt; ober der Blume.	--;.	--;.	--; 2zellig; 4klappig.	--; rundlich.	zart; zaferig.
144.	Berlinisches Bruſtbeerkraut. Teucrium vulgare. Veronica Teucrium. Linn.	--; --; in sehr langen Trauben.	--;	--; --.	--; --.	--; --.	--; --.	--; --.	--; --.	--; --.	--; --.
145.	Bachbungė. Beccabunga. Veronica Beccabunga. Linn.	--; --; Blumen in Trauben.	--; --.	--; --.	--; --.	--; --.	--; --.	--; --.	--; --.	--; --.	klein; weiß; zaferig.
146.	Purgirkraut. Wilder Aurin. Gratiola. Gratiola officinalis. Linn.	5spaltig; pfriemig; bleibet. Blumen in Acheln.	--; lippenförmig; 3 gleich; 1 umgebogen; ausgeschnitten; weiß; fleischfarb.	2; nebst 3, ohne Fache.	2; rundlich.	--; kegelförmig; ober der Blume.	--; aufrecht.	1;2blätterig.	--; 2klappig.	--; --; klein.	schiefkriechend; zaferig; weiß.

Blätter.	Blühzeit.	Ort.	Arzneymittel.	Eigenschaft.	Arzneykraft.	Gebrauch.
grofs;eingefchnitten; länglich; ftachelich.	Junius. Julius.	Italien. Sicilien. Deutfchland in Gärten. Ein Kraut.	Kraut.	zähe, klebrige, fchleimige Theile.	erweichet; zeitiget; lindert; heilet; verdünnet; treibt Flaru. Eines der 5. erweichenden Kräuter.	verrenkte Glieder; Brand; äufferliche Gefchwulften.
klein; kraus; dick; dicht aneinander; gegenüber; rund; gekerbt.	Junius u. w.	Wiefen, fandige, borgige Orte. Ein Kraut.	Kraut; Waffer; Geift; Conferv.	bitterlieber, faft unmerklicher Gefchmack.	erwärmet; eröffnet; zertheilet; ftärket; erquicket.	Hitzige, blöde Augen; Gelbfucht; Kopfkrankheiten. vid. Franci Spicilegium de Euphrafia herba. Frf. & Lipf. 1718. 8r.
paarweis; gegeneinander; gekerbt; haarig; an langen, kriechenden, haarigten Stielen.	May. Junius.	Deutfchland. Ungebauete Orte, Wiefen, Wälder, Berge. Ein Kraut.	Kraut; Syrup; Extract; Waffer.	ohne Geruch; bitterer, gelind anziehender, fcharfer Gefchmack; erdige, wenig harzige, fchleimige Theile.	erwärmet; zertheilet; heilet; treibt Schweifs, Harn; löfet auf; ftärket die Bruft.	Ifterl. u. äufferl. Gebrechen; Bruftzuftände; Engbrüftigkeit; Lunge-Schwindfucht; Leber-Milz-Nieren-Augenkrankheiten; Krebs; Stein; Krätze; Flechte; Fifteln. v. Eyfelii, Hofmzfli, Frommani diff.
paarweis; gegeneinander; eyförmig; runzlicht; gezähnt; ftumpf; an kriechenden Stängeln. Ein Kraut.	Junius.	Wiefe; fchattichte, feuchte Orte bey Zäunen.	Kraut.	wie No. 142.	wie No. 142.	wie No. 142. vid. Gohl. Aft. med. Berol.
gegeneinander; breit; rundlich; ausgezackt; dick; fett; an kriechenden Stängeln.	# .	Bäche, Flüffe, wäfferige Wiefen. Ein Kraut.	Kraut; Waffer.	ohne Geruch; etwas fcharfer Gefchmack; oelige, gummige, wenig harzige Theile.	eröffnet; reiniget; treibt Harn, Monathszeit; heilet; fchneidet durch; kühlet.	Scharbock; Schärfe; Steinfchmerzen; Würmer; Mundfäule; Wunden; unterlaufenes, geronnenes Geblüte.
länglichfchmal; fpitzig; gegeneinander; an einem geraden, langen, knotigen Stängel. Ein Kraut.	Junius. Julius.	Frankreich. Deutfchland feuchte, fumpfige Orte, Wiefen.	Kraut.	fcharfer, bitterer, widriger, etwas zufammenziehender Gefchmack.	eröffnet; reiniget; heilet; purgiret; treibt Galle. Monathszeit, Würmer; macht Brechen.	Wafferfocht; Wafferkopf; Ruhr; Durchlauf; kalte Fieber; Gelbfucht, Würmer. Mit Vorficht zu gebrauchen.

No.	Name.	Kelch.	Blüthe.	Fäden.	Focbe.	Eyer- stock.	Griffel.	Spitze.	Saamge- häuse.	Saame.	Wurzel.
147.	Braun- wurz. Scrophula- ria. Scrophula- ria nodosa. Linn.	5spaltig; bleibet. Blumen in Trau- ben.	5spaltig; aufgebla- sen; klein; 2 oben gröfser; 2 an den Sei- ten, offen; 3te umge- bogen; braunroth.	4; 2 län- ger; ge- bogen.	4; dop- pelt.	1; ey- rund; ober der Blu- me.	1; ein- fach.	1; ein- fach.	Capfel; 2zellig; 2klappfg; springet oben auf.	viele; klein; braun; runzlich.	dick; knotig; weifs.
148.	Flachs- kraut. Linaria. Antirrhi- num Lina- ria. Linn.	—; blei- bet. Blumen in Aeh- ren.	—; lip- penförmig; oben 2fpal- tig, umge- bogen; un- ten 3fpal- tig; gespor- net; gelb.	—; —.	..; bey einan- der.	..; rund- lich; o- ber der Blume.	—; —.	—; —.	—; —; — ; springet gleich auf.	viele.	lang; zart; kriechet; holzig; weifs.
149.	Gelber O- rant; Lö- wenmaul. Antirrhi- num Oron- tium.	—; —; länger als die Blüthe. Blumen in Aeh- ren, und einzeln.	—; —; — ; ohne Sporn; bleich- braun.	—; —.	..; — .	—; —; —.	—; —.	—; —.	—; —.	—.	—; —; —.
150.	Leindotter. Sefamum. Sefamum orientale. Linn.	—; klein; un- gleich; bleibet. Blumen in den Achseln.	—; glo- ckenför- mig; der untere Theil gröf- ser.	—; kurz; 2 länger; nebft ei- nem un- voll- komme- nen 5ten.	—; läng- licht; fpi- tzig; gerad.	—; ey- förmig; rauch; ober der Blume.	—; fa- denför- mig; fäden- länger.	—; lan- zenför- mig; licht; 2fpal- tig.	..; 4zel- lig; läng- licht; faft 4e- ckigt; fpitzig.	—; ey- förmig; weifs.	zaferig.
151.	Wollkraut. Verbafcum. Verbafcum Thapfus. Linn.	—; —; klein; bleibet. Blumen in Aeh- ren.	—; räder- artig; un- gleich; of- fen; gelb.	5; pfrie- mig.	5; auf- recht.	..; rund- lich; o- ber der Blume.	—; —.	..; dick.	—; 2zel- lig; springt oben auf.	..; eckig. fchwarz.	lang; fin- gersdick.

Blätter.	Blühzeit.	Ort.	Arzneymittel.	Eigenschaft.	Arzneykraft.	Gebrauch.
länglich; fpitzig; breit ; einge- fchnitten; wollig; an einem gera- den , geckigen Stängel.	Junius	Europa. Wiefen. Ber- ge , fchattige, feuchte Orte, Gräben , Mauern.	Wurzel , Waffer; B'ät- ter ; Pflafter.	ftinkender , wider- wärtiger , unange- nehmer Geruch; bit- tere, harzige , gum- mige Theile.	ftärket; erwei- chet; zertheilet; reiniget; verdün- net ; heilet ; ver- füffet.	Allerhand Gewächfe ; Kropf, Feigwarzen; Fran- zofen; Halsdrüfen ; alte Schäden ; harte Gefchwül- fte ; Krätze ; fcharfes, fal- ziges Geblüte ; Würmer.
länglich; 3 und 3; wechfelsweife ; fchmal, wie an der Wolfsmilch, jedoch ohne Milchfaft.	Julius.	Landftraffen, Baufelder, am Waffer, Wie- fen. *Ein Kraut.*	Kraut; Waf- fer; Salbe.	riecht harzig; fchmeckt bitter.	treibt Harn ; er- weichet ; ftillet Schmerzen ; er- öffnet , zerthei- let ; laxiret.	Verftopfung der Milz, Leber , Gekröfe ; Gelb- Wafferfucht; geronnenes Geblüte ; Schmerzen der blinden guldnen Ader ; Wunden ; Feigwarzen ; Fifteln.
länglich ; wech- felsweife.	. .	Felder. *Ein Kraut.*	Kraut.	fcharfer Gefchmack.	treibt Harn.	Seltener Gebrauch. Lie- bestränke ; Zauberey bey dem gemeinen Volk.
länglicht eyför- mig ; ganz; wech- felsweife.	Sommer.	Egypten. Indien. Italien. *Ein Kraut.*	Saamen; Oel.	füffer , oeligter Ge- fchmack.	erweichet ; zer- theilet ; lindert.	Seltener Gebrauch. Das Oel äufferlich zu Flecken der Haut; verbrannten Schäden ; Seitenftechen.
wechfelsweife; länglich ; breit ; wollig; an lan- gen, kerzenähn- lichen Stängeln.	Junius. u. w.	Europa. Aecker, Weinberge, fandige Orte, Wege. *Ein Kraut.*	Kraut ; Wur- zel ; Blüthe; Oel.	faft ohne Gefchmack; fchleimige, dickoeli- ge Theile.	erweichet ; lin- dert; zertheilet; heilet; reiniget.	Gefchwollene guldene A- der ; Bruftkrankheiten ; Huften ; Blähungen ; Zwang ; Ruhr ; Schwind- Gelb- Lungenfucht.

No.	Name.	Kelch.	Blüthe.	Fäden.	Farbe.	Eyerfach	Griffel.	Spitze.	Saamgehäuse.	Saame.	Wurzel.
152.	Bilfenkraut. Hyofcyamus. Hyofcyamus niger. Linn.	5fpaltig; unten bauchig; bleibet. Blumen zwifché den oberften Blättern.	5fpaltig; trichterförmig; 1 am breiteften; geädert; blaßgelb.	5; pfriemig; gebogen.	5; rundlich.	1; rundlich; ober der Blume.	1; fadenförmig.	1, mit einem Kopfe.	Capfel; 2zellig; mit einem Deckel; fpringet die Quere auf.	viele; ungleich.	lang; runzelich; faftig; fingersdick; auffen dunkel, innen weifs.
153.	Linnæa. Linnæa borealis. Linn.	2fach; der Fruchtkelch 4blätterig; der Blumenkelch 5fpaltig. Blumen 2 in einer 2blätterigten Hülle.	—; glockenförmig; faft gleich; weifs; inwendig roth geädert.	4; 2 länger; am Grunde der Blüthe.	4; zufammenge-drükt.	unter der Blüthe.	—; —; oben gebogen.	...;rund.	Beere; trocken; 2zellig; eyförmig.	2; rundlich.	zaferig.
154.	Specklilien. Caprifolium. Lonicera Periclymenum. Linn.	5fpaltig; fehr klein; ober der Frucht. Blumen in Köpfen am Ende der Stängel.	—; trichterförmig; ungleich; eine Spalte tiefer herabhängend; weifs;röthlich.	5; pfriemig;blüthenlang.	5;länglicht.	—;—.	blüthenlang.	—; stumpf.	—; faftig; 2zellig; roth.	viele; rundlich; zufammengedruckt.	holzig; zaferig.
155.	Canadifche Specklilien. Diervilla. Lonicera Diervilla. Linn.	—; —; Blumen in Trauben am Ende der Stängel.	—; gelb.	—; —.	—; —.	—; —.	—; —.	—; —.	—; —.	—; —.	—; —.

Blätter.	Blühzeit.	Ort.	Arzneymittel.	Eigenschaft.	Arzneykraft.	Gebrauch.
wechselsweise; groß;lang;weich; wollig;an dicken, hohen , rauchen, haarigen Stängeln.	Junius Julius.	Europa. Deutschland. Wege,Zäune, Mauren, Gärten. Ein Kraut.	Wurzel ; Kraut ; Saame ; Oel; Pflaster.	starker, widriger, betäubender , giftiger Geruch; schleimiger Geschmack.	betäubet;zertheilet ; stillt Schmerzen; machtSchlaf; erweichet.	schmerzhafte, blinde, güldene Ader; Zahnschmerzen ; Frostbeulen ; schmerzhafte Geschwülste; Verhaltung des Harns; schmerzende Brustwäzkein.
gegeneinander; rundlich;gezähnt an braunen, kriechenden, rauchen Stängeln.	Sommer.	Lappland, Schweden , Norwegen, Schwertz, Siberien, Canada, dicke Wälder. Ein Kraut.	Kraut.	angenehmer Geruch.	zertheilet ; lindert.	Gliederreißen; Flüsse. Bey uns noch nicht im Gebrauch.
gegeneinander; eyförmig ; spitzig ; oben grün; unten grau ; an schwanken, gewundenen Stängeln.	Junius. Julius.	Europa. Deutschland. Eine sich windende Staude.	Rinde ; Stängel ; Blätter.	scharfer Geschmack ; widriger Geruch ; obgleich die Blumen angenehm riechen.	treibt stark den Urin u. Schweiß; purgiret.	behutsam zu gebrauchen. Venerische Krankheit; laufende Gicht. Aeußerlich in bösartigen Geschwüren.
gegeneinander; eyförmig ; gezakt ; an geraden Stängeln.	Sommer.	Neu Schottland , Neu-Yorck in Amerika. Eine Staude.	Rinde ; Stängel und Kraut.	scharfer Geschmack, wie No. 154.	wie No. 154.	Venerische Krankheit ; Verhaltung des Urins. Kalm. v. Linné. Amoen. acad. Tom. IV. Noch nicht gemein.

No.	Name.	Kelch.	Blüthe.	Fäden.	Fache.	Eyerfach.	Griffel.	Spitze.	Saamgehäuse.	Saame.	Wurzel.
156.	Keuschlam. \gnus castus. Vitex Ag·us castus. Linn.	5spaltig; sehr kurz; wellenförmig. Blumen in wirbl. Aehren.	6spaltig;lippenförmig;; oben 3spaltig, unten 3spaltig; purpurfarbig.	4; 2 kürzer.	4; beweglich.	1; rundlicht; ober der Blüthe.	1; fadenförmig; blüthenlang.	2; offen; pfriemig.	Beere; 4zellig; kugelrund.	4; cyrund; schwarz.	holzig.

Dritte

Pflanzen mit einblätterigen Blümgen

No.	Name.	Kelch.	Blüthe.	Fäden.	Fache.	Eyerfach.	Griffel.	Spitze.	Kueben.	Saame.	Wurzel.
157.	Apostemkraut. Scabiosa. Scabiosa arvensis. Linn.	4spaltig; nebst einer andern häutigen,gefalteten. Der gemeinschaftliche: vielblätterig, vielblümig.	4spaltig; ungleich; purpurblau.	4; pfriemig.	4; länglich.	1; scheidenförmig eingewickelt.	1; blüthenlang.	1; stumpf.	gewölbt; haarig.	länglich; ohne einen häutigen Ring.	lang; ganz.
158.	Teufelsabbiss. Morsus diaboli. Scabiosa Succisa. Linn.	—; —.	—; —;	—; —.	—; —.	—; —.	—; —.	—; —.	riemig.	länglich; mit einem häutigen Ring.	unten abgebissen; oder abgefressen.
159.	Große Klette. Bardana. Lappa. Arctium Lappa. Linn.	ziegelartig; kugelrund; mit lanzenförmigen Schuppen, und die sich in lange,am Ende angelförmig umgebogene Stacheln endigen.	5spaltig; schmal; gleich.	—; —; sehr kurz.	1; haarförmig; 5zählig;röhrig; aus 5 zusammengewachsen.	1; länglich; oben wollig.	1; fadenförmig; fadenlang.	—; 2spaltig; umgebogen.	mit borstigen Riemen überfaet.	pyramidenförmig; mit einfacher Wolle gekrönt.	lang; gerad; außen schwarz, innen weiß; die alten mehr gelblich, oben hohl.

Blätter.	Blühzeit	Ort.	Arzneymittel.	Eigenschaft.	Arzneykraft.	Gebrauch.
gegeneinander; 5fach und mehr getheilet, finger-artig; länglich; oben grün, unten afchfarbig.	August.	Neapel. Sicilien. Deutschland in Gärten. Ein Baum.	Kraut; Saame.	bitterer, fcharfer Ge-fchmack; viel oelige und falzige Theile.	ziehet zufamen; verdünnet; treibt Harn, Winde, Monathzeit; er-öffnet;erweichet.t.	Mutterzuftände;Tripper; Milz- Wafferfucht;Harn-winde.

Ordnung.

vollkommener

zufammengefetzten,
blume.

Blätter.	Blühzeit.	Ort.	Arzneymittel.	Eigenschaft.	Arzneykraft.	Gebrauch.
gegeneinander; länglich; wollig; gekerbt.	Julios.	Deutschland. Wiefen, Fel-der, Berge. Ein Kraut.	Kraut; Blü-the; Waffer; Conferv.	bitterer Gefchmack; gummige, harzige Theile.	zerfchneidet; rei-niget; eröffnet; verfüffet; treibt Schweifs; Wür-mer; heilet, be-fördert den Aus-wurf.	Wund- Bruft- Lungen-zuftände; Halsgefchwü-re; Huften; Seitenfte-chen; Schwindfucht; Krätze.
gegeneinander; lanzenförmig; eyrund.	´	´ .	Wurtzel; Kraut.	´ .	heilet; treibt Schweifs, Gift.	Wunden, hitzige, pefti-lenzlalifche Fieber. Zu feuchten Umfchlägen wi-der Quetfchungen.
wechfelsweife; fehr grofs; breit; unten weifs, rauch; an ecki-gen, rothen, wol-ligen Stängeln.	Junius. Julius.	Europa. Deutschland. Zäune,Wege. Ein Kraut.	Wurtzel; Kraut; Saa-me; Waffer.	füfslicher, bitterli-cher, fcharfer Ge-fchmack; gummige, harzige Theile.	treibt Schweifs, Harn, Stuhlgang; verfüffet; kühlet; eröffnet;löfet den Schleim auf; rei-niget.	Verftopfunge vom Schlei-me; Seitenftechen; Fran-zofen; Gliederreiffen; Gicht; Engbrüftigkeit; Waffergefchwulft; Keu-chen; Huften.

No.	Name.	Kelch.	Blüthe.	Fäden.	Farbe.	Eyerſtock.	Griffel.	Spitze.	Kuchen.	Saame.	Wurzel.
160.	Weiſſe Eberwurz. Carlina. Cardopatium. Carlina acaulis. Linn.	ziegelartig; bauchig; mit vielen ſcharfen Schuppen; deren innere im Kreis ſtehen; ſehr lang, glänzend und weiſs ſind. Blume ohne Stängel.	5ſpaltig; glockenförmig; blaſs.	5; pfrlemig; ſehr kurz.	1; haarförmig.	1; gekrönet.	1; fadenförmig; fadenlang.	1; 2ſpaltig; oder ganz.	mit Riemen bedeckt.	lang; mit äſtiger und federiger Wolle.	daumesdick; auſſen braun u. ſchrundig, iſsen weiſs, mit gelblichen Streifen.
161.	Wilder Safran. Carthamus. Carlamus tinctorius. Linn.	—; eyrund; mit vielen engzuſammengeſchobenen Schuppen; die einen blätterähnlichen Anhang haben.	—; faſt gleich; aufrecht; roth.	—; haarförmig; ſehr kurz.	—; röhrig; 5zähnig; aus 5 zuſammengewachſen.	—; ſehr kurz.	—; —.	—; —.	—; einfach.	flach; haarig.	faſt bloſs; glatt; weiſs.	zaſerig.
162.	Mariendiſtel. Carduus Mariæ. Carduus marianus. Linn.	—; bauchig; mit vielen lanzenförmigen, in eine Stachel auslaufenden Schuppen.	—; aufrecht; 1 beſonders tief; röthlich.	—; —.	—; oben 5zähnig; aus 5 zuſammengewachſen.	—; eyrund; gekrönet.	—; —.	—; ausgeſchnitten.	flach; mit Wolle bedeckt.	eyrundlich; geckig; mit ſehr langer Wolle.	ſteif; dick.
163.	Cardobenedictenkraut. Carduus benedictus. Centaurea benedicta. Linn.	—; —; mit eyrunden, engen, ſtigdornigen Schuppen.	—; —; Die Blümgen am Rande ungleich; gelblich.	—; —. Die Blümgen am Rande o.	—; —. Die Blümgen am Rande o.	—; —. Die Blümgen am Rande ſehr klein.	—; —. Die Blümgen am Rande o.	—; 2ſpaltig. Die Blümgen am Rande o.	borſtig.	—; —. Die Blümgen im Rande o.	lang; dünn; weiſs; zaſerig.

Blätter.	Blühzeit.	Ort.	Arzneymittel.	Eigenschaft.	Arzneykraft.	Gebrauch.
Wurzelblätter; lang; rauch; tief-gekerbt, ftacho-lich.	Auguft.	Deutfchland. Bergige, fan-dige Orte. Ein Kraut.	Wurzel	angenehmer Geruch; durchdringender, fcharfer, bitterlicher Gefchmack; oelige, flüchtige, falzige Theile.	treibt Schweiß; Gift, Harn, Mo-nathzeit; Wür-mer; reiniget; vertüfet; ftärket; löfet auf; erwär-met.	Mutterzuftände; Milz-krankheiten; Lähmung der Zunge; Bauchgrim-men; böfsartige Fieber; Colic; Ruhr; anftecken-de Krankheiten; Gelb-Wafferfucht; Brüche.
wechfelsweife; länglichrund; ganz; ftachelich.	Julius.	Orient. Deutfchland. Gärten, Fel-der, gebaut. Ein Kraut.	Blüthe; Sa-me.	füßliches Mark.	macht Eckel; pur-girt gelind; treibt Harn; färbet gelb.	Engbrüftigkeit; alter Hu-ften; kaltes Fieber; Waf-fer - Gelbfucht.
wechfelsweife; weifsgefleckt; zerfchnitten; fta-chelich; an fta-chelichen Stän-geln.	Julius. Auguft.	Italien. Engelland. Deutfchland. Gärten, Rai-ne. Ein Kraut.	Kraut; Sa-me; Waffer.	bitterer Gefchmack; gummige, harzige, falzige Theile.	treibt Schweiß; Monathzeit; kühlet; feuchtet an; ftärket die Bruft.	Seitenftechen; welßer Fluß; Bruftkrankheiten; Leberzuftände; Waffer-Gelbfucht; Krebs; Ver-haltung des Harns; Stein.
wechfelsweife; lang; fchmal; fta-chelich; fehr weich; wollig; an getheilten Stängeln.	Julius.	Lemnos. Deutfchland in Gärten. Ein Kraut.	Wurzel; Kraut; Sa-me; Waffer; Syrup; Ex-traßt; Effenz; Salz.	* .	treibt Schweiß; Harn; zertheilet; reiniget; eröffnet; ftärket Magen, Herz, Bruft; la-xirt gelind; macht etwas Erbrechen.	Schwindel; fchwacher Magen, Kupffchmerzen; Verftopfung der Einge-weide; Bruftbefchwer-den; Schwind - Gefb-fucht; Huften; hitzige Krankheiten.

Q 2

No.	Name.	Kelch.	Blüthe.	Fäden.	Farbe.	Eyer-stock.	Griffel.	Spitze.	Kucben.	Saame.	Wurzel.
164.	Kornblumen. Cyanus. Centaurea Cyanus. Linn.	ziegelartig; bauchig; mit eyrunden, am Rande gezähnten Schuppen.	5fpaltig; aufrecht; ungleich; hochblau.	wie N.163.	wie No.163.	wie No.163	wie N. 163.	wie No. 163.	wie No. 163.	wie No. 163.	dünn; faferig.
165.	Ruhrkraut. Gnaphalium. Gnaphalium dioicum. Linn.	--; rundlich; mit eyrunden, oben auseinander ftehenden Schuppen. Blumen in Büfchen; M. u. W. auf befondern Pflanzen.	--; trichterförmig; oben umgebogen; blaßgelb.	--; --. W. o.	--; --. W. o.	--; --.	--; --.	--; --.	bloß.	klein; mit Wolle gekrönet.	holzig; gefpalter; dick
166.	Schabenkraut. Mottenkraut. Stoechas citrina. Gnaphaliú Stoechas. Linn.	--; wie No. 165. Blumen in Büschen, aber beyde Geschlechter beyfammen.	--; --; citronengelb. W. am Rande o.	--; --. W. o	--; --. W. o.	--; --.	--; --.	--; --.	--.	'.	'.
167.	Beyfuß. Artemisia. Artemisia vulgaris. Linn.	--; rundlich; aus runden, an einander liegenden Schuppen.	--; --; aufrecht; gelblich. W. am Rande o.	--; --. W. o.	--; --; 5zähnig. W. o.	--; klein.	--; --.	--; --.	--.	bloß.	holzig.
168.	Stabwurz. Abrotanum Artemisia Abrotanum. Linn.	--; wie No. 167. Blumen traubenförmig.	--; --; --.	--; --.	--; --; --.	--; --.	--; --.	--; --.	--.	'.	'.

Blätter.	Blüthezt.	Ort.	Arzneymittel.	Eigenschaft.	Arzneykraft.	Gebrauch.
wechfelsweife; länglich; tiefein-gekerbt.	Junius. Julius.	Europa. Unter dem Korne, auf den Aeckern; in Gärten. Ein Kraut.	Blume; Waf-fer.	ohne befondern Ge-ruch und Gefchmack.	treibt Harn; küh-let; verdünnet; öffnet; reiniget das Geblüte, Wunden, Ge-fchwüre.	Magenkrankheiten; Waf-fer - Gelbfucht; Quet-fchungen; böfe Schäden; Mundfäule; Halsge-fchwüre; Räude; Krätze.
wechfelsweife; länglich; fchmal; weich; wollig; afchgrau; die Wurzelblätter faft eyfürmig.	May. Junius Julius.	Europa. Dürre Orte. Ein Kraut.	Kraut; Blü-the.	zufammenziehender Gefchmack.	ftärket; heilet; ziehet zufachen; treibt Winde.	Wunden; Halsgefchwü-re; Ruhr; Huften der Kinder; Blutfpeyen; ftar-ke Monathszeit und gul-dene Ader; Krebs. Zu Gurgelwaffern.
wechfelsweife; fehr fchmal; weich; wollig; afchgrau.	Julius. Auguft.	Das füdliche Europa. Ein Kraut.	Blüthe.	. .	zertheilet das ge-ronnene Geblüte; eröffnet; fäubert; tödtet die Wür-mer; treibt Harn, Sand, Gries.	Gliederkrankheit; Bruft-Milz - Nierenwuftände; Flüffe; Harnwinde; Wür-mer.
wechfelsweife; geflügelt; unten weifs, wollig; an weifsen oder rothen Stängeln.	Auguft.	Europa. Deutfchland Dürre, fteini-geOrte,Straf-fen, Aecker. Ein Kraut.	Kraut; Sy-rup; Effenz; Extrad;Waf-fer; Salz; de-ftillirtes Oel; Kohlen.	bitterer Gefchmack; oelige, harzige.gum-mige Theile.	zertheilet; treibt Monathszeit, Ge-burth, Nachge-burth; eröffnet; erwärmet; reini-get; heilet.	Verftopfung der Leber; 3tägiges Fieber; Gries; Harnbrennen; Reiffen im Leibe; Podagra; Mutter-zuftände; Wunden; fal-lende Sucht.
wechfelsweife; fchmal; fehr oft und äftig einge-fchnitten; an äfti-gen Stängeln.	.	Orient. Italien. Deutfchland in Gärten. Ein Strauch.	Kraut; Waf-fer.	ftarker, fcharfer Ge-ruch; bitterer Ge-fchmack; oelige,ge-wirzhafte Theile.	reiniget; eröffnet; treibt Harn, Mo-nathszeit; ver-füfset.	Räude; Gift; Verftopfung der Leber, Milz; Keu-chen; Helfcherkeit; Fie-ber.

No.	Name.	Kelch.	Blüthe.	Fäden.	Fecht.	Eyerfach.	Griffel.	Spitze.	Kuchen.	Saame.	Wurzel.
169.	Wermuth. Abfinthium vulgare. Artemifia Abfinthium. Linn.	wie No. 165. Blumen zwifchen den Blättern und Stielen herabhängend.	5fpaltig; trichterförmig; aufrecht; gelb.	wie N.163.	wie No.163.	wie No.163.	wie N.163.	wie N.163.	wollig.	bloß.	holzig.
170.	Römifcher Wermuth. Abfinthium ponticum. Artemifia pontica. Linn.	wie N.169.	wie No.169.	—;—.	—;—.	—;—.	—;—.	—;—.	bloß.	⚬.	⚬.
171.	Wurmkraut. Santonicum. Artemifia Santonica. Linn.	wie N.169. aber klein.	aus 5 kleinen Blümgen beftehend.	—;—.	—;—.	—;—.	—;—.	—;—.	⚬.	⚬.	⚬.
172.	Rheinfahren. Tanacetum. Tanacetum vulgare. Linn.	ziegelartig; mit fpitzigen, dichtanliegenden Schuppen.	5fpaltig; umgebogen; gelb. W. am Rande 3fpaltig; ungleich.	5; haarförmig; fehr kurz. W. o.	1; röhrig; welfenförmig. W. o.	1; länglich.	1; einfach.	2; umgebogen.	⚬.	länglich; bloß.	holzig; zaserig.
173.	Frauenmünze. Balfamita. Coftus. Tanacetum Balfamita. Linn.	⚬.	—;—.	—;—.	—;—.	—;—.	—;—.	—;—.	⚬.	⚬.	⚬.

Blätter.	Blühzeit.	Ort.	Arzneymittel.	Eigenschaft.	Arzneykraft.	Gebrauch.
wechfelsweife; eingefchnitten; unten weißgrau.	Julius. August.	Europa. Deutfchland. Ungebaute Orte, Berge. Ein Kraut.	Kraut; Syrup; Conferv; Waffer;Geift; Oel; Salz; Effenz; Extract.	fcharfer, gewürzhafter Geruch; bitterer Gefchmack; flüchtige, falzige, erdige Theile.	treibt Schweiß, Blähongen, Würmer; macht Appetit; verfüffet; reinoiget; ftärket den Magen und die Eingeweide.	Waffer-Milz-Gelbfuch; Scharbock; Stein; langwierige Krankheiten; Waffergefchwülfte; kalte Fieber; Darmgicht.
wechfelsweife; fehr oft und tief zerfchnitten; unten weißgrau.	,	Oefterreich, Ungarn, Griechenland. Deutfchland in Gärten. Ein Kraut.	Kraut.	wie No. 169. doch nicht gar fo bitter.	wie No.169. doch etwas fchwächer; foll aber befonders den Urin treiben. Herm. mat. med.	wie No. 169.
wechfelsweife; fehr dünn und oft getheilet.	Sommer.	Tartarey, Perfien, Egypten. Ein Strauch.	Saamen.	bitterer Gefchmack; gewürzhafter, fcharfer Geruch; oelige, gewürzhafte Theile.	treibt monathliche Reinigung; Würmer; ftärkt den Magen.	Würmer; verfchleimten Magen und Gedärme; Mutterzuftände; Fallfucht, fo von obigen herrühren.
geflügelt; wechfelsweife; gezackt.	Julius. August.	Deutfchland. Trockene Wiefen, fonnige, fandige Orte. Ein Kraut.	Kraut; Blüthe; Saame; Waffer; Oel; Extract.	ftarker, durchdringender, widriger Geruch; fcharfer, bitterer Gefchmack; oelige, hartzige, gummige Theile.	zertheilt;löft auf; treibt Schweiß, Würmer; Monathzeit; ftärket Magen, Nerven; widerftehet der Fäulniß.	Verftopfung der Eingeweide, Nieren, Mutter; Cachexie; Waferfucht; 3tägiges Fieber; Griefs; Mutterzuftände; Krätze; Sommerflecken. Zu Bähungen.
wechfelsweife; ganz; am Rande gefägt.	Julius.	Hetrurien. Deutfchland in Gärten. Ein Kraut.	Kraut.			

Name.	Kelch.	Blüthe.	Fäden.	Fache.	Eyerstock.	Griffel.	Spitze.	Kuchen.	Saame.	Wurzel.
Gartency-pressen. Abrotanum femina. Santolina Chamæcy-parissus. Linn.	ziegelartig; mit spitzi-gen, dicht-anliegen-den Schup-pen.	5spaltig; trichter-förmig; umge-bogen; gelb.	5; haar-för-mig; sehr kurz.	1; röh-rig;wel-lenför-mig.	1; läng-lich; 4-eckig.	1; . .	2; ab-gestutzt.	mit hoh-len Rie-men be-deckt.	länglich; 4eckig.	holzig; zaferig.
Wasserdo-sten. Eupato-rium. Eupato-rium canna-binum. Linn.	--; mit lan-zenförmi-gen,schma-len, auf-rechten, ungleichen Schuppen.	--; offen; klein; leibfarb.	--; --.	--; --.	--; sehr klein; gekrö-net.	--; sehr lang.	--;dünn.	bloß.	länglich; gekrönet mit lan-ger Wol-le.	zaferig; weiß.

Vierte

Pflanzen mit einblätterigen Halbblümigen

Name.	Kelch.	Blüthe.	Fäden.	Fache.	Eyerstock.	Griffel.	Spitze.	Kuchen.	Saame.	Wurzel.
Bocksbart. Barba hirci. Tragopo-gon. Tragopo-gon pra-tense. Linn.	8blätterig; gleich; un-ten zusam-menge-wachsen. Bl. einzeln am Ende der Stän-gel.	5zähnig; abge-schnittč; kelch-lang; gelb.	5;sehr klein.	1; röh-rig;wel-lenför-mig.	1; läng-lich.	1; fa-denför-mig; fäden-lang.	2; um-gebo-gen.	bloß; flach; rauch.	gerad; e-ckig; mit langfede-riger, ohnge-fähr 32-stacheli-ger Wol-le.	braun; zaferig.
Wegwart. Hindlauft. Cichorium sylvestre. Cichorium Intybus. Linn.	vielschup-pig; gleich; wellenför-mig; 5 auf-liegende kleiner. Bl. am En-de der Stä-gel und in Achseln.	--; abge-schnitt-ten; blau, weiß.	--; --.	--; 4eckig.	--; --.	--; --.	--; --.	rienlig.	zusammen-gedrückt; scharf-winke-lich; mit einem 5-zähnigen Rande gekrönet.	fingers-dick; holzig; außen graulich, innen weiß.

Blätter.	Blübzeit.	Ort.	Arzneymittel.	Eigenschaft.	Arzneykraft.	Gebrauch.
wechselsweise; 4fach gezackt.	Julius.	Italien. Languedock. Deutschland in Gärten. Ein Strauch.	Kraut.	kommt mit No. 170. überein.	wie No. 170.	wie No. 170.
wechselsweise; lang; aneinander gehänget; fäugerartig; haarig; gekerbt.	August.	Deutschland. Büsche, stehende Wasser. Ein Kraut.	Wurzel; Kraut.	riecht stark; bitterer, berber, scharfer Geschmack.	reinliget; eröffnet; purgirt; ziehet etwas zusammen.	Cachexie; Gelb-Wassersucht; Wasserbruch; Wassergeschwulst; Scharbock; Wunden; 3 - 4tägiges Fieber; Flüsse; Husten.

Ordnung.

vollkommener zusammengesetzten. blume.

Blätter.	Blübzeit.	Ort.	Arzneymittel.	Eigenschaft.	Arzneykraft.	Gebrauch.
wechselweise; zugespitzt; lang; ganz; an einem milchsaftigen Stängel.	Junius. Julius.	Deutschland. Wiesen, Viehweiden. Ein Kraut.	Wurzel.	süß; milchig.	löset auf; treibt Harn, Stein; eröffnet; reiniget; versüßet.	Verstopfung; Husten; Harnbrennen; Brust-Lungen-Augenzustände; Engbrüstigkeit; Seitenstechen; Schwindsucht.
wechselsweise; ausgeschweift; zahnig; rauch.	Julius. August.	Wege. Rasen, Berge, Hecken, Gärten. Ein Kraut.	Wurzel; Kraut; Syrup; Wasser; Blüthe; Conserv; Saame; Salz.	milchiger, bitterer, scharfer, schleimiger, zusammenziehender Geschmack; gelinde, feuerbeständige, wesentlich salzige Theile.	stärket den Magen; treibt Schweiß; Harn; zertheilet; löset auf; eröffnet; kühlet; versüßet; reiniget.	Milzsucht; Verstopfung der Milchgefäße, Leber, Milz, Mutter; Gelb-Wassersucht; Scharbock; Nasenbluten; Entzündung der Lunge, Milz, Leber, Brust; Saamenfluß.

R

Name.	Kelch.	Blübt.	Fäden.	Fache.	Eyer-fach.	Griffel.	Spitze.	Kucben.	Saame.	Wurzel.
Gartenweg-wart. Endivia. Cichorium hortense. Cichorium Endivia. Linn.	vielschup-pig; gleiche Blumen am Ende der Stän-gel.	5zählnig; abge-schnit-ten; blau, weiſs.	5; sehr klein.	1; röh-rig; 5e-ckig.	1; läng-lich.	1; fa-denför-mig; fa-den-lang.	2; um-, gebu-gen.	riemig.	zusamen-gedrückt; scharf-winkel.; mit einé 5zähnigé Rande gekrönet.	fingers-dick; holzig; auſſen graulich, innen weiſs;
Schlangen-mord. Scorzonere. Scorzonera. Scorzonera humilis. Linn.	ziegelartig; lang; mit ohngefehr 15 Schup-pen. Bl. am En-de der Stän-gel.	— ; — ; gelb.	∙∙ ; ∙∙.	— ; — ; wellen-förmig.	— ; — .	— ; — .	— ; — ∙	bloſs.	längl.-ge-strichelt; wollig; mit fe-deriger Wolle gekrönet.	dick; auſſen braun, innen weiſs.
Gartensal-lat. Gartenlat-tich. Lactuca. Lactuca sativa. Linn.	— ; läng-lich; mit vielen zu-gespizten Schuppen. Bl. zu o-berſt der Stängel buschweise.	5,4zäh-nig; abge-schnit-ten; gelb.	∙∙ ; ∙∙.	— ; — .	— ; — .	— ; — .	— ; — .	∙ .	eyrund; zuge-spizt; mit einem langen, einfach-wolligen Stiele.	zaserig.
Mausöhr-lein. Pilofelle. Auricula muris. Hieracium Pilosella. Linn.	— ; mit schmalen, ungleichen Schuppen. Bl. zu o-berſt des Stängels.	5zähnig; — ; einblü-mig; gelb.	— ; — .	— ; — .	— ; — .	— ; — .	— ; — .	∙ .	kurz; 4e-ckig; mit einfacher Wolle gekrönet.	krie-ebend. zaserig.
Pfaffen-blatt. Luftröhr-lein. Taraxa-cum. Dens leonis. Leondoton Taraxa-cum. Linn.	— ; mit in-nen aufrechtste-henden, auſſen krummge-bogenen Schuppen. Bl. an eige-nen Stän-geln.	— ; — ; blaſs-gelb, einige rothge-ſtreift.	∙∙ ; ∙∙.	— ; — .	— ; — .	— ; — .	— ; — .	bloſs; ge-dippelt.	länglich; mit ei-nem sehr langen, einfach-wolligen Stiele.	fingers-dick; auſ-ſen hell-braun, innen weiſs, milchig.

Blätter.	Blüthzeit.	Ort.	Arzneymittel.	Eigenschaft.	Arzneykraft.	Gebrauch.
wechselsweise; ganz; gekerbt.	Julius. August.	Deutschland in Gärten. Ein Kraut.	Wurzel; Syrup; Wasser; Saame.	milchiger, bitterer, scharfer,schleimiger, zusammenziehender Geschmack; gelinde, feuerbeständige, wesentlich fettige Theile.	stärket den Magen; treibt Schweiß; Harn; zertheilet; löset auf; eröffnet; kühlet; versüßet; reiniget. Einer der 4 kleinern kühlenden Saamen.	Milzsucht; Verstopfung der Milchgefäße, Leber, Milz, Mutter; Gelb-Wassersucht; Scharbock; Nasenbluten; Entzündung der Lunge, Milz, Leber, Brust; Saamenfluß.
wechselsweise; ganz; flach; ädericht.	May. Junius.	Spanien. Deutschland in Gärten. Ein Kraut.	Wurzel; Wasser; Saame; Extract.	ohne Geruch; flüßlichbitterer, milchiger, schleimiger Geschmack.	nähret; versüßet; reiniget; treibt Schweiß; stärket; kühlet; eröffnet.	Giftige Bisse; langwierige, hitzige Krankheiten; Gelbsucht; Verstopfung der Leber, Brust; hitzige, ansteckende Fieber; Hauptkrankheiten; Pocken; Masern.
wechselsweise; lang; breit; runzelich.	Julius. August.	Deutschland. Gärten, Felder. Ein Kraut.	Kraut; Wasser; Saame. Einer der 4 kleinern kühlenden Saamen.	milchiger, milder Geschmack.	zertheilet; löset auf; stillt Schmerzen; macht Milch; kühlet; feuchtet an; mildert die Schärfe.	Milzkrankheit; hitzige, gallige Fieber; Verstopfung der Leber.
wechselsweise; ganz; eyrund; haarig, unten weißlich; an kriechenden Stängeln.	Junius u. w.	Dürre Orte, Hügel, Berge. Europa.	Kraut.	bitterer, milchiger Geschmack.	ziehet zusammen.	Wunden; Ruhr; Durchfall; Brust- Lungen-Leberkrankheiten; Brüche; Krätze; Blutspeyen.
wechselsweise; länglich; eingeschnitten, wie mit Zähnen zerrissen; an hohen Stängeln, auf der Erde.	May.	Wege, Wiesen, Gärten, Gras, Berge. Ein Kraut.	Wurzel; Saamen; destillirtes Oel.	ohne Geruch; bitterer, süßlicher, milchiger Geschmack.	eröffnet; reiniget; treibt Schweiß; Harn; verflüßet; verdünnet; befördert den Auswurf.	Gelbsucht; Milz- Leber- Brustkrankheiten; Warzen; Flecken in Augen; langwierige Krankheiten; Husten; Stocken.

Fünfte

Pflanzen mit
einblätterigen
Strahlblümgen

No.	Name.	Kelch.	Blübe.	Fäden.	Farbe.	Eyerfack.	Griffel.	Spitze.	Narben.	Stame.	Wurzel.
183.	Wolverley. Arnica. Arnica montana. Linn.	ziegelförmig; lanzenartig; aufrecht. Bl. einzeln am Ende des Stängels.	Zwitter. 5fpaltig; gleich; Weibl. 3zähnig; fehr grofs. Oben auf der Spitze; guldgelb.	5; fehr kurz. Z. und W.	1; röhrig. Weiblichen keine.	1; gekrönet.	1; fadenförmig.	2; umgebogen.	blofs.	Z. länglich; mit langer, eisfacher, haariger Wolle. W. keine Wolle.	fingersdick; ungeftalt; knollig; langzaferig.
184.	Mafslieben. Gänsblümlein. Bellis minor. Bellis perennis. Linn.	vielblütterig; 10,20; gleich;doppelte Reihe; lanzenförmig. Bl. einzeln auf eigenen Stängeln.	Z. 5fpaltig; trichterförmig. W. 3zähnig. Auſsen weiſs, innen gelb.	–; –. W. o.	–; –. W. o.	–; eyrund.	–; einfach.	Z. 2;ausgefchnitten. W. 2fpaltig.	blofs; kegelartig.	evrund; blofs.	zart; zaferig.
185.	Gemfenwurz. Doronicum. Doronicum pardalianches. Linn.	–; bey 20; gleich;doppelteReihe. Bl. zu oberft des Stängels.	Z. 5fpaltig; offen. Weibl. 3zähnig; lanzenförmig. Schöngelb.	Z. 5 ;fehr kurz. W. o.	–; röhrig. W. o.	–;gekrönet.	1; fadenförmig.	Z. 2;ausgefchnitten. W. 2; umgebogen.	blofs; flach.	länglich; gedruckt; furchig; mithaariger Wolle.	oben rundlich; vielköpfig; zaferig; auſfen gelb, innen weiſs.
186.	Alantwurzel. Enula. Inula Helenium. Linn.	ziegelförmig;gleich lang;auſfen gröſser; eyrund. Bl. zu oberft des Stängels.	Z. –; –; trichterförmig. W. gant; fchmal. Gelb.	–; –. W. o.	–; aborſtig. W. o.	–; –.	–; –. W. –;2fpaltig.	Z. 1;2fpaltig. W. 2; aufrecht.	–; –.	fchmal; zeckig; mithaariger Wolle gekrönet.	dick; länglich; auſfen grau, innen gelb.

Ordnung.

vollkommener
zufammengefetzten
blume.

Blätter.	Blühzeit.	Ort.	Arzneymittel.	Eigenschaft.	Arzneykraft.	Gebrauch.
am Stängel gegeneinander über; auf dem Boden; äderig, wie am Wegerich.	Sommer.	Deutfchland. Wiefen, Berge, Felder. Ein Kraut.	Wurzel Kraut; Blüthe.	bitterer, fcharfer, gewürzhafter Gefchmack; gewürzhafte, flüchtige, falzige Theile.	treibt Harn; Schweifs, zertheilet geronnenes Geblüte; macht Schlaf, Brechen, Niefen.	langwierige Krankheiten und Fieber; Blutfpeyen; Seitenftechen; Wallungen des Geblütes; Nieren Bafenftein; Verrenkungen. Mit Vorficht zu gebrauchen.
länglich; rund; glatt; etwas gekerbt; am Stängel keine.	Märs u. w.	Wiefen, feuchte Orte, Gärten. Ein Kraut.	Kraut; Blüthe; Waffer; Conferv; Syrup; Tinctur.	ohne Geruch; wäfferiger Gefchmack.	heilet; führt Geblüt ab; zertheilet geronnenes Geblüte; kühlet; löfet auf.	Blutfpeyen; Lungenfucht; Seitenftechen; Nafenbluten; Wunden; Zähne; Blattern; Pocken; Mafern.
wechfelweife; grofs; breit; herzförmig; wollig; an einem wolligen Stängel	Julius.	Schweiz, Frankreich. Oefterreich. Ein Kraut.	Kraut.	ohne fonderlichen Geruch; füfs, fchleimiger, fcharfer Gefchmack.	ftärket Haupt, Herz, Gedächtnifs; treibt Schweifs; verfüffet; betäubet.	Schwindel; Gift; Herzklopfen; Colic.
wechfelweife; grofs; breit; zugefpitzt, unten weifslich; an hohen Stängeln; am Boden mehr und gröfser.	Julius. Auguft.	Deutfchland. Weinberge, Gärten, bergige Orte. Ein Kraut.	Wurzel; Conferv; Effenz; Waffer; Extract; Syrup; Salbe.	durchdringender Geruch, bitterer, fcharfer, fchleimiger, gewürzhafter Gefchmack; viel harzige, ochige, fchleimige, erdige Theile.	treibt Schweifs, Harn, Monathszeit; löfet ab; verfüffet; ftärket; zertheilet; reiniget das Geblüte; ftärket den Magen.	Scharbock; Monathszeit; Bauchreiffen; Schlag; Zittern; Podagra; Engbrüftigkeit; Huften, Seitenftechen; Krätze; Cachexie.

No.	Name.	Kelch.	Blüthe.	Fäden.	Fäche.	Eyer-fach.	Griffel.	Spitze.	Kuchen.	Saame.	Wurzel.
187.	Geſbe Mün-ze. Ruhrkraut. Dürrwurz. Conyza a-quatica. Inula dyſen-terica. Linn.	ziegelförm. gleichlang; ſchmal; ſchuppig. Bl. zu o-berſt des Stängels.	Z. 3zähnig; trichter-förmig. W. ſchmal, Gold-gelb.	Z. 5; ſehr kurz. W. o.	1; abor-tig. W. o.	1; gekrö-net.	Z. 1; fa-denför-mig. W. --;2ſpal-tig.	Z. 1;2ſpal-tig. W. 2; auf-recht.	bloſt;-flach.	ſchmal; 4eckig; mithaari-ger Wol-le gekrö-net.	dick; länglich; auſſen grau, innen gelb.
188.	Creuz-wurz. Grind-wurzkraut. Senecio. Senecio vulgaris. Linn.	' weſſenför-mig; ab-geſturzt; gleich; un-ten ziegel-artig. Bl. zu oberſt des Stängels.	Z. 5ſpalig; trichter-förmig. W. 3zähnig; länglich, Gelb.	Z. --; --. W. o.	Z. --; röh-rig. W. o.	--; ey-rund; gekrö-net.	1; fa-denför-mig.	2; um-gebo-gen.	--; --	eyrund; mit haa-riger,lan-ger Wol-le gekrö-net.	groſs; zaſerig.
189.	Leberbal-ſam. Ageratum. Achillea Ageratum. Linn.	' eyrund; hart bey-einander. Bl. an dem Gipfel der Zweige; ſchirmar-tig.	Z. --; --. W. --; un-gleich. Roth-gelb.	--; --.	--; --.	--; klein.	Z. --; ein-fach. W. --; --.	Z. 1;2ſpal-tig. W. 2; um-gebo-gen.	riemig.	eyrund; wollig.	kurz; zaſerig; gelblich.
190.	Schafgar-be. Millefo-lium. Achillea Millefo-lium. Linn.	wie N. 189. Bl. an dem Gipfel der Zweige; ſchirmar-tig.	' Weiſs; röthlich.	--; --.	--; -.	--; --.	' '	' .	' .	' '	holzig; zaſerig; ſchwärz-lich.
191.	Dorant. Weiſſer Rheinfah-ren. Wilder Bertram. Ptarmica. Achillea Ptarmica. Linn.	wie N. 189. Bl. mit dem Gipfel der Stängel; ſchirmar-tig.	' Auſſen weiſs, innen gelb.	--; --.	--; -.	--; --	' .	' .	' .	' .	zaſerig.

Blätter.	Blühzeit.	Ort.	Arzneymittel.	Eigenschaft.	Arzneykraft.	Gebrauch.
wechfelsweife; länglich herzförmig; an rauchen Stängeln. Ein Kraut.	Julius. Auguft.	Deutfchland. Gräben, feuchte Orte.	Wurzel; Kraut.	unangenehmer Geruch.; bitterer Gefchmack.	reiniget das Geblüte; ftärket die Monathszeit.	Ruhr; böfartige Krankheiten; Monathszeit; Cachexie. C. Hofm. Altdorf. Herba dyfenterica.
wechfelsweife; lang; ftark eingefchnitten; lappig; ohne Stiel angewachfen; an runden, hohlen Stängeln. Ein Kraut.	Sommer.	Aecker, alte Mauren, Steinhaufen.	Kraut; Syrup.	fäuerlicher, fchleimiger Gefchmack.	kühlet; zertheilet; lindert; eröfnet gelind; treibt Monathszeit, Würmer.	Schwind-Gelb-Zehrfucht; Lenden-Hüftweh; böfes Wefen der Kinder; Magenfchmerzen; güldene Ader; Rofe; Podagra.
wechfelsweife; lanzenförmig; fcharfgefäget; rauch. Ein Kraut.	, ,	Frankreich. Deutfchland in Gärten.	Kraut; Saame.	gewürzhafter Geruch; bitterer, gewürzhafter Gefchmack.	heilet; reiniget; ftärket; verdünnet,	Cachexie; langwierige Fieber; Fäulung; Mutterzuftände; Bauchgrimmen; Würmer.
wechfelsweife; doppeltgeflügelt; fcharf; zart eingekerbt; an eckigen, haarigen, röthlichen Stängeln. Ein Kraut.	, .	Deutfchland Wege, Wiefen, Felder.	Kraut; Blüthe; Effenz; Extract; deftillirtes Oel.	ftarker, angenehmer Geruch; bitterer, gewürzhafter Gefchmack; gummige Theile; blaues, wefentliches Oel.	reiniget; ziehet zufammen; löft auf; ftillt Schmerzen, Krampf; treibt Winde; macht Schlaf; ftärket.	Milzkrankheit; Blutfpeyen; Krampf; güldene Ader; Tripper; weiffer Fluß; Reiffen; Verftopfung der Eingeweide; Mund-Hals-Lungengefchwüre; Schwindfucht.
wechfelsweife; ganz; fehr zart gefäget; lang. Ein Kraut.	Junius. Julius.	Wiefen.	Kraut; Blume.	ftarker Geruch; brennendfcharfer Gefchmack.	löfet auf; führet ab; macht Niefen.	Verftopfung der Nafe, Wunden; Zahnfchmerzen.

No.	Name.	Kelch.	B.lübe.	Fäden.	Farbe.	Eyer-fach.	Griffel.	Spitze.	Kuchen.	Same.	Wurzel.
192.	Hundsca-millen. Cotula foe-tida. Anthemis Cotula. Linn.	ziegelför-mig; schmal;faſt gleich. Blumen am Ende der Stängel.	Z. 5zähnig; aufrecht. M. 3zähnig. Auſſen weiſs,in-nen gelb.	Z W. a	Z 1; röh-rig. W. a	1; läng-lich.	Z. 1; ein-fach. W. —;—.	1; um-gebo-gen. Z u W.	riemig; kegelar-tig.	länglich; bloſs.	dünn; zaſerig.
193.	Bertram. Pyrethrum. Anthemis Pyrethrum. Linn.	—;—;—. Bl. einzeln am Ende der Stän-gel.	Z — ; W. — ;	—;	—; —.	—;	—;—.	—;	—; —.	—; —.	—; —.	—; —.
194.	Römische Camillen. Chamomil-la romana. Anthemis nobilis. Linn.	—;—;—. Bl. einzeln am Ende der Stän-gel.	Z. — ; W. —; —.	—;	—;	—;	—;	—;— .	—;	—; —.	—; —.	
195.	Chamille. Chamomil-la vulgaris. Matricaria. Chamomil-la. Linn.	—;—;—. Bl. En-de derStän-gel und Aeſte.	Z. 5fpaltig; ausge-breitet. W. 3zähnig. Auſſen weiſs,in-nen gelb.	—;	—; —.	—;bloſs.	—;—.	Z. 1; 5fpal-tig; of-fen. W. 2;umge-bogen.	bloſs; ge-wölbet.	länglich; mit ei-nem Ran-de gekrö-net.	—; —.
195.	Mutter-kraut. Matricaria. Matricaria Parthe-nium. inn.	wie N.195. Bl. am En-de der Stängel.	Z. —; Auſſen weiſs,in-nen gelb.	—; —.	—; —.	—; ge-krönet.	—;—.		—; —.	bloſs.	zaſerig.
197.	Wiefen-Maſslieben. Bellis pra-tenſis. Chrvsan-themum Leucanthe-mum. Linn.	ziegelförm. aufliegend; ſtufenwei-ſe größer; unthäutig. Bl. einzeln am Ende derStängel	Z. 5fpaltig. W. 3zähnig. Auſſen weiſs,in-nen gelb.	—; —.	—; —.	—; cy-rund.	—; —.	Z. 2;umge-bogen. W. —; —.	bloſs; ge-dippelt; gewöl-bet.	länglich; bloſs.	

Blätter.	Blühzeit.	Ort.	Arzneymittel.	Eigenschaft.	Arzneykraft.	Gebrauch.
wechselweife; zart gekerbt.	Junius. Julius.	Deutfchland. Sumpfige Orte, Felder. Ein Kraut.	Kraut; Blume.	ftinkender Geruch; bitterer Gefchmack.	macht Speichel, Niefen.	Fallende Sucht; Wafferfucht; Kröpfe; Mutterzuftände; Zahnfchmerzen. Zu Bähungen. Ift verdächtig und nicht fonderlich gebräuchlich.
wechfelweife; gefiedert gekerbt.	Julius. Auguft.	Das füdliche Europa, Orient. Ein Kraut.	Wurzel.	fcharfer, pfefferartiger Gefchmack.	verdünnet; zertheilet; macht Speichel.	gekaut zum Zahnweh; Lähmung der Zonge; als eine Salbe zu Reitzung des Beyfchlafs; Lähmungen. Ettmüller.
wechfelweife; fchmal, zart; gefiedert gekerbet; haarig.	Julius.	Das füdliche Europa. Oefterreich. Thüringen. fonnigte Felder, Weiden, Gärten. Ein Kraut.	Kraut; Blume.	bitterlicher Gefchmack; guter Geruch; flüchtige, oeligte, fchleimigte, harzigte Theile.	ftillt Schmerzen; ftärket; zertheilet; treibt Winde, Blähungen, Harn; erweichet; löfet auf; widerftehet der Fäulung.	Mutterzuftände; Nachweben; Blähungen; Stein; Colick; Brechen; Fieber; Entzündungen.
wechfelweife; tiefeingefchnitten; gekerbt.	Junius. Julius.	Deutfchland. Aecker, Felder, Gärten. Ein Kraut.	Kraut; Blüthe; Waffer; gekochtes und deftillirtes Oel; Syrup.	guter Geruch; bitterlicher Gefchmack; flüchtige, oelige, fchleimige, harzige Theile.	ftille Schmerzen; ftärket; zertheilet; treibt Winde, Blähungen, Harn; erweichet; löfet auf; widerftehet der Fäulung.	Kalte Fieber; Colick; Brechen; Stein; Blähungen; Entzündungen; Mutterzuftände.
		Wege, Gärten, Hecken. Ein Kraut.	Kraut; Blume; Waffer; Oel.	ftarker, guter Geruch; bitterer, fcharfer Gefchmack; wefentlich ölige, gummige, harzige Theile.	treibt Monatszeit; laxiret; erweichet; ftärket; löfet auf; vertreibt die Milch.	Eckel; Mutterzuftände; Blähungen; Bauchwehe; Wafferfucht; 4tägige Fieber; Schwindel.
wechfelweife; umfaffen den Stängel; oben zerriffen, unten fägezähnig.	Sommer.	Wiefen, Triften. Ein Kraut.	Kraut.	fcharfer, pfefferiger Gefchmack.	treibt Harn; heilet; zertheilet; kühlet.	Schwindfucht; kurzer Athem; Huften; Blutfpeyen; Räude; Seitenftechen; Auszehrung; innerliche Quetfchungen, Wunden, Zerftreuungen.

S

Name.	Kelch.	Blüthe.	Fäden.	Fechte.	Eyer-fach.	Griffel.	Spitze.	Kuchen.	Same.	Wurzel.
Heydniſch Wund-kraut. Confolida faracenica. Virga aurea. Solidago Virgaurea. Linn.	vielblätte-rig; längl. zugeſpitzt; gerad. Blumen zu oberſt des Stängels traubenweiſe.	Z. 5ſpaltig; W. 3zähnig. Gelb.	5 ! ſehr kurz.	1 ; röh-rig.	1 ; ge-krönet.	Z. 1 ; ein-fach. W. —;—.	Z. 1; 2ſpal-tig. W. 2;umge-bogen.	blofs; fiach.	länglich; haarwol-lig.	ſchwarz; zaſerig.
Huflattich. Farfara. Tuſſilago. Tuſſilago Farfara. Linn.	—; lanzen-förmig; ſchmal; 15 - 20. Blume ein-zeln, an ei-nem ſchup-pigté Stän-gel, vor den Blättern.	Z. 5ſpaltig. W. gzähnig. Außen weifs, in-nen gelb.	—;—.	—;—.	—;—.	—; fa-denförr-mig.	Z. 1, dick. W. 1; 2ſpal-tig.	blofs.	länglich; mit ei-nem haar-wolligen Stücte.	zart; zaſerig.
Peſtilenz-wurz. Petafites. Tuſſilago Petaſites. Linn.	wie N. 199. Bl. viele, dicht bey-ſammen; trauben-weiſe an ei-nem ſchup-pigté Stän-gel.	Z. 5ſpaltig. W. einige blofs; blaſs-roth.	—;—.	—;—.	—;—.	—;—.	—;—.	. .	. .	länglich; fingers-dick; außen braun, innen weifs.
Ringel-blume. Goldblume. Calendula. Calendula officinalis. Linn.	vielblätte-rig; ungleich. Blumen zu oberſt des Stängels ſehr lang. Gelb.	Z. 5ſpaltig. W. gzähnig;	—;—.	—;—.	Z. —; läng-licht. W. —; 3e-ckig.	—;—.	Z. 1; 2ſpal-tig. W. 2;umge-bogen.	fiach; blofs.	Z. keine. W. grofs; mit häutigen Ecken; krumm.	dünn; zaſerig; faftig.
Indianiſch Harnkraut. Akmelle. Acmella Zeylanica. Verbeſina Acmella. Linn.	—; faſt gleich; mit lange, hoh-le, geraden Schuppen. Bl an Stie-len in den Achſeln einzeln.	Z. 5ſpaltig. W. ganz; klein; cy-rund. Gelb.	—;—.	—;—.	Z. —;—. W. —;—.	—;—.	Z. 2; um-gebo-gen. W. —;—.	kegelar-tig; rie-mig.	Z. eckigt; mit 3 Spi-tzen. W. —;—.	

Blätter.	Blühzeit.	Ort.	Arzneymittel.	Eigenschaft.	Arzneykraft.	Gebrauch.
wechſelsweiſe; lang; breit; ſpitzig; gekerbt; an hohen, aufrechten, hohlen, harigen Stängeln.	Julius.	Deutſchland. Schattige, feuchte Orte, Hecken, Hügel, Wälder, Weinberge. Ein Kraut.	Kraut; Waſſer.	balſamiſcher Geruch; bitterer Geſchmack.	heilet; eröffnet; treibet Harn; reiniget.	Stein; Grieſs; Schleim; Geſchwüre; Verſtopfung der Leber, Milz, Nieren; Blutſpeyen; Blutbrechen. Zu Ueberſchlägen, Bähungen.
Wurzelblätter; herzförmig, eckig; gezähnet; unten weiſslich; nach den Blumen.	März.	Feuchte Orte, Bäche, Gräben. Ein Kraut.	Wurzel; Kraut; Blume; Conſerv; Syrup; Waſſer; Oel.	ohne Geruch; bitterer, ſchleimiger Geſchmack.	zertheilet; kühlet; zeitiget; heilet; befördert den Auswurf.	kurzer Athem; Schwindſucht; Lungenſucht; Huſten; Bruſtkrankheiten; Geſchwüre; Engbrüſtigkeit; Keuchen; Entzündungen; Rothlauf; Seitenſtechen.
Wurzelblätter; groſs; nach den Blumen; unten weiſs.	März. April.	Feuchte Orte, Gräben. Ein Kraut.	Wurzel; Blume.	ſtarker, guter Geruch; bitterlicher, ſchärfer, gewürzhafter Geſchmack.	treibt Schweiſs; ſtärket; tödtet die Würmer; Gegengift.	Peſt; Ausſchlag; böſartige Geſchwüre, Bandwurm. Zu Umſchlägen bey Peſtbeulen. Mit Vorſicht zu gebrauchen.
wechſelsweiſe; ganz; an einem 4eckigen geſtreiften Stängel.	Sommer.	Gärten. Ein Kraut.	Kraut; Blume; Waſſer; Salbe; Saame.	ſtarker, nicht gar angenehmer Geruch; bitterlicher Geſchmack; wenig ſalzige, oelige, viel erdige Theile.	treibt Monathszeit, Schweiſs; ſtärket; zertheilet; eröffnet; kühlet; löſet den Schleim auf.	Augenkrankheiten; Schwindel; Lähmung; Verſtopfung der Leber; Peſt; Ausſchlag; Geſbſucht; verhärtete Brüſte; Grimmen und Reiſſen.
gegeneinander; länglichteyrund; etwas gezackt; dreynervigt; rauch.		Zeylan. Ein Kraut.	Kraut.	bitterlicher Geſchmack; wenig Geruch; feuerfeſte ſalzige, wenig flüchtige Theile.	zertheilet die zähen Säfte; treibt Schweiſs; Urin; Stein; lindert.	Stein; weiſſer Fluſs; Cholick; Verhaltung des Urins. Breyn Diſſ. Volkam. Ephem. N. C.

S 2

Sechste

Pflanzen mit
vierblätterigen

No.	Name.	Kelch.	Blüthe.	Fäden.	Farbe.	Eyerstock.	Griffel.	Spitze.	Saamengehäuse.	Saame.	Wurzel.
203.	Wälscher Eschenbaum. Fraxinus Ornus. Linn.	4spaltig; gerad, spitzig; klein.	Blätter; schmal; lang;spitzig;aufrecht.	1; gerad; blühtenkürzer.	2;gerad; länglich; 4striemig.	1;eyförmig; zusammengedrückt.	1; walzenförmig; gerad.	1; spaltig.	0.	1;lanzenförmig; plattgedrückt.	butzig.
204.	Cornelbaum. Cornus. Cornus mascula. Linn.	—; klein. Umschlag 4blättrig vielblümig; gefärbet. Blumen schirmartig.	—; länglich; spitzig; flach; umschlagkleiner; gelb.	4 pfriemig; aufrecht; blühtenlanger.	4; rundlich;liegen auf.	—; rundlich; unter der Blüthe.	—; fadenförmig; blühtenlang.	—; stumpf.	Steinfrucht; nabelich; roth.	Nuß; 2zellig; herzförmig;oder länglich.	. .
205.	Balsamstaude. Opobalsamum. Amyris Opobalsamum. Linn.	—; —; spitzig; bleibet. Bl. seitwärts an den Enden der Aeste.	—; —; hohl; offen.	8; pfriemig; gerad; kurz.	8; länglich.	—; eyrund.	.; kurz.	—; kolbicht; 4eckigt.	Beere; rundlich.	Nuß; rund; glatt.	. .
206.	Elemistaude. Lentiscus Peruviana. Amyris Elemifera.	—;—;—; —. Blumen in Trauben.	—; —.	—; — ; —; —.	—; —.	—; —.	—; —.	—; —; —.	—; —.	—; —;	. .
207.	Einbeer-Wolfsbeer. Paris. Paris quadrifolia. Linn.	4blätterig; lanzig; offen; bleibet. Blume einzeln zu oberst des Stängels.	—; pfriemig; kelchähnlich; offen; bleibet; grünlich.	—; pfriemig.	—; lang; den Fäden auf beyden Seiten angewachsen.	—; rundlich; 4eckig.	4;offen; fadenkürzer.	4; einfach.	Beere; 4zellig; eyrund 4eckig; schwarzbraun.	viel; in doppelter Reihe.	faserig.

Ordnung.

vollkommener
ähnlichen Blume.

Blätter.	Blühzeit.	Ort.	Arzneymittel.	Eigenschaft.	Arzneykraft.	Gebrauch.
gegeneinander; gefiedert mit einem Endblat; die Blätgen länglich; gezähnt; gegeneinander.	Frühling.	Italien; das südliche Frankreich. Ein Baum.	Manna, ein zusammengeronnener Saft, so aus den jungen Aesten ausschwitzet. Syrup; Latwerge davon.	süßlichter, schleimichter Geschmack; honigartiger Geruch.	purgiret gelind.	Zum Purgiren; soll aber galsüchtigen, hitzigen Personen nicht gegeben werden.
gegeneinander; lang; breit; gelind; voll Adern, nach der Blühe.	März. April.	Deutschland in Gärten. Ein Baum.	Frucht; Roob.	herber, saurer, anziehender Geschmack.	kühlet; stopfet; ziehet zusammen; stärket den Magen.	Bauchfluß; Ruhr; Durchfall; Fieber; Durst.
wechselsweise; gefiedert; mit einem Endblat.	Sommer.	Das glückliche Arabien. Eine Staude.	Balsam von Mecca, ein flüssiges Harz. Holz; Frucht.	scharfer, gewürzhafter Geschmack; angenehmer, starker Geruch.	heilet; zertheilet; reiniget; widerstehet der Fäulnis.	innerliche und äusserliche Geschwüre; Steinschmerzen; weisser Fluß; Tripper.
—; —; —. 3 und 5blättrig.		Carolina. Jamaica. Brasilien. Eine Staude.	Gummi Elemi. Balsamum Arcæl; verschiedene Pflaster.	angenehmer, harziger Geruch.	heilet; stärket die Nerven; zertheilet.	Gliederschmerzen; Wunden; Geschwüre.
4; länglich; breit; zugespitzt; gezähnt; um den Stengel herum.	May. Julius.	Deutschland. Dunkle, schattige Wälder. Ein Kraut.	Blätter; Beere.	etwas scharfer, bitterer Geschmack.	treibet Gift; Schweiß; laxiret etwas.	Raserey; bösartige, pestilenzialische Fieber; Bauchgrimmen. Zu zertheilenden Ueberschlägen.

No.	Name.	Kelch.	Blüthe.	Fäden.	Fache.	Eyerfach.	Griffel.	Spitze.	Saamgehäufie.	Saame.	Wurzel.
207.	Rofenwurz. Rhodia. Rhodiola Rofea. Linn.	M. 4fpaltig; aufrecht; stumpf; bleibet. W. eben fo. Männl. und weibl. abgefondert, auf 2 verfchiedenen Stauden. Bl. büfchelweife zu oberft der Stängel.	Blätter: länglich; stumpf; grüngelb, bleichroth; fallen ab. Saftgrube 4blättrig; ausgefchnitté; kelchkürzer.	8; pfriemig; blühen länger. W. o.	8; einfach. W. o.	4; länglich; zugefpitzt. M. abfallend; taub.	4; einfach. M. kleiner.	4; stumpf. M. kleiner.	Capfeln 4; gehörnet; einklappig; fpringen innen auf.	viele; rundlich.	fchwammig; mürb; außen braun, innen weiß. Dürre, außen fchuppig, innen röthlich.
209.	Raute. Ruta hortenfis. Ruta graveolens. Linn.	4, 5fpaltig; klein; bleibet. Blumen zu oberft des Stängels.	—(4, 5; offen; gelb.	8, 10; pfriemig.	8, 10; aufrecht; fehr kurz.	1; 8, 10fachgedippelt; mit einem † gezeichnet.	1; aufrecht; pfriemig.	1; einfach.	Capfel; 4, 5zellig; 4, 5klappig; 4, 5fpaltig.	—; nierenförmig; rauch; fchwarz.	holzig; faferig.
210.	Gewürznelkenbaum. Caryophilus aromaticus off. & Linn.	2fach; 4fpaltig; klein; oder der Frucht; bleibet. 4blätterig; grofs; oder der Frucht; fällt ab.	4; rund; ge: ot; kelchkürzer.	viele; haarförmig.	viel; einfach.	—; länglicht; grofs; gekrönet.	—; ein fach.	1; einfach.	—; eizellig; eyförmig; mit dem verhärteten zuffern Kelche gekrönet.	1; eyförmig; grofs.	
211.	Tormentill. Ruhrwurz. Tormentilla. Tormentilla erecta. Linn.	8fpaltig; wechfelsweife kleiner. Blumen einzeln am Ende der Stängel.	—; herzförmig; offen; gelb.	16; pfriemig.	16; einfach.	8; klein; knopfartig.	8; fadenlang.	8; stumpf.	o.	8; länglich; zugefpitzt.	knollig; faferig; außen dunkelbraun, innen röthlich.

Blätter.	Blühzeit.	Ort.	Arzneymittel.	Eigenschaft.	Arzneykraft.	Geruch.
wechfelsweife; länglich; breit; fpitzig; glatt; fägeweife gekerbet.	März. April.	Alpengebürge. Eine Staude.	Wurzel.	ftarker, rofenartiger Geruch.	macht roth; ftopfet; ziehet zufammen.	Bruch; weißer Fluß; Kopffchmerzen.
fehr zerfchnitten; länglich; klein; an dicken, holzigen Stängeln.	Junius. Julius.	Deutfchland. Gärten. Ein Kraut.	Kraut; Same; Waffer; gekochtes und deftillirtes Oel; Effig; Extract; Effenz.	durchdringender, flüchtiger, gewürzhafter Geruch; bitterer, fcharfer Gefchmack; wefentlich ölige, harzige, gummige, erdige Theile.	zertheilet; treibt Schweiß, Monathszeit, Harn, Gift; ftärket Haupt; Nerven; verdünnet; widerfteht der Fäulung.	Anfteckende, langwierige Krankheiten; bösartige Fieber; Ohnmachten; Schlucken; Würmer; Kopffchmerzen; Augen-Mutterzuftände; Scharbock; Nervenkrankheiten; Schwachheit des Magens und Gedärme.
gegeneinander; ganz; oben dunkelgrün; glänzend; unten gelb; an einem fehr äftigen Stamm, fo mit einer glatten, gelblichgrauen Rinde überzogen.	May.	Ternate, eine der Molukkifchen Infeln in Oftindien. Dürre Orte. Ein Baum.	Reife Frucht, (Anthophylli, Mutternelken); Unreife Frucht, (Caryophylli aromat. Gewürznelke); deftillirtes Oel Allerhand Compofitionen.	angenehmer, gewürzhafter, fcharfer Geruch und Gefchmack; befonders an den unreifen. Viele flüchtigölige, falzigte Theile.	erwärmet; zertheilet; ftärket Haupt und Nerven.	Schwindel; Nervenkrankheiten; Schwäche der Verdauung; Mutterzuftände; kalte Fieber. Das deftillirte Oel zu Zahnfchmerzen; zum Beinfraß.
gefingert; meift 7fpaltig; an kriechenden Stängeln.	May. u. w.	Deutfchland. Waldungen, fandige, trockene Orte. Ein Kraut.	Wurzel; Kraut; Waffer; Extract.	ohne Geruch; herber Gefchmack; viel erdige Theile.	ziehet zufammen; heilet Wunden; treibt Schweiß; ftärket; zertheilet.	Anfteckende Krankheiten; Ruhr; Blutharnen; Durchlauf; Zahnfchmerzen; Hals- Mundzuftände; Blutfpeyen.

No.	Name.	Kelch.	Blüthe.	Fäden.	Farbe.	Eyer-stock.	Griffel.	Spitze.	Saamen-banse.	Saamen.	Wurzel.
212.	Cappern. Capparis. Capparis spinosa. Linn.	4blätterig; ausgehöhlet; buckelt; eyrund. Bl. einzeln an den Seiten.	Blätter, grofs; rundl; ausgeschnitten; weifs.	viele; fadenförmig.	viel; einfach.	1; eyrund.	1; fadenförmig.	1; stumpf.	Capfel; 1zellig; fleischig; birnförmig.	viel; nierenförmig; einniftrlnd.	holzig; schwarzroth.
213.	Gummiguttbaum. Cambogia Gutta. Linn.	—; —; rund; fällt ab. Bl. in wirblichten Aehren am Ende der Stängel.	—; länglich; rund; hohl.	—; kurz.	—; rundlich.	—; rundlich; gestreift.	0.	—; 4spaltig; stumpf; bleibet.	Apfel; rundlich; 8eckig; 8zellig.	einzeln; nierenförmig; länglich; zusammengedrückt.	?.
214.	Klatschrose. Kornrose. Papaver erraticum. Rhoeas. Papaver Rhoeas. Linn.	2blätterig; ausgeschnitten; abfallend; eyrund. Bl. einzeln zu oberst der Stängel.	—; rundl. wechselsweise kleiner; offt; scharlachroth.	—; haarförmig.	—; länglich; aufrecht.	—; länglich; grofs.	—.	—; gestielet; strahlig.	Capfel; 1zellig; gekrünet; springt auffen auf.	viel; sehr klein.	fingersdick; zaserig.
215.	Mohnfaamen. Magfaamé. Papaver hortense. Papaver somniferum. Linn.	wie N.214.	—; —; weifs, roth.	—; —	—; —.	—; —.	—.	—; —.	—; —.	?.	?.
216.	Schellkraut. Chelidonium majus. Linn. & officin,	—; rundlich; ausgehöhlet; fällt ab. Blumen faft schirmförmig.	—; rundlich; flach; unten schmäler; gelb.	—; aber breiter; blüthenkürzer.	—; —.	—; wellenförmig.	—.	—; 2spaltig; mit einem Kopfe.	Schote; lang; 1zellig; 2klappig; wellenförmig.	—; glänzend.	einfach; hart; gelblicher Saft.
217.	Rettig. Raphanus. Raphanus sativus. Linn.	4blätterig. aufrecht; höckerig; fällt ab. Bl.büschelweise.	—; hertförmig; mit 4 Drüsen. Weifs; purpurfarbig.	6; 2 kürzer; pfriemig.	6; einfach.	—; bauchig.	1; kaum merklich.	—; ganz.	—; —; 2zellig; gegliedert; bauchig.	—; rundlich.	lang; dick; fleischig; zaserig.

Blätter.	Blühzeit.	Ort.	Arzneymittel.	Eigenschaft.	Arzneykraft.	Gebrauch.
breit; rund; gezidert.	Sommer.	Italien. Deutschland in Gärten.	Wurzel; Blumenknöpfe; Oel.	säverlicher, bitterer Geschmack.	treibt Harn, Monathszeit; ziehet zusammen; eröffnet. Eine der 5 eröffnenden kleinern Wurzeln.	Milzsucht; Gliederschmerzen; Lähmung.
gegeneinander über; lanzenförmig. Die ganze Pflanze voll goldgelben Safts.	Sommer.	Malabar; Zeylan; China. Ein Baum.	Saft; gummig; etwas hartzig; Gummi gutti.	scharfer Geschmack.	purgiret stark; macht Brechen.	Wassersucht; verschleimte Gedärme. Etwas unsicher zu gebrauchen.
wechselsweise; länglich; breit; zerschnitten; an einem rauchen, haarigen Stängel; weisser, milchigter Saft.	Junius Julius.	Europa. Deutschland. Gärten, Kornfelder. Ein Kraut.	Kraut; Blume; Conserv; Syrup; Wasser; Tinctur; Extract; Saft, (Opium).	milder und schleimiger Geschmack.	kühlet; stillet Schmerzen; reiniget; zertheilet; macht Schlaf.	Seitenstechen; Catarrhe; Blutspeyen; Ruhr; hitzige Fieber; Blutflüsse; Entzündungen; Fieber.
" .	" .	" . Gärten, Aecker. Ein Kraut.	Kraut; Saame; Küpfe; Syrup; Oel; Tinctur.	süßlicher Geschmack; hartzige, gummige, milchige, schleimige Theile.	mildert; macht Schlaf; kühlet; versüßet; stillt Schmerzen; betäubet.	Mattigkeit; Wachen; Erbrechen; Fieber; Seitenstechen; Schmerzen; Schreyen der Kinder.
wechselsweise; gekerbt; ausgeschnitten; gelblicher Saft.	May. Junius. u. w.	Deutschland. Ungebaute, schattige Orte, Mauren, Zäune. Ein Kraut.	Wurzel; Kraut; Wasser.	bitterer, scharfer, brennender Geschmack; gelb.	wärmet; treibt Harn, Schweiß; purgirt; zertheilet; verdünnet; eröffnet Milz, Leber, Harngänge; ätzet.	Gelb-Wasser-Schwindsucht; Geschwulst; Flechte; Scharbock; Warzen, Hühneraugen; Zahnschmerzen; Augenflecken; fressende Schäden; Milzer; Blattern; Ausschlag.
wechselsweise; groß; breit; rund; tief eingeschnitten.	May. Junius.	" Gärten; Krautfelder. Ein Kraut.	Wurzel; Saame; Wasser.	wässeriger, scharfer Geschmack; scharfe, flüchtige, durchdringende, salzige Theile.	löset; reiniget; verdünnet; treibt Harn; stärket; macht Blähungen.	Scharbock; Engbrüstigkeit; Halsschmerzen; Gift; Pest; Stein; Grieß; Meethund.

T

Name.	Kelch.	Blüthe.	Fäden.	Fache.	Eyerfach.	Griffel.	Spitze.	Saamenhäufse.	Saame.	Wurzel.
Wegfenf. Eryfimum. Eryfimum officinale. Linn.	4blätterig; gefärbet; aneinanderfällt ab. Bl. ihrenweife.	Blätter; flachjobé stumpf; mit 4 Drüfen; bleichgelb.	6; 2 kürzer; pfriemig.	6; einfach.	1; fadenförmig; fchmal; 4eckig.	1; fehr kurz; dick.	1; bleibet.	Schote; lang; 2zellig; 2klappig; fchmal; 4eckig.	viel; rundlich.	lang; zaferig.
Knoblauchskraut. Alliaria. Eryfimum Alliaria. Linn.	—; —; —.	—; —; weiß.	—; —.	—; —.	—; —.	—; —.	—; —.	—; —. —.	—; —.	länglich; holzig; weiß.
Gelbe Viole. Cheiri. Cheiranthus Cheiri. Linn.	—; aufrecht; löckerig; fällt ab. Bl. ihrenweife.	—; rundl; kelchlänger; mit 2 Drüfen; gelb.	—; —; gerad.	—; unten 2fpaltig; oben fpitzig.	—; 4eckig; auf beyden Seiten knotig.	—; —; zufammengedrückt.	—; 2fpaltig; umgebogen; bleibet.	—; —; mit einem kurzen Stiele.	—; abwechfelnd; am Rande häutig.	zart.
Rother Kohl. Brassica rubra. Brassica oleraeca. Linn.	—; —; —; —. —.	—; —, gelb.	—; —.	—; aufrecht.	—; fadenlang.	—; kurz.	—; mit einem Kopfe.	—; 2zellig; 2klappig.	—; rund.	lang; holzig; knopperig.
Weiße Rübe. Rapa. Brassica Rapa. Linn.	—; —; —; —.	—; —; gelb.	—; —.	—; —.	—; —.	—; —.	—; —.	—; —.	—; —.	Rübe; zaferig; fleifchig.
Steckrübe. Napus. Brassica Napus. Linn.	—; —; —; —.	—; —; gelb.	—; —.	—; —.	—; —.	—; —.	—; —.	—; —.	—; —.	—; —; —.
Weißer Senf. Eruca. Brassica Linn.	—; —.	—; —; weiß, mit purpurfarbigen Adern.	—; —.	—; —.	—; —.	—; —.	—; fchneidig; zugefpitzt.	—; —.	—; —.	zaferig.

Blätter.	Blühzeit.	Ort.	Arzneymittel.	Eigenschaft.	Arzneykraft.	Gebrauch.
wechselsweise; eingeschnitt; tief ausgeschweift; Flügel 2 gegeneinander über; an einem rauchen, rothen Stängel.	Julius. August.	Deutschland. Wege, ungebaute Orte. Ein Kraut.	Kraut; Syrup.	brennend scharfer, hitziger Geschmack.	eröffnet; durchschneidet; zertheilet; verdünnet; treibt Harn.	Stecken; Heiserkeit; Husten; Harnschmerzen; Brustzustände, dicke, schleimige Feuchtigkeiten der Lunge.
wechselsweise; breit; rundlich; spitzig auslaufend; gekerbt; an langen, dünnen, und etwas haarige Stängeln.	May.	Wiesen, Felder, Zäune, Mauren, Gärten. Ein Kraut.	Kraut; Wasser; Saame.	knoblauchartiger Geruch; bitterer Geschmack.	treibt Harn, Würmer, Schweiß, Winde; eröffnet; zertheilet; durchschneidet; reiniget; verdünnet.	Engbrüstigkeit; kurzer Athem; krebsartige Geschwüre; Scharbock; giftige Fieber; Fäulung.
wechselsweise; länglich; ganz.	April.	Schweiz, Frankreich. Deutschland in Gärten. Ein Kraut.	Blüthe; Wasser; Geist; Syrup; Oel.	starker, angenehmer Geruch; bitterer Geschmack.	stillt Schmerzen; löset auf; treibt Harn, Nachgeburth, Monathszeit; eröffnet; stärkt Herz, Nerven, Haupt.	Schlag; Colick; Herz = Haupt - Mutter - Nerven zustände; Gelbsucht.
wechselsweise; groß; ausgeschweift; farbig; meist röthlich; äderig.	. .	Europa. Deutschland. Gärten, Krautfelder. Ein Kraut.	Saame.	ohne Geruch; scharfer Geschmack; ölige, laugensalzige Theile.	zertheilet; löset auf; treibet.	Scharbock; Kopfschmerzen; Heiserkeit; Dripper; Würmer.
. .	April. May.	Felder, Gärten. Ein Kraut.	Saame; Oel; Syrup.	öliger, scharfer Geschmack.	treibt; zertheilet; löset auf.	Brustzustände; Auszehrung; Mehlhund; Husten; Harnbrennen; Taubheit; Masern; Pocken.
Wurzelblätter; ausgeschweift; glatt; Stängelblätter wechselsweise; herzförmig.	April.	. ; . . . ; . .	Saame.	scharfer, bitterlicher, öliger Geschmack.	wie No. 222.	wie No. 222.
wechselsweise; ausgeschweift; glatt; an einem rauhen Stängel.	März. April.	Gärten, Aecker. Ein Kraut.	Saame.	durchdringender Geruch; scharfer, hitziger Geschmack; flüchtige, laugensalzige Theile.	treibet Harn, Schweiß, Monathszeit; eröffnet; purgiret; macht roth.	Lähmung; Schlag; Scharbock; Würmer.

T 2

No.	Name.	Kelch.	Blüthe.	Fäden.	Farbe.	Eyer-fach.	Griffel.	Spitze.	Saamge-häusse.	Saame.	Wurzel.
225.	Schuppen-wurz, Zahnwurz, weißer Steinbrech. Dentaria. Dentaria pentaphylla, Linn.	4blätterig; aufrecht; länglich; fällt ab. Blumen ährenwei-se.	Blätter; rundl. weiß; purpur-farb.	6; pfrie-mig; gerad.	6; auf-recht; länglich; herzför-mig.	1; fäden-lang.	1; kurz; dick.	1; stumpf, ausge-schnit-ten.	Schote; lang; 2zellig; 2klap-pig.	viel; ey-förmig.	zaserig.
226.	Senf. Sinapi. Sinapis ni-cra. Linn.	—; offen; schmal; fällt ab. Bl. ähren weise oben am Stängel.	—; offen; hellgelb. Saftgru-be, 4 Drüsen.	—; ...	—; zu-gefpizt.	—; lang-rund.	1; fä-den-lang.	—; mit einem Kupfe,	—; —; 2zellig; 2klap-pig; knotig; rauch.	—; braun-roth; ku-gelrund.	holzig; zaferig; weiß.
227.	Habbicht-kraut. Befenkraut. Sophia chi-rurgorum. Sifymbri-um Sophia. Linn.	—; schma'; gefärbet; fällt ab. Bl. trau-benweiße oben am Stängel.	—; läng-lich;aufrecht; gelb.	—; —;	—; ein-fach.	—; läng-lich; fa-denför-mig.	—; kaum merk-lich.	—; stumpf.	—; —; 2zellig; 2klap-pig; krumm.	—; klein; länglich; röthlich.	zaferig; weiß.
228.	Brunnen-kreſs. Nafturtium aquaticum. Sifymbri-um Naftur-tium. Linn.	—; —; Bl. büschel-weise oben am Stängel	—; —; weiß.	—; ...	—; —.	—; —.	—; —.	—; —.	—; —; —; —; —.	—; klein.	zaferig.
229.	Baurenſenf. Thlaspi. Thlaspi ar-venſe. Linn.	—; aufrecht; fällt ab. Bl. trau-benweiße oben am Stängel	—; rund-lich; doppelt; kelch-länger; weiß.	—; tge-gen-einan-der über kür-zer.	—; zu-geſpizt.	—; rund-lich; zufam-menge-drückt.	—; fä-den-lang.	—; —.	—; klein; 2zellig; ausge-schnitté; herzför-mig; zu-famenge-drückt; mit eine Stiele u. scharfen Rande.	—; rund; braun.	lang; za-ferig.

Blätter.	Blühzeit.	Ort.	Arzneymittel.	Eigenschaft.	Arzneykraft.	Gebrauch.
wechfelsweife; gefingert; unten fieben, oben fünf Blätgen.	May. Junius.	Schweitz. Savoyen. Die Alpgebürge. Ein Kraut.	Wurzel	anziehender Gefchmack.	ziehet zufamen; trocknet.	Leibfchäden; Wunden; innerliche Verletzungen.
wechfelsweife; eingefchnitten; rauch.	Junius. Julius.	Deutfchland. Gärten. Ein Kraut.	Saame; Oel; Extract.	fcharfer, durchdringender Geruch und Gefchmack; flüchtige, laugenfalzige Theile.	machet Appetit; zertheilet; treibt Harn, Schweifs; eröffnet; verdünnet; macht roth.	Eckel; üble Säfte; Schlaffucht; Verftopfung der Scharbocksfchärfe; Hüften; Stein; Wafferfucht.
wechfelsweife; ungemein zart und häufig zerfchnitten.	Sommer.	Wege, Mauren.	Saame.	fcharfer, brennender Gefchmack.	reiniget; ziehet zufammen; treibt Harn, Winde, Würmer; heilt Wunden.	Durchlauf; Stein; Gefchwüre; Wunden; Verhaltung des Harns.
wechfelsweife; breit; länglich; rund; an einem dicken, hohlen, langen Stängel.	Junius. Julius.	Naffe Wiefen, Waffer, quellen. Ein Kraut.	Kraut; Conferv; Syrup; Waffer; Geift.	angenehmer, fcharfer, hitziger Gefchmack; viel flüchtige, zarte, falzige Theile.	erwärmet; treibt Harn, Würmer; eröffnet; verdünnet; zertheilet; machet roth.	Scharbock und deffen Zufälle; Verftopfungen; Leber - Milz - Lungentüftände; Wafferfucht; faule, garfige Schäden.
wechfelsweife; fchmal; länglich; gezähnet; meift gegen die Erde zugekehret.	May.	Kornfelder. Ein Kraut.	Saame.	knoblauchartiger Geruch; füfslicher, fchleimiger, fcharfer Gefchmack.	treibt Harn, Monathszeit; zertheilet das geronnene Geblüte; erwärmet.	Gliederreiffen; innerliche Gefchwüre; Wafferfucht; Hüftweh; Podagra; monathliche Reinigung.

T 3

Name.	Kelch.	Blüthe.	Fäden.	Farbe.	Eyer-stock.	Griffel.	Spitze.	Saamge-häuse.	Saame.	Wurzel.
Taschel-kraut. Bursa pa-storis. Thlaspi Bursa pa-storis. Linn.	4blätterig; aufrecht; fällt ab. Bl. trau-benweise oben am Stängel.	Blätter; rund-lich; weiß.	6; 2 ge-gen-einan-der über kür-zer.	6; zu-gespitzt.	1; rund-lich; zusam-menge-drückt.	1; fä-den-lang.	1; stumpf.	Schote; klein; ohne Rand; wie eine Hirten-tasche.	viel; klein; rund; braun.	lang; za-ferig; fäßlich.
Löffelkraut. Cochlearia. Cochlearia officinalis. Linn.	—; —; Bl. trau-benweise oben am Stängel	—; —; weiß.	—; —.	—; —.	—; herz-förmig.	—; sehr kurz.	—; —.	—; —; mit ei-nem Stiele; rauch.	4; ohn-gefähr in jedem Fache.	klein; gerad; zaserig.
Meerret-tich. Armoracia. Cochlearia Armoracia. Linn.	—; —; Bl. büschel-weise oben am Stängel und aus den Achseln.	—; —; weiß-röthlich.	—; —.	—; —.	—; —.	—; —.	—; —.	—; —; —.	—; —.	lang; dick; knotig; auſſen gelblich, innen weiß.
Garten-kreſſe. Nasturtium hortense. Lepidium sativum. Linn.	—; —; Bl. trau-benweiſe am Ende der Stängel und Aeſte.	—; —; weiß.	—; —; —.	—; —.	—; —.	—; fä-den-lang.	—; —.	—; —; —; am Rande scharf.	viel; länglich; gelb-braun.	hart; zaserig; weiß.

Blätter.	Blühzeit.	Ort.	Arzneymittel.	Eigenschaft.	Arzneykraft.	Gebrauch.
wechfelsweife; lang; umgeben den Stängel; die unterften tief eingefchnitten; liegen platt auf der Erden.	Frühling. Sommer.	Deutfchland. Faft aller Orten; fonderlich zwifchen den Steinen und Mauren. Ein Kraut.	Kraut; Waffer.	wäfferiger; etwas zufammenzichender, harber Gefchmack.	verdicket; ziehet zufammen; kühlet; ftillet Blut; ftopfet.	Nafenbluten; Weiber-? flufs; Wunden; Fieber; Blut- Bauchfiufs; Zahnweb; Ruhr; Blutfpeyen; Ueberflufs des Monath-chen und der guldenen Ader; blutiger Urin.
Wurzelblätter rundlich; Stängelblätter wechfelsweife; länglich; beyde etwas ausgezackt; dick; fafüg.	April. May.	Das nördliche Europa. Deutfchland in Gärten. Ein Kraut.	Kraut; Saame; Conferv; Syrup; Waffer; Geift; Oel; Extract.	ohne fonderlichen Geruch; bitterer, fcharfer Gefchmack; flüchtige, fcharfe, gewürzhafte, falzige Theile.	löfet ftark auf; purgirt; treibt Harn, Schweifs; reiniget Wunden, Gefchwüre, Geblüte, eröffnet.	Scharbock; Waffer-Miltzfucht; Schärfe; Zahnfleifch; Krätze; Unreinigkeiten der Haut.
Wurzelblätter breit; eyrund; ausgezackt; Stängelblätter wechfelsweife; länglich; tiefer eingefchnitten; fpitzig.	*,*	Deutfchland. Gärten, Krautfelder. Ein Kraut.	Wurtzel; Syrup; Waffer; Conferv.	durchdringender, flüchtiger, beiffender Geruch; fcharfer Gefchmack; flüchtige, fehr fcharfe, falzige Theile.	reiniget, treibt Harn; machet äufserlich roth.	Scharbock; Eckel; Wafferfucht; Stein; Flecken; Schärfe des Geblütes; Griefs.
wechfelsweife; länglich; fehr tief eingefchnitten.	Sommer.	*,* Gärten. Ein Kraut.	Kraut; Saame; Waffer.	fcharfer, hitziger, angenehmer, gewürzhafter Gefchmack; ölige, flüchtige, falzige Theile.	treibet Harn, Griefs, Würmer, Monathszeit; reiniget das Geblüte; eröffnet.	Verftopfung der Miltz, Leber, Harngänge; Scharbock; Wafferfucht; kurzer Athem; Stein; Lähmung der Zunge; Grind und Schurf des Kopfes; Ausfüllen der Haare.

Siebende

No.	Name.	Kelch.	Blütbe.	Fäden.	Farbe.	Eyer-fach.	Griffel.	Spitze.	Saamge-häuse.	Saame.	Wurzel.
234.	Erdrauch. Fumaria. Fumaria officinalis. Linn.	2blätte-rig; fpi-rzig; klein; fällt ab. Blumen in Trauben mit einf fehr kleinen Blumen-blate un-ter jeder Blume.	Fahne ge-fpornet; ausge-fchnitten. Flügel bey-einander. Schnabel ohne Sporn. Röthlich.	a; breit; zuge-fpizt.	6; an je-dem Fa-den 3.	1; rund-lich; zufam-menge-drückt; zuge-fpizt.	1; kurz.	1; kreis-rund.	Schote; klein; 1zellig; aklap-pig; fällt bald ab.	rundlich; meiften-theilenur einer.	dünn, zart; ge-rad; hol-zig; za-ferig.
235.	Holewurz. Ariftolochia fabacea, ro-tunda vul-garis. Fumaria bulbofa. Linn.	—; 3fpal-tig; fehr klein; kaum fichtbar; gefärbt. Bl. in Traubé mit einé breiten Blumen-blate je-der Blu-me.	Fahne mit gekrümm-tem Sporn. Flügel bey-einander. Schnabel ohne Sporn. Röthlich. Weiß.	—1 —.	—; —.	—; läng-lich; zufam-menge-drückt; zuge-fpizt.	—; —.	—; —.	—; —; lanzen-fürmig.	viele; rundlich.	knollig; hohl oder ganz.
236.	Feigbohne. Lupinus albus. Linn.	2lippig. oben ganz. unten 3-zahnig. Bl. ähré-weife zu oberft des Stän-gels und der Ae-fte.	Fahne aus-gefchnitté; umgebo-gen. Flügel länglich. Schnabel unten ge-fpalten; oben ge-krümmet; ganz. Weißlich.	10;zu-fam-men-ge-wach-fen.	10; 5 rund-lich, 5 länglich.	—; wol-lig; pfrie-mig.	—; pfrie-mig; auf-wärts gebo-gen.	—; ftumpf.	—; 1zel-lig; 2-klappig; groß; leder-haft; zu-fammenge-drückt; rauch; haarig.	—; —; zufam-menge-drückt. eckig; auffen weiß, innen gelblich.	zaferig; hart; ge-theilet.

Ordnung.
vollkommener
unähnlichen
blume.

Blätter.	Blühzeit.	Ort.	Arzneymittel.	Eigenschaft.	Arzneykraft.	Gebrauch.
wechfelsweife; fchmal; tief eingefchnitten; weifs angelaufen.	Junius Julius.	Deutfchland. Aecker, Gärten, Weinberge. Ein Kraut.	Kraut; Saame; Conferv; Syrup; Effenz; Waffer; Extract.	ohne Geruch; milder, falziger, bitterlicher, unangenehmer Gefchmack; harzige, gummige, falzige Theile.	ftärket; reiniget das Blut; zertheilet; treibt Harn, Schweifs, eröffnet; purgiret.	Scharbock; Cachexie; Gliederreiffen; Krätze; Milzfucht; langwierige Krankheiten; Verftopfung der Milz, Leber; Wechfelfieber; Pocken; Ausfchlag.
2-3; wechfelsweife; 2mal 3 fpaltig mit gefpaltenen graugrünen Blättern.	März. April.	Europa. Deutfchland. Wälder, Zäune, fchattigte Orte. Ein Kraut.	Wurzel.	ohne fonderlichen Geruch; bitterlicher Gefchmack; gummige, harzige, falzige Theile.	reiniget das Blut; zertheilet; treibt Harn; Monathzeit; todteFrucht.	äufferlich zum Elafteren bey entblöften angegriffenen Knochen; zum Einfpritzen bey Fifteln. Innerlich in Kräuterweinen beym Scharbock; Cachexie; Waffer Gelb-Milzfucht; verhaltener Monathzeit; Austreibung der todten Frucht.
wechfelsweife; gefpalten; fingerartig, 7mal eingefchnitten; oben bläulich; unten weifs, wollig.	Junius. Julius.	Deutfchland. Gärten. Ein Kraut.	Saame.	ohne Geruch; bitterer, unangenehmer Gefchmack.	treibt Harn, Geburth, Würmer; eröffnet; erweichet.	Krätze; Würmer. Zu Breyumfchlägen.

U

No.	Name.	Kelch.	B.üthe.	Fäden.	Facbe.	Eyer-fack.	Griffel.	Spitze.	Snamge-hanfe.	Saame.	Wurzel.
237.	Phaseolen, Schminkbohne. Phaseolus. Phaseolus vulgaris. Linn.	2lippig. oben ausgeschnittf. 3spaltig. Blumen in Trauben oben am Stängel und in den Achfeln.	Fahne herzförmig. Flügel mit langen Nägeln.Schnabel fchnekenförmig gerollt. Weiß; roth.	10; zufamengewachfen; inner dem Schnabel fchnekenförmig gerollt.	10; einfach.	1; länglich; wollig.	1fchnekenförmig gerollt.	1; wollig.	Schote; 1zellig; 2klappig; lang;gerad; lederhaftig.	viel; nierenförmig.	zaferig.
238.	Pfriemenkraut. Genifter. Genifta. Genifta tinctoria. Linn.	—; —; 2zähnig. —— Blumen ährenweis zu oberft der Aefte.	Fahne zurückgebogen, abgefondert. Flügel länglich. Schnabel ausgefchnitten. Hellgelb.	—; 9 zufamengewachfen.	—; —.	—; —.	—; einfach; auffteigend.	—; eingeblüft.	—; —; aufgeblafen.	—.	hart; breitet fich fehr fehr aus.
239.	Süßholz. Liquiritia. Glycyrrhiza. Glycyrrhiza glabra. Linn.	2lippig; 3fpaltig; die mittlere gefpalten. einfach. Blumen in langen Achren.	— gerad; länger. Flügel länglich.Schnabel fpizig, faft 2blätterig.Leibfarbig; braunroth.	—; —; gerad.	—; —; rundlich.	—;kelchkürzer.	—; fädenlang; pfriemig.	—; ftumpf; auffteigend.	—; —; glatt; eyrund.	wenig; nierenförmig.	lang; dick; biegfam; auffen bräunlich; innen gelblich.
240.	Traganth. Tragacantha. Aftragalus Tragacantha. Linn.	5fpaltig; röhrig; ungleich; die unterften gradweifs kleiner.	Fahne aufrecht; am längften. Flügel kürzer. Schnabel ausgefchnitten. Weiß.	—; —; rundlich.	—; lang-rund.	—;pfriemig; auffteigend.	—; —.	—; —.	viele; nierenförmig.	holzig; lang; breit; afig.

Blätter.	Blühzeit.	Ort.	Arzneymittel.	Eigenschaft.	Arzneykraft.	Gebrauch.
wechselsweise; 3 bey einander; weich; klerig; faft herzförmig; fpitzig.	Sommer.	Deutfchland Gärten, Weinberge. Ein Kraut.	Saame.	meelig.	ernähret; macht die Haut fchön; ftopfet; verurfachet Blähungen.	Nierenentzündung.
wechfelsweife; lanzenförmig.	May. Junius.	Sandige Orte, Waldungen, Berge. Ein Kraut.	Kraut: Blühe; Saame; Salz.	ohne Geruch und Gefchmack.	treibt Harn; zerfchneidet; eröffnet; purgiret; macht Brechen; färbt gelb; reiniget das Blut.	Wafferfucht; Steinfchmerzen; Harnverhaltung; Verftopfung der Leber, Milz, Nieren.
wechfelsweife; gefiedert mit einem Endblat. Blätgen eyrund; fpitzig; kiebrich; an holzigen, runden Stängeln.	Junius. Julius.	Italien. Spanien. Deutfchland. Bamberg. Ein Kraut.	Wurzel; Extract; Effenz; Syrup; Kügelgen; Salbe.	honigartiger Geruch; fcharfer, widrigfüffer Gefchmack, harzige, meelige, fchleimige Theile.	verfüßet; mildert; löfet auf.	Bruft- Lungenzuftände; Stecken; Nierenzufälle; Harnbrennen; Gliederreiffen; Huften; langwierige Krankheiten; Gicht; Rothlauf; böfe Bruftwarzen.
wechfelsweife; gefiedert ohne Endblat; rauh; mit fcharf auslaufender Rippe; an rauhen Stängeln.	Sommer.	Frankreich. Italien. Ein baumartiger Dorn.	Gummi.	fchleimiger Gefchmack.	mildert die Schärfe; kühlet; ziehet zufammen; ftillt Schmerzen.	Huften; Heiferkeit; Catarrhe; hitzige, entzündete Augen; Seitenftechen; Harnbrennen; Tripper.

U 2

No.	Name.	Kelch.	Blüthe.	Fäden.	Farbe.	Eyer-stock.	Griffel.	Spitze.	Saamge-häuse.	Saamen.	Wurzel.
241.	Erbse. Pisum. Pisum fativum. Linn.	5fpaltig; zuge-fpitzt; un-gleich; bleibet. Bl 2 in den Ach-feln.	Fahne fehr breit, aus-gefchnit-ten. Flügel rundlich. Schnabel halb mond-förmig; kurz. Weiß; Leibfarb.	10; 9zu-famen-gewach-fen; ge-rad.	10; rundlich.	1; läng-lich; zu-fam-menge-drückt.	1; ze-ckig; auf-fiei-gend.	1; wol-lig.	Schote; 1zellig; aklap-pig; lang.	viele; eyrund.	klein; zaferig.
242.	Bohne. Faba. Vicia Faba. Linn.	--; röh-rig; auf-recht; fpitzig; faft gleich. Bl in Achfeln.	Fahne ey-rund, um-gebogen. Flügelläng-lich, klür-zer. Schna-bel am kür-zeften, un-ten 2fpal-tig. Weiß; innen mit 2 fchwar-zen Fle-cken.	Eine Safidrü-fe zwi-fchen den Fä-den und dem Ey-erftock.	--; -- 4fur-chig.	--; lang; fchmal; zofam-menge-drückt.	--; fa-denför-mig; kurz.	--; ftumpf, innen bartig.	--; ein-zellig; aklap-pig; le-derhaf-tig; zu-gefpitzt.	--; läng-lichrund; platt; gelblich.	dick; holtzig.
243.	Linfen. Lens. Ervum Lens. Linn.	--; blü-then-lang; faft gleich. Blumen meift 2 an ei-nê Stiel aus den Achfeln.	Fahne flach, eingebo-gen. Flü-gel ftumpf; kleiner. Schnabel fpitzig; am kleinften. Weiß.	--; --; auffteig-gend.	--; ein-fach.	--; ey-rund.	--; auf-fiei-gend.	--; --; ohne Bart.	--; ey-rund; faft 4fei-tig; vom Saamen aufge-trieben; umge-bogen.	2 bis 4; rundlich; platt.	zart; wenig zaferig; weiß.
244.	Erven. Pisum. Ervum. Ervum Ervilla. Linn.	--; --. Blumen meift 2 in Ach-feln.	. Purpurfar-big; weiß.	--; --; --.	--; --.	--; läng-lich.	--; --.	--; --.	--; lang-rund; ftumpf; vom Saa-men kno-tig.	4; rund-lich; fchwarz-braun.	zaferig.

Blätter.	Blühzeit.	Ort.	Arzneymittel.	Eigenschaft.	Arzneykraft.	Gebrauch.
wechfelsweife; gefiedert ohne Endblat; mit Gabeln. Blätgen länglich.	May. Junius.	Deutfchland. Gärten, Felder. Ein Kraut.	Saame.	meeliger Gefchmack.	verfüßet; macht Blähungen.	Scharbock; fcharfes, falziges Geblüte.
wechfelsweife; gefiedert; ohne Endblat und Gabeln; Blätgen breit; länglich; zufammengewickelt.	Junius. Julius.	Perfien, wild. Deutfchland. Gärten, Felder, gebauet. Ein Kraut.	Blumen; Schoten; Waffer; Saame; Afche; Salz; Meel.	ohne Geruch und Gefchmack; fchleimige, meelige, zähe Theile.	erweichet; treibt Harn; löfet auf; zertheilet; reiniget die Haut.	Blähungen; Grimmen; Drüfengefchwulft; Harnbrennen; Waſſerfucht; Griefs; Blafenftein; Sommerfproffen. Zur Schminke.
wechfelsweife; gefiedert; ohne Endblat, aber mit einer Gabel verfehen. Blätgen ganz.	Sommer.	Frankreich. Deutfchland. Felder, gebauet. Ein Kraut.	Saame.	meeliger, fchleimiger Gefchmack.	nähret; macht Blähungen; treibt aus; kühlet.	Pocken.
wechfelsweife; gefiedert mit einem Endblat. Blätgen ganz; an kriechenden Stängeln.	Junius. Julius.	Italien. Deutfchland in Gärten. Ein Kraut.	Saame; Meel.	ohne Geruch; unangenehmer, bitterlicher, meeliger Gefchmack.	erweichet; zeitiget; zertheilet; treibt Harn, Stein, Griefs.	Gefchwüre; Stein; Griefs; Rofe; Entzündung der Drüfen, Brüfte; Lungenzuftände.

Name.	Kelch.	Blüthe.	Fäden.	Fächer.	Eyerfach.	Griffel.	Spitze.	Saamgehäuse.	Saamen.	Wurzel.
Ziefern. Kichern. Cicer. Cicer arietinum. Linn.	5fpaltig; blüthenlang; ungleich. Bl. einzeln an einem gekrümten Stiele in den Achseln.	Fahne flach, eingebogen. Flügel ftumpf; kleiner. Schnabel fpitzig; am kleinften. Roth; Weiß.	10; 9zufamengewachfen; auffteigend.	10; einfach.	1; eyrund.	1; auffteigend.	1; ftumpf, ohne Bart.	Schote; faft 4eckig; aufgeblafen; kurz.	2; dick; an der Spitze gekrümt, an den Seiten knotig.	lang; dünn; weiß.
Geißraute. Galega. Galega officinalis. Linn.	—; röhrig; kurz; gleich. Bl in Aehren.	Fahne groß; umgebogt, Flügellänglich. Schnabel aufrecht, länglich. Blaßblau, weiß.	—; —.	—; klein; länglich.	—; länglich; wellenförmig.	—; dünn; auffteigend.	—; —; fehr klein.	—; fehr lang; zugefpitzt; knotig.	viele; länglich; nierenförmig.	fingersdick; holzig; zaferig; weiß.
Wiefenklee. Trifolium pratenfe. Trifolium repens. Linn.	—; —; bleibet. Bl. in Köpfen fchirmartig beyfammen.	Fahne umgebogen. Flügel kürzer. Schnabel am kürzeften. Purpurfarbig; mit weiße Flecken.	—; —.	—; einfach.	—; eyrund.	—; pfriemig; auffteigend.	—; einfach.	—; 1klappig; kurz; fällt ab.	wenige; meiftens 4; rundlich.	klein; zaferig; holzig; weiß.
Steinklee. Melote. Melilotus. Trifolium Melilotus officinalis. Linn.	—; —; kurz. Bl. in Traubcn.	Fahne umgebogen. Flügel kürzer. Schnabel am kürzeften. Weiß, gelb.	—; —.	—; —.	—; —.	—; —.	—; —.	—; runzlich; fpitzig.	2; rundlich.	weiß; biegfam.
Bockshorn. Fœnugræcum. Trigonella Fœnum græcum, Linn.	—; faft gleich; glockenförmig. Bl. einzeln.	Fahne umgebogt, offen. Flügel umgebogt. Schnabel fehr klein, ftumpf; in der Mitte der Blume. Weiß.	—; —.	—; —.	—; —.	—; —.	—; —.	—; länglich; zufammengedrückt; bedeckt; krumzugefpitzt, hornartig.	wenige; rundlich; eckig; hart; gelblich.	zart; holzig; vielfach.

Blätter.	Blühzeit.	Ort.	Arzneymittel.	Eigenschaft.	Arzneykraft.	Gebrauch.
wechselweise; gefiedert mit einem Endblat. Blätten klein; rauh; sägezähnig.	Junius. Julius.	Spanien. Welfchland. Deutfchland. Gärten. Ein Kraut.	Saame.	ohne fonderlichen Geruch; meeliger, fchleimiger Gefchmack; falzige, harzige, gummige Theile.	treibt Harn, Monathzeit, Nachgeburth, Stein.	Stein; Ausfchlag; Pocken; Mafern.
wechfelweife; gefiedert mit einem Endblate. Blätgen länglich; wie bey den Linfen.	, .	Spanien. Italien. Schweitz. Deutfchland in Gärten, an feuchten Orte u.Flüffe. Ein Kraut.	Kraut; Waffer; Conferv; Syrup.	fchleimiger, bitterlicher Gefchmack.	ftärket; treibt Schweifs, Gift, Würmer.	hitzige Krankheiten; Fieber; Blattern; Mafern; gifüge Biffe; Peft.
wechfelsweife; Blätgen 3 beyfammen; länglich; oder rund.	May. Junius.	Deutfchland. Felder, Wiefen. Ein Kraut.	Kraut; Blumen.	anziehender, bitterer Gefchmack.	ziehet zufamen; trocknet; eröffnet; verdünnet.	Weiffer Flufs; Wunden; Harnwinde; Harnbrennen. Zu Pflaftern in Gefchwulften und Entzündungen.
wechfelweife; Blätgen länglichrund; gekerbt; 3 bey einander; weifslich; an einem aufrechten, hohlen Stängel.	Sommer.	, . fteinigte Gegenden, Wege, Rafen, Aecker. Ein Kraut.	Kraut; Blumen; Waffer; Saame; Pflafter.	ftarker, angenehmer, füßlicher Geruch; fcharfer, bitterer, klebricher Gefchmack.	eröffnet; zertheilet; erweichet; ftillet Schmerzen; treibt Harn, Grief.	Entzündung der Aug; Gefchwülfte; Rothlauf; innerliche Gefchwüre; Griefzuftände; Grimmen; Colick.
wechfelweife; Blätgen länglich; gekerbt; 3 bey einander; an felwärtlichen, hohlen Stängeln.	May. Junius.	, . Gärten, Aecker.	Saame; Oel; Meel; Syrup.	füßlicher, widriger, ftarker Geroch; fcharfer, fchleimiger Gefchmack.	erweichet; zertheilet; ftillt Schmerzen; mildert die Schärfe; treibt Winde.	Augenzuftände; Gefchwüre; hartnäckige Gefchwülfte.

Nr.	Name.	Kelch.	Blüthe.	Fäden.	Fächer.	Eyerstock.	Griffel.	Spitze.	Saamgehäuse.	Saamen.	Wurzel.
250.	Hauhechel. Ochsenbrech. Ononis. Ononis arvensis. Linn.	5spaltig; fast gleich; glockenförmig. Blumen 2 beysachen.	Fahne herzförmlg.Flügel eyrund; kürzer. Schnabel fast flügellänger.Purpurroth.	10; ganz in eine Röhre zusammengewachsen.	10; einfach.	1; länglicht; wollig.	1; pfriemig; aufsteigend.	1; einfach; stumpf.	Schote; 1zellig; aklappig;wollig; aufgeblasen; fast zeckig.	wenige; nierenförmlg.	lang; holzig; zaserig; kriechet; weiß.

Achte

Pflanzen mit fünfblätterigen

Nr.	Name.	Kelch.	Blüthe.	Fäden.	Fächer.	Eyerstock.	Griffel.	Spitze.	Saamgehäuse.	Saamen.	Wurzel.
251.	Agley. Akeley. Aquilegia. Aquilegia vulgaris. Linn.	0. Bl. zu oberst der Saungel einzeln.	Blätter eyrund; eben gelagert. Saftgruben 5; blätterig; oben schief bocherförmig; unten gebürnet; zwischen den Blättern. Blau, weiß,roth, bunt.	viel; pfriemig; die auffern kürzer.	viel; länglich; aufrecht.	5; eyrund; länglich.	5; pfriemig; fidenlänger.	5; einfach; gerad.	Capseln 5; wellenförmig; 1klappig; gebürnet; gleichseitig; gerad; zugespitzt; mit 10 Schuppé unterschieden.	viel; eyrund; klein; schwarz; glänzend.	dick; zaserig; haarig.
252.	Schwarzer Kümmich. Nigella. Nigella sativa. Linn.	—. Bl oben an den Stängeln einzeln.	—; —; —; stumpf; Saftgruben 8; blätterig; züppig; kurz; inner der Blume. Weißlich blau.	—; —; kurz.	—; aufrecht.	—; rundlich.	—; sehr lang, umgebogen; bleiben.	—; seitwärts angewachsen.	—; —; rundlich; rauh; innwendig zusammengewachsen; zugespitzt; gebürnet.	—; eckig; runzelich; außen schwarz, innen weiß.	zaserig.

Blätter.	Blübzeit.	Ort.	Arzneymittel.	Eigenschaft.	Arzneykraft.	Gebrauch.
wechfelweife; Bürgen unten länglich; gezähnet; 3 bey einander; oben einfache; an einem ftacheligen Stängel.	Junius Julius.	Deutfchland. Wege, Rafen, Wiefen. Ein Kraut.	Wurzel; Kraut; Waffer; Salz.	ohne Geruch; fchleimiger, gelindfüziger Gefchmack.	treibt Harn, Monathszeit; löfet auf; zertheilet; verdünnet. Eine der 5 kleinern eröffnenden Wurzeln.	Fleifchbruch; Verhaltung des Harns; Sand; Stein; ungarifches Fieber; Wafferfucht; Verftopfung der Leber, Milz; Zahnfchmerzen.

Ordnung.

vollkommener
ähnlichen Blume.

Blätter.	Blübzeit.	Ort.	Arzneymittel.	Eigenfchaft.	Arzneykraft.	Gebrauch.
wechfelweife; 2 beyfammen; Bürgen lappig; rundlich eingefchnitten; beynabe wie an der Schwalbenwurz; doch kleiner; weifslichtgrün.	Sommer.	Deutfchland in Gärten. Ein Kraut.	Blumen; Waffer; Saame; Tinctur.	ohne Geruch; meeliger Gefchmack; falpeterartige, falzige, fchleimige Theile.	treibt Harn, Schweifs; verfüffet; kühlet; eröffnet.	Ausfchlag; Gelbfucht; Mafern; Pocken; Bräune; Rothlauf. Zu Gurgelwaffern wider die Bräune.
wechfelweife; gefiedert eingefchnitten; etwas rauh; Flofchnitte fchmal.	Junius. Julius. Auguft.	Aecker, Gärten. Ein Kraut.	Saame; Oel.	guter, angenehmer Geruch; fcharfer Gefchmack.	treibt Harn, Monathszeit, Würmer, Blähungen; eröffnet; verdünnet; macht Niefen.	Catarrhe; kaltes viertägiges Fieber; Wafferfcheu. Ift vielen verdächtig.

X

Name.	Kelch.	Blätte.	Fäden.	Fäche.	Eyerstock.	Griffel.	Spitze.	Saamenbehälter.	Saame.	Wurzel.
Schwarze Nießwurtzel. Chriſtwurtzel. Helleborus niger. Officin. & Linn.	0. Blumen oben an dem Stängel 1 oder 2.	Blätter; grofs; ſtumpfgebogen gelagert; bleiben. Saftgruben viele; blätterig; 2lippig; röhrig; kurz. Weiſsgrünlich; purpurfarbig eingefaſst.	viele; pfriemig; kurz.	viele; aufrecht.	5, mehrere; zuſammengedrückt.	5, mehrere; pfriemig.	5, mehrere; dick.	Capfeln 5; mehrere, wie ein Horn gekrümt.	viele; rundlich.	köpfig; zaferig; auſſen ſchwarz, innen weiſs.
Portulac. Burzelkraut. Portulaca. Portulaca oleracea. Linn.	2ſpaltig; klein; bleibet. Grasgrün. Bl. in Achfeln.	— ; aufrecht; ſtumpf; kelchgröfser. Bleichgelb.	— ; haarförmig; blüthenkürzer.	— ; einfach.	1; rundlich.	1; einfach; kurz.	— ; griffeltlang; länglich.	— ; eintheilig; eyrund; bedeckt.	— ; — ; klein; ſchwarz.	zart; glatt; glänzend; röthlich.
Winterrinde. Weiſser Zimmet Cortex Winteranus. Canella alba. Winterania Canella. Linn.	3ſpaltig; glockenförmig; rundlich; hohl; bleibet. Blumen in Trauben am Ende der Aeſte.	— ; länglich; keilförmiger. Weiſslich.	in einige Bölcher zuſammengewachfen.	16; ſchmal; unterſchiedé; auſſen an die becherfürmige Röhre angewachfen.	— ; eyrund; ober der Blithe; in der Röhre der Staubfäden.	- ; wolfenlür mig; länger als die Röhre der Staubfäden,	3; ſtumpf.	Beere; rundlich; 3tellig; in dem Kelche ſitzend.	2; in jeder Zelle; herzförmig.	holzig.
Weinſtock. Vitis. Vitis vinifera.	5ſpaltig; klein. Blumen in äſtigen Trauben.	— ; klein; oben eingebogen; fallen ab. Grüngelb.	5; pfriemig; fallen ab.	5; einfach.	— ; eyrund; ober der Blume.	0.	1; ſtumpf.	— ; eintellig; rundlich; grofs.	5; knöchern; birnförmig.	— ; •

163

Blätter.	Blühzeit.	Ort.	Arzneymittel.	Eigenschaft.	Arzneykraft.	Gebrauch.
wechselsweise; gefingert; Blätgen 7; glatt; gezackt; dick; bleiben; an runden, saftigen, rothgedippelten oben gespaltenen Stängeln.	December bis März.	Deutschland. Oesterreich. Schweitz. Ein Kraut.	Wurzel; Extract; Tinctur.	eckelhafter Geruch; bitterer, scharfer, eckelhafterGeschmack; flüchtige,scharfe, salzige Theile.	treibt Monathszeit; löset auf; zertheilet; öffnet; purgiret stark; verdünnet.	Raserey; Bleichsucht; Miltzkrankheit; monathliche Reinigung; Verstopfung der Miltz und Pfortader; Aussatz; Krätze; Podagra.
gegeneinander; länglichrund; keilförmig; dick; fleischig; an röthlichen Stängeln; mit kleinern Blättern in den Achseln.	Junius bis Herbst.	Gärten. Ein Kraut.	Kraut; Saame; Conserv; Syrup.	öliger, säuerlicher Geschmack; milchige, salpeterartige Theile.	kühlet; lindert; mildert; stärket; löset auf; treibt Harn. Einer der 4 kleinern kühlenden Saamen.	Eckel; Scharbock; Harnbrennen; hitzige Abzehrung.
wechselsweise; keilförmig; länglich; abgerundet; blaßgrün; glänzend.		America. Ein Baum.	Rinde.	scharfer, gewürzhafter Geschmack; angenehmer, starker Geruch; flüchtig salzige, ölige Theile.	trocknet; hizet; zertheilet Schleim; Blähungen; stärket; stillet Brechen.	Verstopfungen der Leber; Miltz; Blähungen; kalter Scharbock; Lähmung; Brechen; verdorbene Säfte; Bleich- und Wassersucht; Fieber.
wechselsweise; lappig; eingeschnitten; an gewundenen Ranken und Reben.	Frühling.	Deutschland. Weinberge, Gärten. Eine baumartige Staude.	Blätter; Thränen; Beere (passulae); Syrup vom Saft der unreifen Trauben (agreste); Geist; Eßig.	säuerlicher Geschmack.	äusserlich kühlet, reiniget; macht schläfrig; laxiret; erwärmet.	Entzündung der Augen; Flechte; Husten; Harnbrennen; Colick.

X 2

No.	Name.	Kelch.	B.übe.	Fäden.	Fäche.	Eyer-fach.	Griffel.	Spitze.	Saamge-häuse.	Saame.	Wurzel.
257.	Epheu. Hedera arborea. Hedera Helix. Linn.	5fpaltig; klein; Umfchlag vielzähnig; fehr klein; Bl. fchirmartig.	Blätter; länglichs, ausgebreitet; oben eingebogen. Grüngelb.	5; blütenlang; pfriemig.	5; unten afpaltig.	1; hornförmig; mit dem Kelch umgeben.	5; einfach; fehr kurz.	1; einfach.	Beere; 1zellig; kugelrund; fchwarz.	5; groß; buckelig; eckig.	dicht; beugfam; aftig; hart; fchwarz.
258.	Gerber-Färberbaum. Sumach. Rhus Coriaria. Linn.	—; aufrecht; bleibet. Blumen in bufchigten Trauben.	—; eyrund; faft aufrecht; offen. Schönroth.	—; fehr kurz.	—; klein; blüthenkürzer.	1; rundlich; ober der Blume.	1; krum fichtbar.	3; klein; herzfürmig.	—; —; rundlich; roth.	1; beinorn; rundlich.	holzig.
259.	Tamarisken. Tamarifcus. Tamarix 1: gallica, 2: germanica. Linn.	—; —; doppelt blüthenkürzer; bleibet. Blumen in Trauben.	—; —; ftumpf; offen; ausgehöhlet. Röthlich.	1: 5; 2: 10; haarförmig.	1: 5; 2: 10; rundlich.	—; zufammen; über der Blume.	—.	—; federig,umgebogen.	Capfel; 1zellig; 3k:appig; 3eckig; zugefpizt.	viel; wollig; klein.	braunlichroth; beindick; mit einer dicken, bittern Schaale.
260.	Sonnenthau. Ros folis. Rorella. Droftera rotundifolia. Linn.	—; —; fpizig; bleibet. Blumen in Aehren.	—; ftumpf; rundlich, kelchgrößer; trichterfürmig. Weißlich.	—; pfriemig; kelchlang.	—; klein.	—; rundlich; ober der Blume.	5; einfach; fidenlang.	5; einfach.	—; —; oben 5klappig; fpringt auf.	—; klein; eyrundlich.	zaferig; zart.
261.	Rothe Johannisbeer. Ribes rubrum, offic. & Linn.	—; bauchig; gefärbet; umgebogen; bleibet. Blumen in hängenden Trauben.	—; klein; am Rande des Kelchs. Gelbgrün.	—; aufrecht; pfriemig; an dem Kelche angewachfen.	—; liegen auf.	—; —; unter dem Kelch.	1; 2. fpaltig.	2; ftumpf.	Beere; 1zellig; nabelich, oder pußig; kugelrund; roth.	—; rundlich; etwas zufamengedrückt.	holzig.

Blätter.	Blühzeit.	Ort.	Arzneymittel.	Eigenschaft.	Arzneykraft.	Gebrauch.
wechfelsweife; an alten eyrund; an jungen lappig; immer grün; an fich windenden Ranken.	September.	Deutfchland. Mauren, Felfen, Bäume, Waldungen, Felder, Gärté. Eine Staude, die fich überall mit kleinen Wurzein anhängt.	Blätter; Beere; Holz; Harz.	ftarker, anziehender, fcharfer Gefchmack.	purgiret unter und über fich, insbefondere die Beeren.	Blätter zur Ausrechnung der Kinder, Aû. phyf. med. vol. 1. Innerlich vielen verdächtig. Aeufferlich, Krätze; alte Schäden; Gefchwüre; finniges Geficht. Zu Fontanellen.
wechfelsweife; gefiedert mit einem Endblat. Blätgen eyrund; gezähnt; unten rauh.	May, Junius.	Frankreich. Italien. Deutfchland in Gärten. Ein Baum.	Blüthe; Same.	fehr ftarker, herber Gefchmack.	kühlet; ziehet zufammen; färbt fchwarz.	Durchfall; Blutfturz.
wechfelsweife; klein; fchmal; immer grün; fchuppenweife; wie in der Heide, oder Cypreffen.	. .	1: Frankreich, Spanien. Italien. 2: Donau, Lech, Rhein etc. Eine Staude.	Wurzelrinde; Holz; Blätter.	herber Gefchmack.	ziehet zufammen; eröffnet.	Milz - Gefbfucht; weiffer Fluß; Melancholie; Krätze.
Wurzelblätter kreisrund; ausgehöhlet, wie ein Ohrenlöffel; blafsgrün, nebft der ganzen Pflanzen mit rothen, hohlen Bürftgen befetzt.	May. Junius. Julius.	Europa. Deutfchland. An feuchten, fumpfigen Orten zwifchen dem Moofe. Ein Kraut.	Kraut.	fcharfer, hitziger Gefchmack; ölige, harzige Theile.	erhitzt; ziehet an; ätzet; verdünnet; löfet auf.	Bruftzuftände. Soll den Schafen fehr fchädlich feyn, daher auch einige deffen Gebrauch überhaupt wiederrathen.
wechfelsweife; zerfpalten; faft wie Weinblätter; ausgezackt; an holzigen Stängeln.	April.	Deutfchland. Gärten, Weinberge. Eine Staude.	Beere; Kraut; Syrup; Roob.	angenehmer, fäuerlicher Gefchmack.	kühlet; treibet; ziehet zufammen.	Hitzige Fieber; Durft; Hitze; Bräune; fchlimmer Hals; Gallenkrankbeiten.

X 3

No.	Name.	Kelch.	Blüthe.	Fäden.	Farbe.	Eyer-fack.	Griffel.	Spitze.	Saamge-häufer.	Saame.	Wurzel.
262.	Schwarze Johannisbeer. Ribes nigrum. Linn.	5fpaltig; länglich; gefärbet; umgebogen; bleibet. Bl. in rauhen Trauben.	Blätter; aufrecht; ftumpf; klein; am Rande des Kelchs. Gelbgrün.	5; aufrecht; pfriemig; an dem Kelche angewachfen.	5; liegen auf.	1; rundlich; unter dem Kelch.	1; 2-fpaltig.	2; ftumpf.	Beere; 1zellig; nabelich, oder pulzig; kugelrund; fchwarz.	viel; rundlich; etwas zufammengedrückt.	holzig.
263.	Seifenkraut. Saponaria. Saponaria officinalis. Linn.	—; —; röhrig; bleibet. Bl. einzeln in den oberften Achfeln.	—; offen; enge, winkl. kelchlange Nägel. Blaßpurpurfarbig.	10;pfriemig; kelchlang.	10; längl.; ftumpf liegen auf.	—; langrund; ober der Blume.	2; aufrecht; fädenlang.	—; fcharf.	Capfel; 1zellig; wellenförmig; bedeckt.	—; klein; rund; roth.	lang; dünn; knotig; zaferig; röthlich; kriecht et fchief.
264.	Nägelein. Troftblume. Tunica. Dianthus Caryophyllus. Linn.	—; wellenförmig; lang; unten 4 Schuppé; bleibet. Bl. zu oberft des Stängels.	—; ftumpf; gezackt; offen. Nägel, fchmal; kelchlang. Vielfarbig.	—.	—; —; zufammengedrükt; liegen auf.	—; eyrund; ober der Blume.	—;pfriemig;fädenlänger.	—; umgebogen.	Capfel; 1zellig; wellenförmig; bedeckt; fpringt oben vierfach auf.	—; rundlich; zufammengedrückt	zaferig.
265.	Weißer Steinbrech. Saxifragia alba. Saxifraga granulata. Linn.	—; kurz; fcharf; bleibet. Bl. zu oberft des Stängels.	—; offen; unten eng; kelchlänger. Weiß.	—; —.	—; rundlich.	—; eyrundlich; zugefpizt; ober der Blume.	—; kurz.	—; ftumpf.	—; —; 2fchnäbelich; eyrundlich.	—; klein.	kleine Knollen, die an Fafern zufammenhängen; zaferig; röthlich.
266.	Mauerpfeffer. Kleine Hauswurz. Sedum minus. Vermicularis. Sedum acre. Linn.	—; fcharf; aufrecht; bleibet. Bl. zu oberft der Aeftlein in den Achfeln.	—; lanzenförmig; zugefpizt; flach; offen. Safigruben 5. Gelb.	—; —; blüthenlang.	—; —.	5; länglich; ober der Blume.	5; fchwach.	5; ftumpf.	Capfeln 5; zugefpizt; aufrecht; offen; nach unten zu ausgefchnitt.	—; —.	zaferig.

Blätter.	Blühzeit.	Ort.	Arzneymittel.	Eigenschaft.	Arzneykraft.	Gebrauch.
wechselsweise; zerspalten; fast wie Weinblätter; ausgezackt; an holtzigen Stängeln.	April.	Deutschland in Gärten, auch hin und wieder wild. Eine Staude.	Blätter; Beere.	starker, aber widerlicher Geruch und Geschmack, zumal an den Blättern.	stärket; treibt Schweiß und Urin.	Blätter sowohl äusserlich frisch aufgelegt, als innerlich deren frischer Saft oder auch das Pulver und Decoct in der Wasserscheu und Raserey vom Biß giftiger oder rasender Thiere. Beere im Stein; Gliederkrankheit.
gegeneinander; eyrund; lanzenförmig; breit; aderig; an schlanken, runden, knotigen Stängeln.	Sommer.	feuchte Orte, Bäche. Ein Kraut.	Wurtzel; Kraut; Saame.	schleimiger Geschmack; gummige, harzige Theile.	eröffnet; verdünnet; treibt Schweiß, Harn, Monathszeit; löset stark auf; verbessert die Säfte, reiniget.	Fallende Sucht; langwierige Krankheiten; Verstopfungen; venerische Zufälle; Krätze; harte Geschwulst; Fingerwurm. Fette Kleiderflecken.
gegeneinander; hart; dick; lang; schmal.	May. Junius.	in Gärten. Ein Kraut.	Blüthe; Conserv; Syrup; Wasser; Essig; Saame.	angenehm, gewürzhaft.	stärket Haupt, Herz; treibet Schweiß.	Pest; Ausschlag; Fieber.
Wurtzel u. wechselsweise Stängel blätter; rundlich; gezähnet; wie am Gamanderlein; raub; nach oben zu lanzenförmig.	April. May.	Wiesen, Hügel, sandige Orte. Ein Kraut.	Wurtzel; Kraut; Blume; Saame; Wasser.	scharfer, bitterlicher, schleimiger Geschmack.	treibet Harn, Sand, Grieß; verdünnet.	Stein; Sand; Grieß; Brustzustände.
wechselsweise; eyrund; angewachsen; buckelich; aufrecht; unten rosenartig; an schwachen Stängeln.	Junius. Julius.	Europa. Deutschland. Berge, Dächer, Mauren. Ein Kraut.	Kraut; Wasser.	brennendscharfer Geschmack.	ätzet; treibt Harn, macht Brechen.	Scharbock; viertägiges Fieber; Wassersucht; Kröpfe zu Bädern und Umschlägen.

Nam.	Kelch.	Blüthe.	Fäden.	Fache.	Eyerfach.	Griffel.	Spitze.	Saamenbehält.	Saame.	Wurzel.
Knabenkraut. Fette Henne. Telephium. Crassula. Sedum Telephium. Linn.	5spaltig; scharf; aufrecht; bleibet. Blumen zu oberst der Stängel in Büschen; mit untermischten Blättern.	Blätter; lanzenförmig; zugespitzt; flach; offen. Blafsgelb. Weifs. Purpurfarb.	10; pfriemig; blüthenlang.	10; rundlich.	5; länglich; o-ber der Blume.	5; schwach	5; stumpf.	Capseln 5; zugespitzt; aufrecht; offen; nach unten zu ausgeschnitten.	viele; klein.	knollig; knospig; hängen aneinander.
Lindenbaum. Tilia. Tilia europaea. Linn.	-; gefärbet; ausgehöhlet; fällt ab. Bl. in einem kleinenBüschel mit einem Afterblat.	—; stumpf; länglich; oben ausgezackt. Weifs.	—; —	viele; einfach.	1; rundlich; ober der Blume.	1; fadenförmig; fädenlang.	1; stumpf; 5eckig.	Capsel; 5zellig; 5klappig; kugelrund; springt unten auf.	1 insgemein in jeder Zelle.	holzig.
Pomeranzenbaum. Aurantium. Citrus Aurantium. Linn.	—; klein; offen; verwelket.	-; länglich; flach; offen.	viele; aufrecht; im Kreise; pfriemig; öfters zusammengewachsen.	—;	länglich.	—;	—; walzenförmig.	9zellig; kugelrund.	Beere; 9zellig; fleischige Rinde; rundlich; bittersüfs.	2 in jeder Zelle; eyrund.	
Citronenbaum. Citrus. Citrus Medica.	—; —.	—; —.	—; —.	—; —.	—; —.	—; —.	—; —.	länglich; innen markigt; sauerlicht.	—; —.	
Limonien. Limonium. Citrus Medica. Linn.	—; —.	—; —.	—; —.	—; —.	—; —.	—; —.	—; —.	mehrer als 270.		

Blätter.	Blühzeit.	Ort.	Arzneymittel.	Eigenschaft.	Arzneykraft.	Gebrauch.
wechfelsweife; flach; offen; gefüget; dick; fleischig; an geraden Stängeln.	Junius. Julius.	Europa. Deutfchland. Steinige, trockene Orte. Ein Kraut.	Wurzel; Blätter; Blume.	milder, fäuerlicher, klebrigerGefchmack.	kühlet; ziehet zufammen; verfüffet.	Fingerwurm; Krampfader; guldene Ader; Verblutungen; Hitze; Schärfe; Entzündungen.
wechfelsweife; eyrund oder herzförmig; gezackt.	Julius.	Deutfchland überall. Ein Baum.	Kohle; innere Rinde; Blumen; Conferv; Waffer; Geift.	guter, angenehmer Geruch; fchleimige Theile.	ftillt Schmerzen; macht fchlapp; zertheilet; ftärket das Haupt.	Schwinde'; fallendeSucht; Krampf; Schlag; Gicht.
wechfelsweife; länglich; gezadert; mit einem herzförmigen Anhange.	Sommer.	Indien, Africa, Italien. Deutfchland in Gärten. Ein Baum.	Rinde; Fleifch; Effenz; Waffer; Geift; Oel; Conferv; Syrup; Saft; Saame.	ftarker, angenehmer Geruch; fäuerlicher, bitterlicher Gefchmack.	ftärket Herz, Magen; Nerven; treibt Winde; löfet auf.	Durft; Scharbock; Heiferkeit; Stein; hitzige Fieber; Blähungen; Magenfchmerzen; Fäulniß.
wechfelsweife; länglich; gezadert; ohne herzförmigen Anhang.	" "	Italien. Deutfchland in Gärten. Ein Baum.	wie No. 270.	fäuerlicher Gefchmack; feifenartige, ölige Theile.	ftärket Herz, Magen; treibt Harn, Winde; kühlet; löfet auf.	wie No. 270.
" "	" "	"	Blume; Conferv; Waffer; Geift; Oel; Effenz.	wie No. 270.	ftärket; treibt Würme, Harn.	Milz-Gelbfucht; Harnfchmerzen; Scharbock.

Y

No.	Name.	Kelch.	Blume.	Fäden.	Fache.	Eyer-fach.	Griffel.	Spitze.	Saamge-häufe.	Saame.	Wurzel.
272.	Johannis-kraut. Hyperi-cum. Hypericum perforatum. Linn.	5spaltig; eyrundl. ausge-höhlet; bleibet. Bl. oben am Stän-gel in Büschen.	Blätter; länglich-rund; stumpf; offen. Gelb. Gequetscht. geben ei-nen bluth-rothen Saft.	viele; haarför-mig; 3-fach ab-gethei-let.	viele; klein.	1; rund-lich; ober der Blume.	3; ein-fach; fäden-lang.	3; ein-fach.	Capseln 3zellig.	viele; länglich.	zaserig.
273.	Myrten-baum. Myrtus. Myrtus communis.	-; auf-recht; spitzig; bleibet. Bl. ein-zeln in Achseln.	-; ganz; grofs; ev-rund; am Kelcle. Weifs.	-; -; kelch-lang; am Kel-che.	-; -.	-; -; unter dem Kelche.	1; fa-denför-mig.	1; stumpf.	Beere; 3zellig; eyrund; kelchna-belich.	1; nie-renför-mig; in jeder Zelle.	holzig.
274.	Granat-baum. Granatus. Punica Gra-natum. Linn.	5, 6spal-tig; glo-ckenför-mig; ge-färbet; bleibet. Bl. ein-zeln an den Sei-ten.	-; 5, 6; rundlich; aufrecht; offen; am Kelche. Scharlach-roth.	-; -; kelch-kürzer.	-; rund-lich.	-;-;-.	-; ein-fach; blü-then-lang.	-; mit einem Kopfe.	Apfel; 9zellig; kelchge-krönet; grofs; roth.	viele; rundlich; saftig; roth.	-. .
275.	Wilder Sperber-baum, wil-de Arlefs-beere. Aria Theo-phrasti. Cratægus Aria. Linn.	-; offen; bleibet. Blumen in Bü-schen.	-; rund-lich; offen; sitzen am Kelche. Weifs.	-; pfrie-mig; am Kelche.	-; -.	-;-;-.	-; fa-denför-mig; auf-recht.	2; mit Köpfen.	Beere; rundlich; fleischig; nabelich; braun-roth.	2; läng-lich; knorpe-lig.	-. .
276.	Arlefsbeere. Sorbus tor-minalis. Cratægus torminalis. Linn.	-; -. Bl. in schirm-ardgen Büschen.	-;-;-; -.	---	-;-;	-;-;-.	-;-;-.	-;-.	-; -; braun.	-; -; -.	-. .

Blätter.	Blühzeit.	Ort.	Arzneymittel.	Eigenschaft.	Arzneykraft.	Gebrauch.
gegenüber; länglich; äderig; zart; gegen das Licht gehalten voll kleiner Löcher.	Junius. Julius.	Deutschland. Hecken, Gebüsche, Berge, Wege. Ein Kraut.	Kraut; Blume; Saame; Tinctur; Oel; Essenz; Syrup.	trockner, gewürzhafter, zusammenziehender Geschmack.	zertheilet; reiniget; eröffnet; heilet Wunden; treibet Harn, Monathszeit, Würmer.	Blutspeyen; 3, 4tägige Fieber; Raserey; Milzsucht; Nierenzuständer; Wunden; Quetschungen.
gegeneinander; schmal; spitzig; lang; glatt; immer grün; riechen gut.	August.	Italien. Deutschland in Gärten. Ein Baum.	Blätter; Beere; Oel; Syrup.	angenehmer Geruch; bitterer Geschmack.	erwärmet; stärket; ziehet zusammen; kühlet.	Bauchflüsse; Durchfall; Ruhr; Scharbock; Mundfäule; Brustflüsse; weisser Fluß.
gegeneinander; länglich; dick; glänzend; an rothen Stängeln.	Junius. Julius.	Spanien. Italien. Deutschland in Gärten. Ein Baum.	Blumen; Rinde; Saame; Syrup.	zuversichtlicher, gelind zusammenziehender Geschmack.	ziehet an; erquicket; kühlet; treibet Harn, Würmer; stärket Nerven; reiniget.	Kopfschmerzen; Entzündungsfieber; Ruhr; Blutflüsse; Wackeln der Zähne; Mund-Halsgeschwüre.
wechselsweise; eyrund; ungleich gesäget; unten weißgrau.	May. Junius.	Engelland. Deutschland auf hohen Bergen, auch in Gärten. Ein Baum.	Beere.	meelich.	ziehet zusammen; kühlet; macht Blähungen.	Blutflüsse; Durchfall; Stein.
wechselsweise; fast herzförmig; 7eckig; spitzig; sägezähnig.	, ,	Deutschland in Wäldern. Ein Baum.	Beere.	süßlich, meelich, etwas anziehender Geschmack.	ziehet zusammen; kühlet; hält an.	wie No. 275.

Name.	Kelch.	Blüthe.	Fäden.	Farbe.	Eyerstock.	Griffel.	Spitze.	Saamengehäuse.	Saame.	Wurzel.
Vogelbeerbaum. Sorbus aucuparia. Offic. & Linn.	5spaltig; offen; bleibet. Blumen in schirmartigen Büschen.	Blätter rundl; offen; sizen am Kelche. Weiſs.	viele; pfriemig; am Kelche.	viele; rundlich.	1; rundlich; unter dem Kelche.	3; fadenförmig; aufrecht.	3; mit Köpfen.	Beere; kugelrund; nabelich; roth.	3; länglich; knorpelig.	holzig.
Mispelbaum. Mespilus. Mespilus germanica. Linn.	—; offen; ausgehöhlet; bleibet. Blumen einzeln faſt ohne Stiele.	—; rundlichausgehöhlet; am Kelche Weiſs.	—; —.	—; einfach.	—; —.	5; einfach; aufrecht.	5; mit Köpfen.	—; eyrund; nabelich; vomKelche zugeschlossen; braungrün.	5; buckelich; beinern.	♂ ♀
Quittenbaum. Cydonia. Pyrus Cydonia. Linn.	—; —; Blumen einzeln.	—; —; groſs. Blaſspurpurbig.	—; —.	—; —.	—; —.	—; fadenförmig; fleischlang.	—; einfach.	Apfel; innwendig 5zellig; fleischig; wollig; nabelich.	einige; länglich; klebrich.	♂ ♀
Apfelbaum. Malus. Pyrus Malus.	—; —; Blumen faſt schirmförmig.	—; —. Leibfarb. Weiſs.	—; —.	—; —.	5; —.	—; —.	—; —.	—; —; glatt; nabelich.	—; —; unten spirzig; glatt.	♂ ♀
Mandelbaum. Amygdalus amara & dulcis. Amygdalus communis. Linn.	—; röhrig; offen; stumpf; fällt ab. Blumen 2 beysamen sitzend an der Seite der Aeste.	—; länglich; stumpf; eyrund; am Kelche angewachsen. Fleischfarbig.	—; aufrecht; fadenförmig; blüthenkürzer; am Kelche angewachsen.	viele; einfach.	—; —; wollig; ober der Blume.	1; einfach, fadenlang.	1; mit einem Kopfe.	Steinfrucht; wollig; groſs; mit einer Furche in die Länge; trocken.	Nuſs; eyrund; scharf; zusammengedrückt; netzartig gefurchet; löcherig gedippelt.	♂ ♀

Blätter.	Blühzeit.	Ort.	Arzneymittel.	Eigenschaft.	Arzneykraft.	Gebrauch.
wechfelsweife; gefiedert mit einem Endblat; Blätger gegeneinander; länglich gekerbt; weich.	May.	Deutfchland. Bergige Orte, Wälder, Hecken. Ein Baum.	Beere; Roob; Schwamm.	füßlicher, milder, meeliger, anziehender Gefchmack.	ziehet zufammen; kühlet; hält an.	Guldene Ader; Durchfall; Grieß; Blutflüße.
wechfelsweife; lanzenförmig; ganz; unten rauch.	' .	in Gärten. Ein Baum.	Frucht; Saame.	angenehmer, füßerlicher, herber Gefchmack.	ziehet zufammen; kühlet; treibet Harn; erquicket; ftärket; nähret.	Durchfall; Bauchflüße; Ruhr, guldene Ader; Vorfälle; Stein; Grieß.
wechfelsweife; eyförmig; ganz; unten weißlich, wollig.	' .	Gärten, Weinberge. Ein Baum.	Frucht; Saame; Roob; Syrup; Saft; Geift; Oel; Tinctur; Schleim.	guter Geruch; herber, fauerer Gefchmack.	ftärket Magen, Herz; erquicket; ziehet zufammen; mildert; kühlet.	Fekel; Brechen; Durchfall; Mißfall; Ergötzlindung der Augen, Schlundes, Mundes; Magenfchwachheiten; Schwämme der Kinder; äufferliche Schrunden.
—; —; fägezähnig; glatt.	' .	' .	Frucht; Saft; befonders von der Gattung, fo man Borsdorfer nennet.	angenehmer Geruch; fäuerlichfüßer Gefchmack.	kühlet; ftärket; laxirt gelinde.	Verftopfung; Hypochondrie; Melancholie. Faule Aepfel zum Umfchlag in Augenentzündungen; Seitenftechen; Gefchwüren. Brand.
wechfelsweife; länglich; fpitzig; eingekerbt.	Frühling.	Spanien. Deutfchland in Gärten. Ein Baum.	Kern; Oel.	füßer, oder bitterer, öliger Gefchmack; öllge, fchleimige Theile.	Süß: ernähret; fchlägt nieder; macht fchlapp. Bitter: erwärmet; treibet Harn; verfüßet; kühlet.	Süß: Schmerzen; Fieber; Huften; Lungenzuftände; Seitenftechen; Sand; Grieß. Bitter: Colic; Würmer; Taubheit; fchöne Haut.

Y 3

Name.	Kelch.	Blüthe.	Fäden.	Farbe.	Eyerstock.	Griffel.	Spitze.	Saamgehäuse.	Saame.	Wurzel.
Pfirschbaum. Persica. Amygdalus Persica. Linn.	5spaltig; röhrig; offen;stumpf; fällt ab. Bl. einzeln sitzend an den Seiten.	Blätter; länglich; stumpf; eyrund am Kelche angewachsen. Fleischfarbig.	viele; aufrecht; fadenförmig; blüthenkürzer; am Kelche angewachsen.	viele; einfach.	1; rundlich; wollig; ober der Blume.	1; einfach, fadenlang.	1; mit einem Kopfe.	Steinfrucht; wollig; weich; beerartig.	Nuß; eyrund; scharf; zusammengedrückt; nectartig gefurchet; löcherig gedippelt.	holzig.
Pflaumenbaum. Prunus. Prunus domestica. Linn.	—; glockenförmig; fällt ab. Bl. 1. auch 2 an Stielen an den Seiten.	—; rundlich; groß; offen; am Kelche. Weiß.	—; pfriemig; am Kelche.	—; kurz; zwillig.	—; rundlich.	—; fadenförmig; fadenlang.	—;rundlich.	—; eyrundlich; oder kugelrund. Blau.	—; länglich; zusammengedrückt; auf beyden Seite scharf.	• •
Schlebendorn. Acacia. Prunus sylvestris. Linn.	—; —. Bl. einzeln an Stielen an den Seiten der Aeste.	—; —.	—; —.	—; —.	—; —.	—; —.	—; —.	blauschwarz.	—; —.	• •
Kirschenbaum. Cerasus. Prunus Cerasus. Linn.	—; —. Bl. mehrere schirmartig beysammen an Stielen an den Seiten.	—; —.	—; —.	—; —.	—; —.	—; —.	—; —.	—; rundlich; auf einerSeite gefurcht; roth; schwarz.	—; rundlich; auf einerSeite erhaben.	• •
Odermennig. Agrimonia. Agrimonia Eupatoria.	—; spitzig; klein; bleibet. Bl. in Aehren am Ende der Stängel.	—; sternartig; bleibet.	—; haarartig; am Kelche. Gelb.	—; klein; zusammengedrükt.	2; umBoden des Kelchs unter den Blumenblättern.	2; einfach; fadenlang.	2; stumpf.	o. Kelch verhärtet; stachelich.	1; rundlich; rauh.	faserig.

Blätter.	Blühzeit.	Ort.	Arzneymittel.	Eigenschaft.	Arzneykraft.	Gebrauch.
wechselsweise; länglich; spitzig; eingekerbt.	May.	Persien. Deutschland in Gärten. Ein Baum.	Blume; Syrup; Korn; Waſſer.	weinſäuerlicher, bitterlicher Geſchmack.	wie No. 282.	wie No. 282. Kopfſchmerzen; Waſſerſucht; Würmer.
wechselsweiſe; lanzenförmig; eyrund; ohne Stacheln.	April.	Deutschland in Gärten. Ein Baum.	Frucht.	ſäuerlicher Geſchmack.	kühlet; eröffnet; feuchtet an; purgirt.	Verſtopfungen.
wechselsweiſe; wie Pflaumenblätter; kleiner, härter, mit Stacheln.		Wege, Hecken, Zäune. Ein Baum.	Rinde; Blumen; Beere; Syrup; Waſſer; Saft.	ſäuerlicher, anziehender Geſchmack.	ziehet zuſammen; laxiret; reinigt das Geblüte; kühlet.	Durchfall; Bauchflüſſe; Scharbock; Krätze; Grind; Heiſcherkeit; Nierenkrankheiten; Seitenſtechen; Engbrüſtigkeit.
wechselsweiſe; lanzenförmig; eyrund; ohne Stacheln.		in Gärten. Ein Baum.	Frucht; Roob, Kern; Gummi; Syrup; Waſſer; Geiſt.	ſäuerlicher Geſchmack; ſeifenhaftige, ſalpeterartige Theile.	kühlet; löſet auf; erquicket; treibet Harn; lindert; ſtillet Schmerzen, Krampf; ſtärket Nerven.	Anhaltende Fieber; hitzige, langwierige Krankheiten; Schlag; Fraiß.
wechselsweiſe; gefiedert mit einem Endblat und kleinern Zwiſchenblätzen; haarig; rauh.	Junius. Julius.	Wege, Zäune, Hecken, Mauren, Wieſen, Wälder. Ein Kraut.	Kraut; Waſſer; Syrup; Extract, Conſerv.	angenehmer Geruch; ſcharfer, zuſammenziehender Geſchmack; flüchtige, weſentlich ſalzige, ölige Theile.	ziehet zuſammen; ſtärket; heilet; reinigt; treibet Schweiß; löſet gelind auf.	Stein; Verſtopfung der Eingeweide; monathliche Reinigung; guldene Ader; Magen-Nieren-Leber-Lungengeſchwülre; langwierige Krankheiten; Gelb-Waſſerſucht; Harnwinde; Wunden.

No.	Name.	Kelch.	Blüthe.	Fäden.	Farbe.	Eyerstock.	Griffel.	Spitze.	Saamenbehälter.	Saame.	Wurzel.
237.	Geisbart. Barba capræ. Ulmaria. Spiræa Ulmaria. Linn.	5spaltig; unten flach; bleibet. Blumen fast schirmförmig.	Blätter; länglich-rund; am Kelche. Weiß.	viele; fadenförmig; am Kelche.	viele; rundlich.	5 oder mehrere; o-ber der Blume.	5 oder mehrere; fadenförmig.	5 oder mehrere; mit Köpfen.	Capseln 5 oder viele; 2-klappig; zugespitzt; zusammengedrückt.	wenige; klein.	faserig; knopperig; außen schwarz, innen roth.
288.	Rother Steinbrech. Saxifraga rubra. Filipendula/ Spiræa Filipendula Linn.	—; →. Weiß.	—; —.	—; —.	..; —.	—; —.	—; —.	—; —.	—; —;	—; —.	drüsig; länglich; außen rothschwärzlich; inßen weiß; an einem langen Faden.
289.	Hagenbuttenbaum. Wilde Rose. Rosa sylvestris. Cynosbatus. Rosa canina. Linn.	—; glockenförmig; 3 mit Fortfärzen; 2 blofs. Blumen in Achseln einzeln.	—; herzförmig; am Kelche. Weiss, fleischfarbig.	—; haarförmig.	..; 3-eckig.	viele; unten im Kelche.	viele; wollig; kurz.	viele; stumpf.	Beerähnlich; 1zellig; weich; eyförmig; glatt; gekrönet; roth.	viele; länglich; zottig.	holzig.
290.	Rothe, bleiche Rose. Rosa rubra, pallida. Rosa gallica & centifolia. Linn.	—; —. Blumen in Achseln einzeln.	—; —.	—; —.	..; —.	—; —.	—; —.	—; —.	Beerähnlich; wie No. 289. aber stachelich.	—; —.	·.
291.	Weiße Rose. Rosa alba offic. & Linn.	—; —. Blumen in Achseln einzeln.	—; —.	—; —.	—; —.	—; —.	—; —.	—; —.	Beerähnlich; wie No. 289 glatt.	—; —.	·.

Blätter.	Blühzeit.	Ort.	Arzneymittel.	Eigenschaft.	Arzneykraft.	Gebrauch.
wechfelsweife; gefiedert; Blätgen zart zerfchnitten; das größere ungleiche 3fpaltig.	May. Junius. Julius.	Deutfchland. Feuchte, fchattige Orte, Gräben. Ein Kraut, oder kleine Staude.	Wurzel; Kraut; Waffer.	herber, trockner, zufammenziehender Gefchmack.	ziehet zufammen; heilet; treibet Schweiß, Gift.	Ausfchlag; Durchfall; Bruch; Bauch - Blutflüsse; Wunden; Fifteln; Beinbrüche.
—; —; Blütgen alle gleichförmig; figtzhnig.	Junius. Julius.	Wiefen, bergige Gegenden. Ein Kraut, oder kleine Staude,	Wurzel; Kraut.	fcharfer, anziehender, etwas füßlicher und bitterer Gefchmack.	ziehet zufammen; heilet Wunden; treibt Harn; zertheilet geronnenes Geblüte.	Weißer Fluß; Durchfall; Brüche; Blutharnen; Nierenzufälle; Tripper; Wunden; fallende Sucht.
wechfelsweife; gefiedert; zuletzt ungleich; an ftacheligen Stängeln und Stielen.	*, *.	Hecken, Berge. Ein baumartiger Strauch.	Blume; Saame; Frucht; Conferv; Waffer; Roob.	angenehmer Geruch; weinfäuerlicher, herber Gefchmack, fchleimige Theile.	ftärket; kühlet; ziehet zufammen; treibt Harn; lindert die Schärfe.	Fieberhitze; Blutauswerfen; Stein; Grieß; Sod; Steinfchmerzen; Verhaltung des Harns; Ruhr; Durchfälle; Brennen, Verletzung, Auffpringen, Entzündung der Haut, Lippen, Warzen; Tripper.
—; —; —; an ftacheligen Stängeln und glatten Stielen.	*, *.	in Gärten. Ein Strauch.	Blume; Conferv; Waffer; Effenz; Honig; Tinctur; Geift; Saame; Effig; Syrup.	guter Geruch, bitterer Gefchmack.	ftärket; ziehet zufammen; zertheilet; laxirt frifch.	Weißer Fluß; Schwindfucht; Huften; Augenzuftünde; hitzige Fieber; Kopffchmerzen; Phantafien.
—; —; —; an ftacheligen Stängeln und Stielen.	*, *.	*, *.	Blume; Julep; Waffer; Oel; Honig; Syrup; Saft; Conferv; Salbe.	beynahe wie N. 290.	beynahe wie No. 290. laxiret frifch mehr.	Weißer Fluß; Augenzuftände; Kopffchmerzen.

Z

No.	Name.	Kelch.	Blüthe.	Fäden.	Farbe.	Eyer-stock.	Griffel.	Spitze.	Saamge-häuse.	Saame.	Wurzel.
252.	Himbeer-ftrauch. Holbeer-ftrauch. Rubus idæus offic. & Linn.	5fpaltig; lanzen-förmig; offen; bleibet. Bl. meh-rere beyftim-men.	Blätter rundlich; offen; am Kelche. Weifs.	viele; blü-then-kür-zer; am Kel-che.	viele; rund-lich.	viele; im Kel-che.	1; klein; haar-förmig.	1; ein-fach; bleiben.	viele in eine zu-fammen-gewach-fene Bee-ren; roth und weifs.	viele; länglich.	zaferig.
293.	Erdbeer-kraut. Fragaria. Fragaria vefca. Linn.	1ofpal-tig; offen; wech-fels-weife fchmäler.	—; —. Weifs.	—; —; —.	—;mond-förmig.	—; klein; im Kel-che.	viele; ein-fach.	viele; einfach.	Beere eyrund; roth.	—; klein; zuge-fpizt; in der äuffern Fläche der Bee-re.	—; röthlich.
294.	Gänferich Anferina. Potentilla Anferina. Linn.	—; um-gebogt; wech-felswei-fe klei-ner.	—; —. Gelb.	—; pfrie-mig; blü-then-kür-zer; am Kel-che.	—; —.	—; —.	—; fa-denför-mig.	—; stumpf.	o.	—; zuge-fpizt.	zaferig.
295.	Fünffinger-kraut. Pentaphyl-lum. Potentilla reptans. Linn.	—; —.	—; —. Gelb.	—; —; —.	—; —.	—; —.	—; —.	—; —.	—;	—; —.	lang; auffen braun, innen röthlich.
296.	Benedikt-wurzel. Caryophyl-lata. Geum urba-num.	—; auf-recht; wech-fels-weife kleiner.	—; —. Gelb.	—; —; —.	—; kurz; ftumpf.	—; —.	—; haa-rigt lang.	—; ein-fach.	—.	—; ge-fchwänzt, langer, geglie-derter Stiel.	dick; länglich; rund; zaferig; dunkel-braun, innen carme-finroth.

Blätter.	Blühzeit.	Ort.	Arzneymittel.	Eigenschaft.	Arzneykraft.	Gebrauch.
wechselsweise; gefiedert; Blätgen gekerbt; an dornigen Reben.	May.	Deutschland. Gärten, Wälder, Hecken. Eine Staude.	Frucht; Syrup; Waffer; Eßig; Geift; Blätter; Saft; Roob.	guter Geruch; angenehmer, fäuerlicher, kühler, falpeterhafter Geschmack.	kühlet; ziehet zufammen; ftärket Herz, Nerven; treibt Harn.	Durft; Fieberhitze; Erbrechen; Mund - Halsgefchwüre; Lendenstein.
3 an einem Stiele; gekerbt; gezähert; länglich; rauch; unten graulich.	' .	Waldungen, Berge, Gärten. Ein Kraut.	Kraut; Frucht; Syrup; Waffer; Eßig; Geift.	angenehmer, weinfäuerlicher, gewürzhafter Geschmack.	treibt Schweiß, Monathszeit, Harn; kühlet; hält an; löfet auf; ftärket.	Fieber; Stein; Blutfpeyen; Gefchwüre; Waffergefchwulft; Froftbeulen; Nieren- Leber - Blafen- Lungenzuftände. Zu Gurgelwaffern.
wechfelsweife; gefiedert; fägezähnig; unten, wie mit Silber belegt; am kriechenden Stängel.	' .	Wiefen, Wege, Rafen, Zäune. Ein Kraut.	Kraut; Waffer.	herber, zufahenzlehender Geschmack.	kühlet; hält gelind an; heilet.	Brüche; Leibfchäden; Wunden; Fieber; Gelbfucht; Wafferfucht; Stein; Vorfall; weißer Fluß; Sommerflecken. Zu anziehenden Gurgelwaffern.
wechselsweife; fingerartig; 5 an einem Stiele; am kriechenden Stängel.	May. Junius.	Ueberall, Wege, Rafen, Gras, Berge. Ein Kraut.	Wurzel; Kraut.	anziehender, trockener Geschmack.	ftopft; treibt Harn, Schweiß, Sand, Grieß, Stein; ziehet zufammen; heilet; öffnet.	Durchlauf; Blutharnen; falfe; Wunden; offene Schäden. Zu Gurgelwaffern.
wechfelsweift; rauch; um die Ecken gekerbt; gemeiniglich 3 beyeinander.	Sommer.	Wälder, Hecken, Zäune, Gärten. Ein Kraut.	' .	ftarker Nägeleinsgeruch; angenehmer, gewürzhafter, fcharfer Geschmack.	ziehet zufahen; treibt Schweiß, ftärket Magen, Gedärme, Nerven; löfet auf.	Pocken; Durchfall; Bauchgrimmen; Bruftzuftände; Wunden; Verftopfung der Eingeweide; langwierige Krankheiten; Zerquetfchungen; Entzündungen.

Z 2

No.	Name.	Kelch.	Blume.	Fäden.	Facht.	Eyter-fach.	Griffel.	Spitze.	Saamge-haufer.	Saame.	Wurzel.
297.	Cacao-baum. Arbor Ca-vifera. Theobro-ma Cacao. Linn.	3blätte-rig, um-gebo-gen; fället ab. Bl. meh-rere in Achseln.	Blätter; hohl; helm-förmig; am Ende mit einer afe-chen Spitze. Saftgrube 5blätterig; glocken-förmig.	5; an den Blät-tern der Saft-gru-be, o-ben 5-fpal-tig.	25; an jedem Faden 5 unter derHoh-lung der Blumen-blätter ver-steckt.	1; ey-förmig; ober der Blume.	1; pfrie-mig.	1; ein-fach.	Capfel; 5eckig; länglich; oben und unten zuge-fpizzt; höcke-rig.	viele; eyför-mig; fast wie Man-dein.	holzig.
298.	Gummi La-danum-baum. Cistus lada-niferus. Linn.	5blätte-rig; 2 klei-ner; rund-lich; bleibet. Blumen fchirm-förmig.	—; rund-lich; offen; fehr grofs. Weifs mit einem vio-letem Flo-cken.	viele; haar-för-mig; blü-then-kür-zer.	viele; rund-lich; klein.	—; rund-lich; ober der Blume.	—; fi-den-lang.	—; platt; rund.	—; rund-lich; vomKel-che be deckt.	—; rund-lich; klein.	. .
299.	Pöonle. Gichtrofe. Pœonia of-ficinalis. Linn.	—; klein; rund-lich;um-gebo-gen; un-gleich; bleibet. Blumen zu Ende derStän-gel und Aeste.	—; —; —; grofs-Carmefin-roth.	—; kurz; haar-för-mig.	—; 4zel-lig; auf-recht; 4ecklg.	2; wol-lig; auf-recht; eyrund.	0.	2; ge-färbet; läng-lich; zufam-menge-drückt.	Capfeln 2; 1zel-lig; 1-kleppig; wollig.	—; gefärbt; ey-rund; glän-zend.	zaferig; unter fich.
300.	Scharfer Haknen-fufs. Ranuncu-lus praten-fis. Ranuncu-lus acris. Linn.	—; ey-rund; hohl; gefärbt, fällt ab.	—; stumpf; glänzend. Gefs. Saftgrube eine Hüb-le auf je-dem Blat-te über dem Nagel.	—; dop-pelt blü-then-kür-zer.	—; auf-recht; täglich; zwillig.	viele; bey ein-ander.	—.	viele; fehr klein; umge-bogen.	0.	—; un-ähnlich; oben ·umge-bogen.	lang; zaferig.

Blätter.	Blühzeit.	Ort.	Arzneymittel.	Eigenſchaft.	Arzneykraft.	Gebrauch.
zu oberſt des Stammes; faſt herzförmig; ganz; groſs.	Sommer.	Amerika und deſſen Antilliſche und Caribiſche Inſeln. Ein Baum.	Saame oder Nüſſe. Geröſtet zur Chocolade.	fetter, öliger, bitterlicher Geſchmack; ölige Theile.	nähret ſtark; lindert die Schärfe der Säfte.	Schwindſucht; Entkräftung. Die daraus verfertigte Chocolade in Anſehung der Gewürze zugleich zur Erwärmung des Magens; Stärkung der Nerven.
gegeneinander; lanzenförmig; oben glatt, ſchwarzgrün; unten grau.	' .	Spanien, Portugall. Eine baumartige Staude.	harzigtes Gummi. (Ladanum.)	bitterlicher Geſchmack; angenehmer, ſtarker Geruch im Anzünden. Viel flüchtiges, öliges Salz, und irrdiſche Theile.	ziehet zuſammen; ſtärket die Nerven; zertheilet.	In Pflaſtern zu Heilung der Wunden, Brüche und innerlichen Schäden. Zum Rauchwerk.
wechſelweiſe; zuſammengeſetzt. Blättgen glänzen; ganz; wie Nuſsblätter; dunkelgrün.	April. May.	Deutſchland) in Gärten. Ein Kraut.	Wurzel; Blome; Conſerv; Syrup; Tinctur; Waſſer; Saame.	ohne ſonderlichen Geruch; milder, ſchleimiger Geſchmack; füſsliche, ölige Theile.	ziehet zuſammen; ſtillt Schmerzen; treibt Schweiß, Monathszeit.	Krampf; fallende Sucht; Gicht; Mutterbeſchwerung; Verhaltung des Monathlichen.
wechſelweiſe; ſtark zerſchnitten, in der Mitte einen rothen Flecken, wie einen Blutstropfen.	Sommer.	Wieſen, Gärten, Graß. Ein Kraut.	Kraut; Wurzel.	brennendſcharfer Geſchmack.	macht die Haut roth; ziehet Blaſen.	Innerlich giftig. Aeuſserlich zu Umſchlägen; Zahnwehe.

No.	Name.	Kelch.	Blüthe.	Fäden.	Fachs.	Eyer-fach.	Griffel.	Spitze.	Saamge-häufe.	Saame.	Wurzel.
301.	Ruprechts-kraut. Geranium Robertia-num offic. & Linn.	5blätte-rig, ey-rund; bleibet. Blumen 2 bey-sammen.	Blätter; eyrund; offen;grofs. Purpurfar-big.	10; wech-felswei-fe län-ger; un-ten zu-fam-menge-wach-fen.	10; läng-lich; be-weg-lich.	1; 5e-ckig; zuga-spitzt.	1; fä-den-länger; bleibet.	5; um-gebu-gen.	Capfeln oder De-ckeln 5.	5;nieren-förmig; mit ei-ner lan-gen Spi-ze.	lang; dünn; zaferig; röthlich.
302.	Quaffi-...aum, Quaffia. Quaffia amara. Linn.	—; ey-rund; fehr kurz; bleibet. Bl. in Traube am Ende der Aefte.	—; lanzen-förmig; Saftgrube 5 Schup-pen an den innern Fä-den.	—;gleich; frey; blüthen-lang.	—; —; auf-lie-gend.	—; ey-förmig; aus 5 zufam-menge-fetzt.	1; fa-denför-mig; fäden-lang.	1; ein-fach.	—; —; aklap-pig;ey-förmig.	—; rund.	holzig.
303.	Franzofen-holzbaum. Guajacum. Lignum fanctum. Guajacum officinale. Linn.	—; hohl; 2 äuffere kleiner.	—; länglich; offen;hohl; mit fchma-len Nägeln; am Kelche bläulich.	—; auf-recht.	10; läng-lich.	—; kell-förmig; eckig o-ber dem Kelche.	—; kurz.	—; —; spitzig.	Capfel; eckig; 3-5zel-lig.	einzeln, hart.	,.
304.	Lein, Flachs. Linum fa-tivum. Linum uf-tatiffimum. Linn.	—; klein; aufrecht; lanzen-förmig; bleibet.	—; —; offen;grofs; trichter-förmig. Blau.	5; pfrie-menför-mig;auf-recht; 5 ande-re un-voll-komme-ne.	5;ein-fach; pfeil-för-mig.	—; ey-rund; ober dem Kelche.	5; auf-recht; fäden-förmig.	5; ein-fach; umge-bogen.	—; rozel-lig; 5-klappig; kugel-rund; 5eckig.	—; ey-rund; flach; braun.	zaferig.
305.	Purgir-flachs. Linum ca-tharticum, offic. & Linn.	—; —.	—; —. spitzig; Weifs.	—; —.	—; —.	—; —.	—; —.	—; —.	—; —. —.	—; —.	,.

Blätter.	Blühzeit.	Ort.	Arzneymittel.	Eigenſchaft.	Arzneykraft.	Gebrauch.
wechſelsweiſe; Blätgen 3 - 5; klein; federartig gekerbt; röthlich; kegelartig.	Sommer.	Deutſchland. Schattige, felſige Orte, Mauren, Weinberge. Ein Kraut.	Kraut.	bockſtinkender, unangenehmer Geruch; ſalziger, herber, zuſammenziehender Geſchmack.	heilet; reinlget; ziehet zuſaßen; kühlet; zertheilt.	Muttergeſchwüre; Mutterzuſtände; Wunden; Rothlauf; Entzündungen; innerliche Geſchwüre; Erſchlappung; Verſtopfung der Eingeweide; Krebsſchäden; ſtockende Milch der Brüſte.
wechſelsweiſe; gefiedert ohne Endblat; Blätgen 3 - 4 Paar; lanzenförmig; ganz; glatt; der Stiel zu beyden Seiten häutig.	' .	Surinam im mittägigen Amerika. Ein Baum.	Wurzel.	kein Geruch; auſſerordentlich bitterer Geſchmack.	ſtärket; widerſtehet der Fäulniſ.	Wechſelfieber, zumal d'e hartnäckigen, bösartiger, wo auch die Chinarinde nichts vermag; Colick; Engbrüſtigkeit. vid von Linn. Am. acad. Tom. \ I. p. 416.
wechſelsweiſe; gefiedert ohne Endblat; Blätgen 2 Paar; eyrund; ſtumpf.	' .	Die Inſeln Cuba, Jamaica &c. in America. Ein Baum.	Rinde; Holz-Geiſt; Oel; Harz; Holz-Eſſenz; Species.	ſchärfer, bitterlicher, gewürzhafter Geſchmack; ſtarker Geruch; viele harzige Theile.	zertheilet; reinlget das Geblüte; treibt Schweiß und Urin; widerſtehet der Fäulniſs.	Podagra; Gicht; Hüftwehe; Flüſſe; Huſten; Fallfucht; Frantoſen.
wechſelsweiſe; ganz; lanzenförmig.	Junius.	Deutſchland. Wieſen, Aecker. Ein Kraut.	Saame; Oel.	widriger, füßlicher Geſchmack.	verſüſſet; erweichet; macht ſchlapp; mildert; ſtillt Schmerzen, Krampf; zertheilet; zeitiget.	Stein; Colick; Gliederſchmerzen; Geſchwulſt; Geſchwüre, Huſten; Seitenſtechen; Schwindſucht; Bruſt - Lungenzuſtände. Zu Clyſtiren.
gegen über; eyrund; lanzenförmig; klein.	Junius. Julius.	Trockene Hügel. Ein Kraut.	Kraut.	ohne ſonderbaren Geruch, bitterer Geſchmack.	purgirt ganz gelind.	Nierenſtein; Lendenſchmerzen; 3, 4tägiges Fieber; Waſſerſucht.

Neunte

Pflanzen mit fünfblätterigen

No.	Name.	Kelch.	Blüthe.	Fäden.	Fache.	Eyerfach.	Griffel.	Spitze.	Saamgehäufer.	Saame.	Wurzel.
306.	Giftheil. Freywurtzel. Anthora. Aconitum. Aconitum Anthora. Linn.	o.	Blätter, ungleich; 1 oben helmförmig; 1 röhrig; 1 an den Seiten, rundlich; 2 unten längl. Saftgruben 2, gespornet. Gelb.	viele; pfriemig; klein.	viele; aufrecht; klein.	5; länglich; o-ber der Blume.	5; fadenlang.	5; einfach; umgebogen.	Capseln 5; 1zellig; aufrecht; eyrund; pfriemig.	viele; runtzelich; eckig.	Zwiebel; länglichrund; zaserig; auffen braun, innen weifs.
307.	Indianische Krefs. Nasturtium indicum, Tropæolum majus. Linn.	5spaltig; gefärbet; scharf; aufrecht; offen; fällt ab; lang; gespornt. Bl. einzeln.	—; rundlich; 1 oben; 3 unten rauh; am Kelch. Rothgelb.	8; kurz; ungleich; pfriemig.	8; 4-zellig; aufrecht; länglich.	1; 3lappig; gefurcht; ober der Blume.	1; fadenlang; gestrichelt.	1; 3spaltig; schief.	Beere 3; gefurcht; eckig.	2; rundlich; gefurcht; gestrichelt.	zaserig.
308.	Wintergrün. Pyrola. Pyrola rotundifolia. Linn.	—; klein; bleibet. Blumen in Achren.	—; —; ausgehöhlet; offen. Weifs.	10;pfriemig; blüthenkürzer.	10; grofs, 1hörnig.	—;eckig; ober der Blume.	—; fadenförmig; fadenlänger; bleibet.	—; dicklich.	Capfel; 5zellig; rundlich.	viel; riemig; roth.	1; zart; kriechet überall herum.
309.	Balfamstaude von Tolu. Balfamum de Tolu. Toluifera Balfamum. Linn.	—; glockenförmig; fast gleich. Blumen in Trauben.	—; 4 gleich schmal; das unterste doppelt so grofs,hertzförmig.	—; fehr kurz,	—; grofs.	—; länglich; o-ber der Blume.	—; fehr klein.	—; spitzig.	Hülfe.	. .	holtzig.

Ordnung.

vollkommener
unähnlichen Blume.

Blätter.	Blüthezt.	Ort.	Arzneymittel.	Eigenschaft.	Arzneydraft.	Gebrauch.
wechselsweise; gefingert; schmal eingeschnitten; Einschnitte überall gleichbreit.	Junius. Julius.	Schweitzer-gebürge, Alpen. Tyrol. Deutschland in Gärten. Ein Kraut.	Wurzel.	guter, fast widriger Geruch; bitterscharfer Geschmack.	treibt Würmer, Schweiß. Verdichtig.	Bösartige Fieber; Bauchgrimmen; Mutterwehe.
wechselsweise; geschildet; geädert; an langen sich windenden Stängeln.	Sommer.	Peru. Deutschland in Gärten. Ein Kraut.	Kraut.	angenehmer, starker Geruch; kresartiger, scharfer Geschmack.	treibt Harn; eröffnet; verdünnet den Schleim.	Scharbock; Schärfe des Geblütes; Magen-Geschwüre- Aderschleim; Wasserfucht.
wechselsweise; dick; glatt; rundlich; zugespitzt; birnblätterähnlich.	Junius Julius.	Deutschland. Schattige Waldungen, bergige Orte. Ein Kraut.	Kraut; Same.	ohne sonderlichen Geruch; bitterlicher, anziehender Geschmack.	stärket; zieht zusammen; kühlet; heilet.	Wunden; faule Schäden; Fisteln; Ruhr. Zu Wundtränken, Pflastern, Salben.
wechselsweise; gefiedert mit einem Endblat.		Das mittlere America. Ein Baum.	Balsam.	angenehmer, citronenartiger Geruch; scharfer, gewürzhafter etwas schleimiger Geschmack.	zertheilet; reinigst; heilet; widerstehet der Fäulniß.	Geschwüre; weißer Fluß; Tripper; Steinschmerzen.

A a

No.	Name.	Kelch.	Blüthe.	Fäden.	Fächer.	Eyer-fach.	Griffel.	Spitze.	Saamge-häuse.	Saame.	Wurzel.
310.	Griesholz-baum. Lignum nephriti-cum. Guilandina Moringa. Linn.	5spaltig; glocken-förmig; offen; gleich.	Blätter; lanzenför-mig; faſt gleich; kelchlän-ger; am Kelche.	10; pfrie-mig; kelch-kür-zer; am Kel-che.	10; ſtumpf; liegen auf.	1; läng-lich; o-ber der Blume.	1; fa-denför-mig; fäden-lang.	1; ein-fach.	Hülſe; 1zellig; lang; rauten-förmig; platt; mit Quer-unter-ſchieden.	viel; 3eckig; hart; zwi-ſchen jedem Quer-unter-ſchied einer.	holzig.
311.	Piſtel-Caſſien-baum. Caſſia fiſtu-la effic. & Linn.	5blätte-rig; hohl; gefärbt; fällt ab. Blumen einzeln in Ach-ſeln.	—; rund-lich, hohl; die untern gröſſer, Gelb.	—; ab-wärts ge-krüm-met; die 3 un-tern län-ger.	10; die 3 ober-ſten ſehr klein; die 3 unter-ſten groß; ſchnabe-lig.	5 —; unten auf ei-nem Stiele; in der Blume.	—; ſehr kurz.	—; ſtumpf; auffſtei-gend.	Schote; läng-lich; mit Quer-durch-ſchnit-ten; in-nen mar-kig.	—; rund-lich; an der o-bern Fu-ge der Schote.	
312.	Sennet-ſtrauch. Senna. Caſſia Senna. Linn.	—; —; — . Blumen in Trau-ben zu oberſt der Stän-gel.	—; —. Gelblicht mit rothen Adern.	—; —; — .	—; —.	—; —.	—; —.	—; —.	—; ge-bogen; kürzer.	—; —; grau, bräun-ſicht.	zaſerig.
313.	Gemeiner weiſſer Diptam. Dictamnus albus. offic. & Linn.	—; zu-geſpitzt; kurz; fällt ab. Blumen in Aeh-ren.	—; ungleich; zugeſpitzt; 2 oben; 2 an den Seiten; 1 unten ge-bogen. Leibfarb.	—; —; un-gleich; drü-ſenar-tig ge-dip-pelt	—; 4e-ckig; ſteigen auf.	—; 5e-ckig; o-ber der Blume.	—; kruſſ-gebo-gen.	—; ſcharf; ſteiget auf.	Capſeln 5; zu-ſammen-gewach-ſen; a-klappig.	—; birn-förmig; glän-zend; ſchwarz; 2 in ei-ner Hül-ſe.	fingers-dick; holzig; innen weiß.

Blätter.	Blühzeit.	Ort.	Arzneymittel.	Eigenschaft.	Arzneykraft.	Gebrauch.
wechselsweife; doppelt gefiedert mit Endblätgen und zu unterst mit Seitenblätgen; Blätgen eyrund.	Sommer.	Oft- und Weftindien, Egypten. Ein Baum.	Holz. Trank.	etwas fcharfer, gewürzhafter Gefchmack. Färbt das Waffer gelb, wenn man durchfiehet, und blau, wenn man gerade darauf fieht.	treibt Urin, Stein und Griefs.	Steinfchmerzen. Monard. exot. Zu Experimenten mit den Farben. Boyle de coloribus.
wechfelsweife; gefiedert ohne Endblat. 10; eyrund; zugefpitzt.	ʼ.	Indien. Egypten. Ein Baum.	Schote oder Hülfe; deren Mark.	fülfer, aber doch etwas fcharfer, eckelhafter Gefchmack; viele fchleimigte, etwas falzigte Theile.	purgiret gelinde; treibt Urin, wirkt aber langfam und macht Grimmen.	Hitzige und Entzündungsfieber; Saamenfluß; Steinfchmerzen. Hypochondrifchen und hyfterifchen Perfonen nicht zutriglich.
wechfelsweife; gefiedert ohne Endblat. Blätgen 6; eyrund.	ʼ.	Egypten. Italien. Ein niederer, zarter Strauch.	Blätter; Schoten oder Hülfen (Folliculi).	eckelhafter Gefchmack; etwas falzigte, viele gummigte und irrdifche Theile.	purgiret gelinde; macht aber auch gerne Grimmen und Blähungen.	Hitzige Fieber; Melancholie; Schleim. Am beften mit Weinftein und deffen Præparaten zu gebrauchen.
wechfelsweife; gefiedert mit einem Endblat. Blätgen lang; fpizig; an einem langen, röthlichen Stängel.	Junius. Julius.	Italien. Frankreich. Berge, Gärten. Ein Kraut.	Wurzel.	ftarker Geruch; bitterlicher, fcharfer Gefchmack; harzige, gummige, flüchtige Theile.	treibt Würmer; Monatszeit, Schweiß; fchneidet ein; ftärket Haupt, Herz, Mutter.	Bösartige, giftige Krankheiten; Würmer; fallende Sucht; Mutterzuftände; monathliche Reinigung.

No.	Name.	Kelch.	Blüte.	Fäden.	Farbe.	Eyerfach.	Griffel.	Spitze.	Saamenhäufie.	Saame.	Wurzel.
314.	Merzenviole. Viola. Violaria. Viola odorata. Linn.	5fpaltig; kurz; bleibet; eyrund; länglich; auf recht; gleich. Blumen einzeln an besondern Stielen aus der Wurzel.	Blätter; ungleich; 1 oben aufrecht, ausgeschaltenen gespornet; 2 in den Seiten stumpf; 2 unten gröfser; umgebogen. Purpurbian.	5; klein.	5; oft zusammengewachsen.	1; rundlich; ober der Blume.	1; fadenförmig.	1;schief.	Cepfel; 1zellig; 3klappig; 3eckig; eyrund.	viele; eyrund; mit Anhängen.	zaserig.
315.	Dreyfaltigkeitsblume. Stiefmütterlein. Jacea. Flos trinitatis. Viola tricolor. Linn.	—; —. Blumen einzeln an langen Stielen zu oberft und in den Achsein.	—; —.	—; —.	—; —.	—; —.	—; —.	—; —.	—; —.	—; —.	—; —.

Zehende

Pflanzen mit
fünfblätterigen

No.	Name.	Schirm.	Umschlag.	Blüte.	Fäden.	Farbe.	Eyerfach.	Griffel.	Spitze.	Saame.	Wurzel.
316.	Coriander. Schwindelkörner. Coriandrum. Coriandrum sativum. Linn.	Allgemainer, wenig. Besonderer, mehr.	Allgemeiner o. Besonderer 3blätterig, einseitig. Weiß.	Blätter, umgebogen; herzförmig; ungleich. Weiß.	5; einfach.	5; rundlich.	1; unter der Blume.	2; klein.	2; mit Köpfen.	2; ausgehöhlet; gestreift; ästhenfarbig.	zaftrig.

Blätter.	Blühzeit.	Ort.	Arzneymittel.	Eigenschaft.	Arzneykraft.	Gebrauch.
rund ; gekerbt ; an kriechenden Stängeln auf der Erde.	März.	Deutschland. Wälder, Gras, Feld, Gärten. Ein Kraut.	Kraut; Blüthe, Conferv; Syrup; Julep; Honig; Oel; Saame,	angenehmer Geroch; milder, kühlender Geschmack.	frisch; laxirt;stillt Schmerzen ; erweichet ; treibt Harn; macht Erbrechen; kühlet. Eine der 4 herzstärkenden Blumen, Saamen, Waßer ; der 5 erweichenden Kräuter.	Stein; Seitenstechen; Heiserheit; Husten; Auswurf, Brust - Lungenkrankheiten; Verstopfung der Leber.
wechselweise ; länglich; gekerbt, an aufrechten, ästigen Stängeln.	. .	Felder, Gärten. Ein Kraut.	Kraut.	schleimiger Geschmack.	mildert ; kühlet.	Wunden; Bauchgrimmen der Kinder ; Entzündungen ; Krätze.

Ordnung.
vollkommener
Schirmblume.

Blätter.	Blühzeit.	Ort.	Arzneymittel.	Eigenschaft.	Arzneykraft.	Gebrauch.
wechselweise ; gefiedert ; die untern etwas breitgekerbt ; die obern zart zerschnitten, beynahe wie an der Peterfilie.	Junius.	Deutschland. Felder, Gärten, Weinberge. Ein Kraut.	Saame; Waßer ; destillirtes Oel.	starker, gewürzhafter, widriger, fast wanzenartiger Geruch ; süßlicher, scharfer, gewürzhafter Geschmack; durchdringende, flüchtige,scharfe, ölige, harzige Theile.	stärket Magen, Haupt, Nerven; treibt Blähungen; erwärmet; zertheilet den Magen- und Gedärmerschleim ; betäubet ; frisch, fast giftig.	Dreytägiges Fieber; Mutterzustände; verdorbener, erkälteter Magen; Schwindel; Leibgrimmen; Krüpfe.

Nam.	Schirm.	Unterblag.	Blüthe.	Fäden.	Fache.	Eyer-fach.	Griffel.	Spitze.	Saame.	Wurzel.
Kerbelkraut. Körfel Cerefolium. Chærefolium. Scandix Cerefollum. Linn.	A. wenig; lang. B. mehr.	Allgemeiner o. Befonderet 5blätterig.	Blätter, umgebogen; herzförmig; ungleich. Weiß.	5; einfach.	5; rundlich.	1; unter der Blume.	2; pfriemig; aufrecht; bleiben.	2; ftumpf.	2; pfriemig; geftreift.	zaferig.
Peterfile. Peterlein. Petrofelinum. Apium Petrofelinum. Linn.	A. —. B. —.	A. wenig; klein. B. eben fo. Weiß.	—; rundlich; eingobogen; gleich. Gelb.	—; —.	— 5 —.	—; —.	—; umgebogen.	—; —.	—; eyrund; geftreift.	fingersdick; weiß.
WafferEppich. Cellery. Apium. Apium graveolens. Linn.	A. —. B. —.	A. —; —. B. —; —.	—; —; Weiß. Gelb.	—; —.	—; —.	—; —.	—; —.	—; —.	—; —. —.	dicker; weiß.
Kümmel. Cuminum. Cuminum Cyminum. Linn.	A. —; öfters 4. B. eben fo.	A. 4blätterig, fehr lang; einige 3fpaltig. B. eben fo.	—; umgebogen; ausgefchnitten; ungleich.	—; —.	—; einfach.	—; blüthengrößer; unter der Blume.	—; klein.	—; einfach.	—; —; lang; rauch; afchenfarbig.	zaferig; dünn; länglich; weiß.
Sanikel. Bruchkraut. Sanicula. Sanicula europæa. Linn.	A. —; —. B. mehr; ganz kurz.	A. kurz; halb. B. —.	—; —; afpaltig. Weiß.	—; —.	—; rundlich	—; haarig; unter der Blume.	—; pfriemig; umgebogen.	—; fcharf.	—; rauch.	zaferig; außen fchwarz, innen weiß.

Blätter.	Blühzeit.	Ort.	Arzneymittel.	Eigenschaft.	Arzneykraft.	Gebrauch.
wechselsweise; unten doppelt, oben einfach gefiedert; Häutgen dünn; häufig eingeschnitten; zart.	May.	Deutschland in Gärten. Ein Kraut.	Kraut; Wasser; Saame; destillirtes Oel.	gewürzhafter, angenehmer Geruch; füsslicher, scharfer, angenehmer, gewürzhafter Geschmack; seifenhaftige, salpeterige Theile.	reiniget das Geblüte; treibt Harn, Blähungen; kühlet; zertheilet; löset auf; eröffnet.	Wassersucht; Schwindel; Fieber; Nierenschmerzen; Ohnmachten; Verstopfung der Leber, Milz; Brustzustände; Scharbock; Krebs; schleimige Säfte; Geschwülste der Brüste und Drüsen,
wechselsweise; gefiedert; Blätgen 3spaltig; klein; oft eingeschultten; zu oberst am Stängel schmal.	Sommer.	in Gärten. Ein Kraut.	Wurzel; Kraut; Wasser; Saame; Salz; Oel.	starker, angenehmer Geruch; angenehmer, füsslicher, gelindgewürzhafter Geschmack; salzige, salpeterige Theile.	zertheilet; verdünnet; nähret; löset auf; eröffnet; treibt Monathszeit, Harn. Eine der 5 grössern eröffnenden Wurzeln.	Quetschung; Harnwinde; Verstopfung der Eingeweide, Drüsen; Verhaltung des Harns; Steinschmerzen; harte Geschwülsten der Brüste; langwierige Krankheiten.
wechselsweise; unten 2mal dreytheilig; oben 1mal; Blätgen 3spaltig; eingeschnitten; keilförmig.	Junius.	Feuchte Orte. Zahm in Gärten. Ein Kraut.	Wurzel; Kraut; Saame.	starker Geruch; etwas scharfer Geschmack; salzige Theile.	wie No. 318. reitzet zur Wollust. Eine der 5 grössern eröffnenden Wurzeln. Einer der 4 kleinern erwärmenden Saamen.	Verstopfung der Eingeweide; Drüsen; Gelbsucht; Verhaltung des Harns; Steinschmerzen; harte Brüste; langwierige Krankheiten.
wechselsweise; sehr zart zerschnitten; wie am Fenchel.	May. Junius.	Italien. Deutschland in Gärten. Ein Kraut.	Saame; Wasser; Geist; Oel; Pflaster.	widriger, scharfer, gewürzhafter Geruch und Geschmack.	stärket Magen; treibt Harn, Monathszeit; zertheilet. Einer der 4 erwärmenden grössern Saamen.	Windwassersucht; Blähungen; Mutterzustände; verhärtete Geschwulste der Brüste; Drüsen; Colick; Bauchgrimmen.
wechselsweise; 3lappig; 3fach gespalten; breit; glatt;eingeschnitten.	, ,	Deutschland. Berge, Waldungen. Ein Kraut.	Kraut; Wurzel; Wasser.	bitterer, zusammenziehender Geschmack; flüchtige, harzige, salzige Theile.	löset auf; kühlet; ziehet an; stärket.	Wunden; iserliche Quetschungen; Zersprengungen; Blutauswerfen; Verblutungen; offene, fressende Schäden; Fisteln.

Name.	Scheibn.	Umschlag.	Blüthe.	Fäden.	Farbe.	Eyer-frucht.	Griffel.	Spitze.	Saame.	Wurzel.
Durch-wachs, Bruchwurz. Perfoliata. Bupleurum rotund.fol. Linn.	A. weniger als 10. B. kaum toftie-lig.	A. o. B. 5, 6blätterig.	Blätter umgebogen, herzförmig; klein. Grüngelb.	5; einfach.	5; rundlich.	1; unter der Blume.	2; klein; umgebogen.	2; klein.	2; erboben und platt.	fingersdick; holzig; weiß.
Ammey. Ammi ero-ticum. Sison Ammi. Linn.	A. wenig ungleich. B. eben fo.	A. 4blätterig, ungleich. B. eben fp.	—; —; lanzenförmig; gleich. Weiß.	—; —.	—; einfach.	—; eyrund; unter der Blume.	—; —.	—; ftumpf.	—; —; geftreift; fchwartzgrau.	taferig; dünn; weiß.
Macedon. Peterfil. Steineppich Petrofelinum macedonicum. Buhon macedonicum. Linn.	A. ungefehr 10; die mittlern kürzer. B. 15-20.	A. 5blätterig; kurz; bleibet. B. mehr.	—; —; —. Weiß.	—; —.	—; —.	—; —.	—; —; bleiben.	—; —.	—; —; rauch.	fingersdick; lang.
Galbankraut. Ferula gal-banifera. Rubon Galbanum. .inn.	A. —; —. B. —.	A. —; —. .—. B. —.	—; —; —. Weiß.	—; —.	—; —.	—; —.	—; —; —.	—; —.	—; —; —.	holzig.
Wiesenkümmel. Carui. Carom. Carum Carvi Linn.	A. 10; ungleich, lang. B. ftark.	A. 1blätterig. B. o.	—; ungleich; ftumpf; herzförmig. Weiß.	—; haarförmig.	—; fehr klein.	—; länglich; unter der Blume.	—; fehr klein.	—; einfach.	—; eyrund; länglich; geftreift; erhoben; fchwartzblau.	lang; dick; faftig; fleifchig.

Blätter.	Blühzeit.	Ort.	Arzneymittel.	Eigenschaft.	Arzneykraft.	Gebrauch.
wechselsweise; eyrund; ganz, um den Stiel herum gewachsen, und von demselben gleichsam durchbohret.	Junius. Julius.	Deutschland. Kornfelder, Berge, Wege. Ein Kraut.	Kraut; Saame.	scharfer, bitterlicher, gewürzhafter, anziehender Geschmack.	heilet; stärket; ziehet an.	Brüche; Ueberbeine; Wunden; Quetschungen, alte, fließende Schäden.
wechselsweise; 3mal gefiedert; Blätgen ganz schmal; wie am Fenchel.	Sommer.	Portugall. Apulien. Egypten. Ein Kraut.	Saame. Zum Theriack.	scharfer, gewürzhafter Geschmack.	treibt Harn, Winde. Einer der 4 kleinern erwärmenden Saamen.	Blähungen; Mutterzuständen.
wechselsweise; gefiedert mit einem Endblat. Blätgen rautenförmig; ausgezackt. Schirme sehr viel.	٫ ٫	Macedonien. Mauritanien. Deutschland in Gärten. Ein Kraut.	٫ ٫	wie No. 313.	wie No. 323.	wie No. 323.
—; — ; Blätgen rautenförmig; gezähnt. Schirme wenig.	٫ ٫	Africa. Eine Staude.	Gummi (Galbanum) Oel; Pflaster.	widriger Geruch; scharfer, bitterlicher Geschmack.	erweichet; zeitiget; zertheilet; treibt Monathszeit.	Aeusserlich zu verhärteten Drüsen; Geschwulsten; Mutterbeschwerung. Innerlich zu Mutterzuständen; verhaltener Monathszeit.
wechselsweise, 2mal gefiedert mit Endblättern. Blätgen zartgekerbt; paarweise.	Junius.	Deutschland. Trockene Wiesen. Ein Kraut.	Saame; Wasser; Geist; Oel.	starker, gewürzhafter Geruch; scharfer, bitterlicher Geschmack; viel flüchtige, ölige, scharfe Theile.	löset auf; stärket Magen, Haupt, Gedächtniß; treibet Blähungen; stillet Schmerzen. Einer der 4 größern erwärmenden Saamen.	Colick; 3tägiges Fieber; Steinschmerzen.

Name.	Schirm.	Umschlag.	Blüthe.	Fäden.	Fache.	Eyerfach.	Griffel.	Spitze.	Saame.	Wurzel.
Weiſs Bibernell. Bockspeterlein. Pimpinella. Pimpinella Saxifraga. Linn.	A. viel. B. mehr.	A. o. B. o.	Blätter, umgebogen; herzförmig; Weiſs.	5; einfach; blüthenlänger.	5; rundlich.	1; länglich; unter der Blume.	2; sehr klein.	o; stumpf.	2; länglich; gestreift; gewölbet.	nicht allzudick; gerad; fest; harzig gedippelt; auſſen grüngelblich, innen weiſsgelb.
Anis. Aniſum noſtras. Pimpinella Aniſum. Linn.	A. —. B. —.	A. o. B. wenig.	—; —; Weiſs.	—; ...	—; .	—; .	—; .	—; .	—; .	zart; zaſerig; kriechet; weiſs.
Bärendill. Bärenfenchel. Meum. Athamanta Meum. Linn.	A. viel; offen. B. weniger.	A. vielblätterig; schmal. B. eben ſo.	—; elongebogt; herzförmig; etwas ungleich. Weiſs.	—; haarförmig; blüthenlang.	—; .	—; .	—; krumgebgen.	—; .	glatt.	länglich; stumpf; auſſen braun, innen weiſs.
Candiſcher Möhrenkümmel. Daucus creticus. Athamanta cretenſis. Linn.	A. —. —. B. —.	A. —; —. B. —.	—; —; 2ſpaltig; etwas ungleich. Weiſs.	..; —; —.	—; .	—; .	—; .	—; .	..; länglich; gestreift; erhoben; rauch.	fingersdick; lang.
Dill. Anethum. Anethum graveolens. Linn.	A. viel. B. —.	A. o. B. o.	—; lanzenförmig; kurz; umgebogen. Gelb.	—; haarförmig.	—; .	—; eyrund; unter der Blume.	; klein.	—; .	—; eyrund; zuſammengedrückt.	länglich; zaſerig; weiſs.

Blätter.	Blühzeit.	Ort.	Arzneymittel.	Eigenschaft.	Arzneykraft.	Gebrauch.
wechselsweise; gefiedert mit einem Endblat. Blätgen eyrund; länglich, gekerbt.	Junius.	Deutschland Berge, steinige, wüste Hügel. Ein Kraut.	Wurzel; Kraut; Saame; Conserv; Essenz; Wasser.	nicht gar zu starker Geruch; sehr brennender, scharfer Geschmack; gummige, harzige, ölige, wässerige, salzige Theile.	löset den Schleim auf; erwärmet; schneidet ein; treibt Monathszeit, Blähungen, Schleim; stärket die Gedärme.	Mutterzustände; schwerer Athem; Brustzuständue; hitzige, langwierige Krankheiten; böser Hals; Bräune; geschwollenes Zäpflein; Lähmung der Zunge; Taubheit.
wechselsweise; Wurzelblätter 3fach; Blätgen rundlich; eingeschnitten; Stängelblätter gefiedert; die obersten Blätgen schmäler.	Julius.	Bamberg. Felder, Gärten. Ein Kraut.	Saame; Wasser; Geist; destillirtes Oel.	angenehmer Geruch.	zertheilet; stärket; erwärmet; vermehret die Milch; stillt Schmerzen. Einer der 4 erwärmenden kleinern Saamen.	Brustzustände; Husten; Schwindsucht; Lenden-Nierenschmerzen.
wechselsweise; doppelt gefiedert; Blätgen zart; haarähnlich; gespalten, wie am Fenchel.	Sommer.	Schweitz. Italien. Deutschland in Gärten. Ein Kraut.	Wurzel.	gewürzhafter, hitziger, scharfer Geschmack.	erwärmet; stärket Magen; treibt Harn, Monathszeit.	Dreytägiges Fieber, Stecken; weisser Fluß; Auszehrung; Verstopfung der Drüsen; Bauchgrimmen.
Fast wie No. 330. doch etwas breiter; rauch.	, .	Schweitz. Italien. Oesterreich. Griechenland. Candien. Deutschland in Gärten. Ein Kraut.	Saame. Zum Theriack; Mithridat.	scharfer, gewürzhafter Geschmack; angenehmer Geruch.	erwärmet; stärket; treibt Harn, Monathzeit, Blähungen.	Blähungen; Grimmen; Mutterzustände.
wechselsweise; schmal; ganz ungemein zart zerschnitten.	Junius.	Spanien. Portugall. Deutschland in Gärten. Ein Kraut.	Kraut; Wasser; Blüthe; Saame; gekochtes und destillirtes Oel.	starker Geruch.	macht Schlaf, Milch; erweichet; erwärmet; stillt Schmerzen.	Wachen; Schlucken; Colick; Brechen; Mutterzustände.

No.	Name.	Schirm.	Umschlag.	B. übe	Fäden.	Fsche.	Eyer flech.	Griffel.	Spitze.	Same.	Wurzel.
332.	Fenchel. Foeniculum. Anethum Freniculum. Linn.	A. viel. B. —.	A. o. B. o.	Blätter; lanzenförmig; kurz, umgebogen. Gelb.	5; haarförmig.	5; rundlich.	1; eyrund; unter der Blume,	2 klein.	2; stumpf,	2; eyrund; zusammengedrückt; getreift.	lang; dick; holzig.
333.	Paſtinack. Paſtinaca. Paſtinaca ſativa. Linn.	A. viel; eben. B. eben ſo.	A. —. B. —.	—; —; eingebogen. Gelb.	—; —;	—;	—; —; zuſammengedrückt; platt; unter der Blume.	—; umgebogen.	—; —.	—; — platt; mit einem Rande.	länglich; zaſerig; weiß.
334.	Panax. Panax coſtinum. Paſtinaca Opopanax. Linn.	A. —; —. B. —.	A. —. B. —; .	—; —; —; —. Gelb.	—; —;	—; —.	—; —; —; —.	—;	—;	—; —	drumenſig; dick; zaſerig.
335.	Kaiſerwurzel. Meiſterwurz. Imperatoria. Imperatoria Oſtruthium. Linn.	A. viel; ausgebreitet. B. viel; ungleich.	A. o. B. wenig; dünn.	—; umgebogt; herzförmig; faſt gleich. Weiß.	—; —;	—; —	—; rundlich; platt; unter der Blume,	—; krummgebogen.	—; —.	a furchig; breiter Rand.	daumenſdick;rundzelich; knollig; auſſen ſchwarzgrau; innen weißlich; gelblich; herausgedippelt.
336.	Waſſerfenchel. Foeniculum aquaticum. Phellandrium aquaticum. Linn.	A. viel. B. viel.	A. o. B. 7blätterig; ſpizig; ſchirmlang.	—; —; —; ungleich. Gelb.	—; —; blüthenlanger.	—; —.	—; eyförmig; mit dem beſondern Kelch u. Griffeln gekrönet; unter der Blume.	—; piriemig; gerad; bleiben.	—; —.	glatt.	dünn; zaſerig.

Blätter.	Blühzeit.	Ort.	Arzneymittel.	Eigenschaft.	Arzneykraft.	Gebrauch.
wechfelsweife; lang f und ganz ungemein zart zerfchnitten.	Junius.	Italien. Deutfchland in Gärten, Weinbergen. Ein Kraut.	Wurzel; Kraut; Waffer; Saame; Geift; deftillirtes Oel.	angenehmer Geruch, füßlicher, gewürzhafter Gefchmack; häufig fcharfe, gewürzhafte, ölige, fchleimige Theile.	zertheilet; eröffnet; treibet; reiniget; ftärket die Auge; erwärmet; macht Milch. Einer der 4 gröffern erwärmenden Saamen. Eine der 5 gröffern eröffnenden Wurzeln.	Augenzuftände; Brechen; Blähungen; Bruftzuftände; wider alle fchädlichen Wirkungen des Queckfilbers.
wechfelsweife; gefiedert mit einem Endblat; Blätgen länglich; gegeneinander über, ausgezackt.	" "	Deutfchland in Gärten. Ein Kraut.	Wurzel; Saame.	füßlicher, milder, angenehmer Gefchmack.	ernähret; löfet auf; treibt Harn.	Dreytägiges Fieber.
wechfelsweife; doppelt gefiedert, mit Endblätgen. Blätgen länglich; gegenüber; eingekerbt; runzlich.	Sommer.	Italien. Sicilien. Griechenland Ein Kraut.	Gummi (Opopanax).	fcharfer, bitterlicher, eckelhafter Gefchmack; ftarker, widriger Geruch.	zertheilet; erweichet; zeitiget; treibt Schweiß, Monathszeit.	Mutterzuftände; Nervenkrankheiten. Aeufferlich zum zeitigen; Verhärtungen; Fleifchbrüche.
wechfelsweife; 3blätterig; Blätgen dreyfpaltig; groß; breit; gekerbt; an einem neuen langen Stiele.	" "	Deutfchland. Oefterreich. Steyermark. Ein Kraut.	Wurzel	ftarker, gewürzhafter Geruch; fcharfer, beiffender, bitterlicher Gefchmack; gewürzhafte, ölige, viel harzige, wenig gummige Theile.	treibt Schweiß, Monathszeit, Winde, Gift; erwärmet; ftärket; löfet auf.	Blähungen; Mutterzuftände; Collick; Lähmung; dreytägiges Fieber; Unfruchtbarkeit; ftinkender Athem; Verftopfung; Lähmung der Zunge.
wechfelsweife; doppelt gefiedert; Blätgen zart; dünne; eingefchnitten.	May. Junius.	Europa. Deutfchland. Gräben. Bäche, Teiche. Ein Kraut.	Saame.	fcharfer Gefchmack.	treibt Harn, Monathszeit, Schweiß; erwärmet; ftärket; löfet auf.	Wechfelfieber.

No.	Name.	Schirm.	Umschlag.	Blüthe.	Fäden.	Fache.	Eyer-flock.	Griffel.	Spitze.	Saame.	Wurzel.
337.	Schierling. Cicuta aquatica. Cicuta virofa. Linn.	A. viel; gleich; rund. B. eben fo.	A. o. B. vielblätterig; borftig; kurz.	Blätter; eyrund; eingebogen; faft gleich. Gelb.	5; haarförmig; blüthenlänger.	5; einfach.	1; eyförmig; geftreift; unter der Blume.	2; haarförmig; bleiben.	2; mit Köpfen.	2; eyrund; geftreift; gewölbet.	zaferig.
338.	Fleckigter Schierling. Herrn D. Stoerks. Cicuta maculata Stoerckii. Conium maculatum. Linn.	A. viel; ausgebreitet. B. eben fo.	A. vielblätterig; kurz; ungleich. B. eben fo.	--; herzförmig; eingebogen; ungleich. Weiß.	--; einfach.	-; rundlich.	--; kugelich; 10 ftreifig; unter der Blume.	-; umgebogen.	-; ftumpf,	-; faft halbrund; geftreift.	dick; lang; weiß.
339.	Angelic. HL Geiftwurzel. Angelica fativa & fylveftris. Angelica Archangelica & fylveftris. Linn.	A. viel; rundlich. B. kugelrund.	A. 3 blätterig; klein. B. 3blätterig; klein.	--; lanzenförmig; fallen ab. Gelblich.	-; -; blüthenlänger.	--; einfach.	-; rundlich; eckig; unter der Blume.	-; -.	-; -.	-; -; 3ftrichig; mit einem Rande.	dick; köpfig; runzlich; auffen fchwarzgrün, innen weißlich, harzig, gelblich gedippet.
340.	Liebftöckel. Leviftieum. Liguftieum Leviftieum. Linn.	A. viel B. eben fo.	A. 7blätterig; ungleich. B. kaum 4blätterig; häutig.	-; gleich; umgebogen. Gelb.	-; haarförmig; blüthenkürzer.	-; --.	-; länglich; unter der Blume.	-; einfach.	-; -.	-; länglich; 5furchig.	groß; dick; fleifchig; äftig; auffen braun, innen weiß, gelblich, harzig.

Blätter.	Blühzeit.	Ort.	Arzneymittel.	Eigenschaft.	Arzneykraft.	Gebrauch.
wechfelsweife; doppelt gefiedert; Blätgen länglich; fchmal ; fägzahnig ; an gerandeten Stielen.	Julius. August.	Europa. Deutfchland. Gräben , Bäche, Teiche. Ein Kraut.	Kraut ; Pflafter. Nach v. Linné.	widriger , unangenehmer Geruch, fcharfer Gefchmack.	ftillt Schmerzen; betäubet ; zertheilet.	Innerlich giftig und tödtlich. Aeufferlich zu Verhärtungen.
wechfelsweife; doppelt gefiedert; Blätgen eyrund; enge, gekerbt; an glatten, grauen , gefleckten Stängeln.	May. Junius.	Deutfchland. Zäune, Gebüfche. Ein Kraut.	Kraut ; Pflafter. Nach Pharm.Würt. Extract.	widriger , unangenehmer Geruch; fcharfer Gefchmack.	ftillt Schmerzen; betäubet ; zertheilet ; treibt Urin.	Aeufferlich zu Verlätungen, Kröpfen. Innerlich das Extract zu Verhärtungen ; Scropheln; Krebsfchäden; Fifteln; anfangenden Staar. Stoerck de Cicuta. Sonft giftig.
wechfelsweife; an rührigem, knotigen Stängeln. 1) Doppelt gefiedert ; Blätgen länglich; fägzahnig ; Endblat 3fpaltig. 2) Faft 3mal gefiedert ; Blätgen länglich ; fägzähnig; alle gleich.	, ,	1) Lappland, Norwegen, in den Alpen. Deutfchland in Gärten. 2) Deutfchland in waldigenOrten, Wiefen. Ein Kraut.	Wurzel ; Waffer; Kraut; Saamen; Geift; Oel; Balfam; Extract.	ftarker, gewürzhafter Geruch ; fcharfer, bitterlicher Gefchmack ; ölige, harzige Theile.	zertheilet ; löfet auf; ftärket; erwärmet; treibet Schweiß , Monathzeit.	Bruftkrankheiten ; Mutterzuftände ; Magenfchwäche; fchleimige, catarrhifche Krankheiten; Peft; böfe, giftige, anfteckende Fieber ; kalte, wäfferige Gefchwulften.
wechfelsweife; faft doppelt gefiedert ; Blätgen keilförmig; länglich ; oben gezackt; wie am Wafferreppich.	Junius. Julius.	Apenninifche Gebirge in Italien. Deutfchland in Gärten. Ein Kraut.	Wurzel ; Kraut; Saamen; Waffer; Oel; Extract; Effenz.	angenehmer, ftarker, gewürzhafter Geruch; fcharfer, füfslicher , fchleimiger, brennender Gefchmack ; fcharfe, falzige , harzige, fchleimige , wenig erdige Theile.	treibt Harn, Winde, Monathszeit , Schweiß, todte Frucht; zerfchneidet ; erwärmet ; öffnet.	Mutter- Bruft- Nerven- Magenzuftände ; böfe Krankheiten ; Peft.

Nam.	Schirm.	Umschlag.	Blüthe.	Fäden.	Frucht.	Eyerstock.	Griffel.	Spitze.	Saame.	Wurzel.
Teutfch Bärenklau. Branca urfi vulg. Sphondylium. Heracleum Sphondylium. Linn.	A. viel; fehr grofs. B. eben fo, flach ausgebreitet.	A. vielblätterig; fällt ab. B. 3-blätterig; fchmal; nach auffen gelagert.	Blätter, ungleich; die auffern viel gröfser; 2fpaltig; umgebogen. Weifs.	5; haarförmig; blüthenlänger.	5; klein.	1½ eyrund; platt; unter der Blume.	2; kurz.	2; einfach.	2; eyrund; platt.	grofs; lang; äftig; innen weifs; mit einem gelben Saft.
Weifser Enzian, weiffe Hirfchwurz. Gentiana alba. Laferpitium latifolium. Linn.	A. viel; 20-40; fehr grofs. B. fehr viel; flach.	A. vielblätterig; klein. B. eben fo.	-; herzförmig; umgebogen; faft gleich. Weifs.	-; borftig; blüthenlang.	-; einfach.	-; rundlich; unter der Blume.	-; pfriemig.	-; ftumpf.	-; länglich; fehr grofs; mit 4 häutigen Ecken.	lang; dick; auffen grau; innen weifs; oben haarig.
Bergkümmel. Siler montanum. Laferpitium Siler. Linn.	A. -; -; -; -. B. -; -.	A. -; 1-. B. -.	wie No. 342.	wie N. 342.	wie No. 342.	wie No. 342.	wie N. 342.	wie N. 342.	-; -; mit 4 häutigen Ecken; bräunlicht.	fingersdick; lang; weifs.
Oelfenich. Olfnitium. Selinum fylveftre. Linn.	A. viel; flach. B. eben fo.	A. vielblätterig; fchmal; umgebogen. B. eben fo; flach.	-; herzförmig umgebogen; ungleich. Weifs.	-; haarförmig.	-; rundlich.	-; länglich; platt; unter der Blume.	-; umgebogen.	-; einfach.	-; platt; mitten geftreift; mit häutigem Rande.	mehrere; fingersdick; länglich; fchwarz; innen weifs.
Teufelsdreck. Stinkender Afand. Affa foetida. Ferula Affa foetida. Linn.	A. viel; küglich. B. eben fo.	A. vielblätterig; fällt ab. B. vielblätterig; klein; fchmal.	-; länglich; faft gleich.	-; borftig; blüthenlang.	-; einfach.	-; eyförmig; platt; unter der Blume.	-; -.	-; -.	-; eyrund; fehr grofs; platt; auffen mit 3 erhabenen Streifen.	grofs; lang; auffen fchwarz; innen weifs; voll milchigten Safts.

Blätter.	Blühzeit.	Ort.	Arzneymittel.	Eigenschaft.	Arzneykraft.	Gebrauch.
wechselsweise; gefiedert; Blätgen eyrund; groß; gefiedert gespalten; gekerbt; an haarigen Stielen.	Junius. Julius.	Deutschland, in Wäldern, nassen Wiesen; an Zäunen. Ein Kraut.	Kraut.	angenehmer, süßlicher Geschmack.	erweicht; zertheilet,	Zu Bähungen und Bädern, im Weichselzopf äusserlich und innerlich vid. Sim. Schulz. de Plica polon. in Act. Nat. Cur. Vol. VI.
wechselsweise, doppelt gefiedert mit Endblätgen. Blätgen herzförmig, eingeschnitten; sägzähnig.	Sommer.	Berge, Wälder. Ein Kraut.	Wurzel.	lieblicher, gewürzhafter Geruch; scharfer Geschmack.	erwärmet; zertheilet; stärket; treibt Schweiß.	Beynahe wie No. 319.
wechselsweise; doppelt gefiedert; Blätgen lanzenförmig; ganz; Endblätgen und unterste Seitenblätgen dreyfach.	Junius.	Oesterreich. Schweitz. Italien. Frankreich. Gebürge. Deutschland in Gärten. Ein Kraut.	Saame.	scharfer, gewürzhafter, bitterlicher Geschmack; starker Geruch.	erwärmet; eröffnet; zertheilet; treibt Harn, Stein, Monathszeit, Geburt, Blähungen.	Brustzustände; Catarrhe; bösartige Fieber; Steinschmerzen. Zum Theriack.
wechselsweise; doppelt gefiedert; Blätgen zerschnitten.	Julius.	Hartzgebürge, Sachsen, Vogtland. Wiesen, Gräben, feuchte Orte. Ein Kraut.	Wurzel.	scharfer, hitziger, bitterer Geschmack.	erwärmet; zertheilet; eröffnet; treibt Schweiß.	Zahnschmerzen; Flüsse; Husten; Engbrüstigkeit; Pest; bösartige Fieber. Thom. Reinesii Tractatus de peste Altenb. 1681. 4to.
wechselsweise; gefiedert; Blätgen stumpf; wechselsweise ausgeschweift.	Sommer.	Persien, um Herat in Corasan. Ein Kraut.	Gummi (Assa foetida). Sydenhams Mutterpillen. Emplastrum matricale.	scharfer, schleimiger, eckelhafter Geschmack; starker knoblauchartiger Geruch.	erweicht; treibt Schweiß; Monathszeit, Würmer.	Mutterzustände; Colick; Trommelsucht; Würmer.

C c

No.	Name.	Schirm.	Unschlag.	Blüthe.	Fäden.	Farbe.	Eyer fach.	Griffel.	Spitze.	Saame.	Wurzel.
346.	Haarstrang. Saufenchel. Peucedanum. Peucedanum officinale. Linn.	A. viel; sehr lang. B. eben so; offen.	A. vielblätterig; schmal; umgebogen; klein. B. kleiner.	Blätter; gleich; länglich; umgebogen; ganz. Gelb.	5; haarförmig.	5; einfach.	1; länglich; unter der Blume.	2; klein.	2; stumpf.	2; eylang, 3-strichig; häutig, oben ausgeschnitten, an Seiten ganz.	dick; lang; aussen schwarz, innen weiß; oben haarig.
347.	Möhrenkümmel. Vogelnest. Daucus. Daucus Carota. Linn.	A. viel; in der Blüthe flach; nach der Blüthe hohl. B. eben so.	A. vielblätterig; schmal; gefiedert; schirmlang. B. einfacher.	—; umgebogé; hertzförmig; ungleich. Weiß, innen etwas gelb.	—; —.	—; —.	—; klein; unter der Blume.	—; krummgebogen.	—; —.	—; eyrund; haarig; aschenfarbig.	dick; weiß.
348.	Cretischer Bergkümmel. Sefeli creticum. Tordylium officinale. Linn.	A. viel; ungleich. B. eben so; sehr kurz; flach.	A. vielblätterig; schmal. B. halb; nach aussen gelagert.	—; —; die äussersten sehr groß; 2spaltig. Weiß. Leibfarbig.	—; —.	—; —.	—; rundlich; platt.	—; klein.	—; —.	—; rundlich; fast platt; mit einem gekerbten erhabenen Rande.	lang; weiß; dünn; zaserig.
349.	Mannstreu. Brackendistel. Eryngium. Eryngium campestre.	A. kegelartig; riemig; ohne Stiele.	A. vielblätterig; flach; blüthengrößer. B. Kelch 5blätterig; aufrecht; Weiß.	—; länglichjumgebogen; mit einem langen Striche. Weiß.	—; gerad.	—; —.	—; haarig.	—; gerad.	—; langrund.	—; länglich.	lang; fingersdick, tief in die Erde; aussen schwarz, innen weißgelb, holzig.

Blätter.	Blühzeit.	Ort.	Arzneymittel.	Eigenschaft.	Arzneykraft.	Gebrauch.
wechselweise; doppelt gefiedert; Blätgen dornig; schmal; borstenähnlich.	Sommer.	Deutschland. Gärten, Wälder, schattige Orte; Wiesen. Ein Kraut.	Wurzel.	schwefelicher, starker Geruch; scharfer, bitterer, schleimiger Geschmack.	zertheilet; stärket Nerven; treibt Harn.	Geschwüre; Zahnschmerzen; dummer Schlaf; faulende Schäden; Bauchgrimmen.
wechselweise; doppelt gefiedert; Blätgen gefiedert gespalten; zerschnitten; weiß; rauch.	, .	Aecker, ungebauete Orte, sandige, steinige Gründe. Ein Kraut.	Saame.	widriger Geruch; gewürzhafter, süßer, wässeriger Geschmack; harzige, ölige Theile.	erwärmet; zertheilet; treibt Harn, Monathszeit; lindert die Schärfe. Einer der 4 kleinern erwärmenden Saamen.	Stein; Grieß; Blähung; Colick; Harnbrennen; fallende Sucht; kaltes Fieber.
wechselweise; gefiedert; Blätgen eyrund; sägzähnig; Endblätgen breiter; 3-spaltig; oben gezähnt; an rauhen Stielgeln.	, .	Italien. Sicilien, das südliche Frankreich. Deutschland in Gärten. Ein Kraut.	, .	scharfer, gewürzhafter Geschmack.	erwärmet; zertheilet; treibt Harn, Blähungen, Monathszeit.	Mutterzufälle; Grimmen; Blähungen; Harnwinde.
wechselweise; tiefgekerbt; dornig; weißlich oder schwärzlich.	Junius.	Deutschland. bergige, steinige, wüste Orte. Ein Kraut.	Wurzel; Kraut.	ohne Geruch; flüslicher, angenehmer, gewürzhafter, scharfer Geschmack; gelber Saft.	treibt Harn, Monathszeit; zertheilet; reitzet zum Beyschlafe. Eine der 5 kleinern eröffnenden Wurzeln.	Stein; Verstopfung der Eingeweide; langwierige Krankheiten; zähe Säfte; Franzosenhitze.

Eilfte

Pflanzen mit
sechsblätterigen

No.	Name.	Kelch.	Blüthe.	Fäden.	Farbe.	Eyerfach.	Griffel.	Spitze.	Saamgehäuse.	Saame.	Wurzel.
350.	Stendelwurz. Knabenkraut. Satyrium. Orchis bifolia & morio. Linn.	a. Bl. in einer Aehre zu oberst des Stängels.	Blätter, ungleich; 3 außen; 2 innen; 1 unten 4lippig; gespornet; Roth.	2; sehr kurz; an dem Griffel.	2; bedeckt; eyrundlich.	1; länglich; gewunden; unter der Blume.	1; sehr kurz; an der obern Lippe des untersten Blumeblates. a.	1; stumpf, zusammengedrückt.	Capfel; 1zellig; 3klappig.	viele; staubartig.	Zwibel; doppelt; eyrund; fleischig.
351.	Calmus. Acorus. Calamus vulgaris. Acorus Calamus. Linn.	—. Bl in einem Zäpflein an der Seite eines Blates.	..; stumpf; ausgehöhlet; oben dick; fast abgestutzt.	6; dicklich;blüthenlänger.	6; angewachsen; zwillig.	—; buckelich; länglich; ober der Blume.	a.	..; sehr klein.	..; 3zellig; 3eckig.	—; eyrundlich.	dick; knopperig; weiß.
352.	Spargel. Asparagus. Asparagus officinalis. Linn.	—. Bl. zwey in den Achseln der Aestlein.	—; länglich; röhrig; bleiben; die innern 3 länger.	—; fadenförmig; aufrecht, an den Blumenblättern.	—; rundlich.	—; 3eckig; birnförmig; ober der Blume.	1; sehr kurz.	—; ..	Beere; 3zellig; kugelrund; nabelich.	2 und 2 rundlich; glatt.	dickkopfig; zaserig.
353.	Weiße Lilie. Lilium album. Lilium candidum. Linn.	—. Bl. viele zu oberst des Stängels.	—; aufrecht, oben umgebogen.	—; pfriemig; aufrecht, blüthenkürzer.	—; länglich; liegen auf.	—; wellenförmig; 6furchig; ober der Blume.	..; wellenförmig; blüthenlang.	—; 3eckig; dicklich.	Capfel; 3zellig; 3klappig; 6furchig; oben 3eckig; stumpf.	viele; flach; in doppelter Reihe.	Zwibel; schuppig; weiß.
354.	Meerzwibel. Scilla. Scilla maritima. Linn.	—. Bl. traubenförmig; zu oberst des Zängels.	—; flach; eyrund; offen; fallen ab, Weiß.	—; — ; blüthenkürzer.	..; ..	..; rundlich; ober der Blume.	..; einfach; fädenlang.	..; einfach.	—; —; rundlich.	—; rundlich.	Zwibel; außen blutig; innen fleischig; safslg.

Ordnung.
vollkommener
Blume.

Blätter.	Blühzeit.	Ort.	Arzneymittel.	Eigenschaft.	Arzneykraft.	Gebrauch.
wechfelsweife; länglich; zuge- fpitzt; wie an den Lilien; mit oder ohne Flecken.	April. May.	Deutfchland. Feuchte Wie- fen. Ein Kraut.	Wurtzel Radix Saleb ex Orchide mariove Per- fica.	enthält viel Luft und fchleimige Theile.	zertheilet; treibt Harn; ftärket; reitzet zum Bey- fchlafe.	Verhalten des Harns; gif- tige Nervenzuftände; weifler Flufs ; Blutfturz der Gebährmutter; anfte- ckende Gallenrubr. Deg- ner Diff. de dyftat con- tag. biliof. v. Haller.
Wurzelblätter; lang; nicht gar breit; faft zeckig wie Hohlkiingen.	May.	Sümpfe, fte- hende Waf- fer. Ein Kraut.	Wurtzel; Ex- trafl ; Waf- fer; Geift.	fcharfer, gewürzhaf ter Geruch und Ge- fchmack.	erwärmet; ver- dünnet; löfet auf, treibet; ftärket; widerftebet der Fäulnifs.	Eckel; bösartige, hitzige Fieber; Schwindel; kalter Scorbut ; Wafferfucht; Blähungen ; Bauchgrim- men.
Aefte wechfels- weifs. Blätter 3- 5 beyfammen; klein ; dünn; über und über damit befetzt; wie am Dill.	Julius.	Deutfchland in Gärten, Weinber- gen. Ein Kraut.	Waffer; Saa- me; Waffer.	ohne Geruch ; füfs- licher , fchleimiger Gefchmack.	treibt Harn; löfet auf ; verdünnet; reitzet zum Bey- fchlaf Eine der 5 gröf fern eröffnenden Wurzeln.	Stein; Verftopfung der Eingeweide; Verhaltung des Harns; Nierenfchä- den.
fchneckenweife; zerftreut; an der Wurzel mehre- re ; lang; breit; glatt ; glänzend.	May. Junius.	In Gärten. Ein Kraut.	Wurtzel; Blu- me; Conferv; Waffer; Oel; Staubweg- fpitzen.	ftärker, guter Ge- ruch ; fchleimiger Gefchmack.	erweicbet; zeiti- get; ftillt Schmer- zen; treibt Mo- nathszeit, Harn, und giebt ihm ei- nen finkenden Geruch.	Fallende Sucht; Waffer- fucht; Mutterzuftände; fcharfe Catarrhe ; Schä- den vom Verbrennen; Peft- und andere Beulen.
Wurzelblätter; lanzenförmig ; nach der Blüthe.	Auguft. Septem- ber.	Spanien. Sicilien. Deutfchland in Gärten. Ein Kraut.	Zwibel ; Ef- fig ; Effenz; Loch ; Syrup.	ohne fonderbaren Geruch ; beiffender, fcharfer , bitterer, durchdringender Gefchmack; flüchti- ge, fcharfe, faltige Theile.	verdünnet ; fchneidet durch; zertheilet ; löfet auf.	Keuchen; trockener Hu- ften; Cachexie, Gelb- Schlaf. Wafferfucht; Ver- ftopfung der Leber, Milz; Warzen.

Cc 3

No.	Name.	Kelch.	Blüthe.	Fäden.	Fache.	Eyerfach.	Griffel.	Spitze.	Saamgehäuse.	Saame.	Wurzel.
355.	Knoblauch. Allium. Allium sativum. Linn.	o. Bl. in einer häutigen zerplatzenden Scheide mit kleinen darzwischen liegendeZwiebelgen.	Blätter, lilienartig; länglich; eng; aufrecht. Bleichroth.	6; pfriemig; blüthenlang; 3 breiter; oben 3spitzig.	6; länglich; aufrecht.	1; kurz; 3eckig; ober der Blume.	1; einfach; fädenlang.	1; spitzig.	Capfel; 3zellig; 3klappig; breit; sehr kurz.	viele; rundlich.	Zwiebel; rund; aus mehrern zusammengesetzt.
356.	Zwiebel. Cepa. Allium Cepa. Linn.	—. Bl. in einer häutigen runden zerplatzenden Scheide ohne Zwiebelgen.	—; —.	—; —.	—; —.	—; —.	—; —.	—; —.	—; —.	—; —.	Zwiebel; rundlich; mit einer Haut umwickelt.
357.	Schnittlauch. Porrum. Allium Porrum. Linn.	—. Bl. in einer häutigen oben zugespitzten zerplazendeScheide ohne Zwiebelgen.	—; —.	—; —.	—; —.	—; —.	—; —.	—; —.	—; —.	—; —.	Zwiebel; häutig; länglich; unten zaserig; zottig.
358.	Weisse Nieswurz. Helleborus albus. Veratrum album. Linn.	—. Bl. in zusammengesetzten Trauben.	—; länglich; lanzenförmig; gefärget; bleich grün.Bleich grün, dunkelpurpurfarbig.	—; pfriemig; blüthenkürzer.	—; 4eckig.	3; aufrecht; ober der Blume.	3; kaum sichtbar.	—; einfach; offen.	Capfeln 3, 1zellig; 1klappig; länglich; aufrecht.	—; länglich; häutig.	länglich; rund, fingersdick; außen grüngelblich, innen weiß.

Blätter.	Blühzeit.	Ort.	Arzneymittel.	Eigenschaft.	Arzneykraft.	Gebrauch.
wechfelsweife; faftig; lang; grasartig, nicht hohl.	Junius. Julius.	Deutfchland. Gärten, Aecker. Ein Kraut.	Zwiebel; Waffer; Effig.	befonderer, beiffender Geruch; fcharfer Gefchmack.	reitzet; zeitiget; erwärmet; treibt Harn, Monathszeit, Schweiß, Würmer.	Stein; Huften; Mutterbefchwerung; Wafferfucht; Bandwurm und andere Würmer, befonders Afcarides; Peftbeulen.
Wurzelblätter; hohl; kürzer als der unten bauchige hohle Stängel.	" .	" .	Zwiebel.	fcharfer, beiffender Geruch und Gefchmack.	zeitiget; treibt Harn, Blähungen, Würmer.	Nafenbluten; Stein; Ohrenfchmerzen; Peftbeulen; Taubheit; guldene Ader.
wechfelsweife; breit; nicht hohl.	" .	" .	Saame.	" .	erwärmet; treibt Harn, Monathszeit.	Stein.
wechfelsweife; groß; breit; dick; aderig; an einem dicken Stängel; gegen die Wurzel mehr beyfammen und größer.	Junius.	Schweitz. Schlefien. Oefterreich. Ein Kraut.	Wurzel.	ftarker Geruch; fcharfer, bitterlicher, eckelhafter Gefchmack.	purgiret ftark; macht Niefen, Brechen; färbt blau.	Krätze; Flechte; Rauhigkeit der Haut; Läufe; 4tägiges Fieber; fallende Sucht; Taubheit; Raferey. Ist faft zu fürchten.

Name.	Kelch.	Blüthe.	Fäden.	Fach.	Eyer-fach.	Griffel.	Spitze.	Saamge-häuse.	Saame.	Wurzel.
Ritter-sporn. Consolida regalis. Delphi-nium Confolida. Linn.	o. Bl. in Trau-ben am Ende desStän-gels und der Ae-fte.	Blätter, un-gleich; 1 o-ben ftum-pfer, hin-terwärts gefpornet; 4 an den Seite läng-lich, offen; 1 einwärts gelagert,a-fpaltig,faft-grubig,von der oberflt umgeben. Blau, pur-purfarb.	viele; pfrie-mig; offen.	viele; auf-recht; klein.	1; cy-rund;o-ber der Blume.	1; fi-den-lang.	1; um-gebo-gen.	Capfcla 1; tklap-pig; ge-rad; cy-rund; pfrie-mig.	viel; eckig.	faftrig.
1.Läufekraut. Stephans-körner. Staphifa-gria. Delphiniü Staphif-gria. Linn.	—. Bl. in Trau-ben grötter als No. 359.	wie N. 359. der Spora ftumpfer; das Saft-grubenblat kürtzer; 4-fpaltig.Pur-purblau.	—; —.	—; —	3; cy-rund; o-ber der Blume.	3; fi-den-lang.	3; um-gebo-gen.	—; 3; 1-klappig; länglich; grün.	—; 3e-ckig; runze-lich.	holtzig.
Küchen-fchelle. Ofterblu-me. Pulfatilla. Anemone Pulfatilla. Linn.	—. Um-fchlag,' vielfpal-tig. Bl. ein-zeln.	—; länglich; in 2 Rei-ben; in je-der 3. Blau.	—; haar-för-mig; kurtz.	—; — twillig.	viele; in einem Köpf-gen bey-fammen; ober der Blume.	viele zuge-fpitzt.	viele; ftumpf.	o.	—; haa-rig; ge-krümmt.	faferig; gleich-lang; dick.
Weinnäge-.cin. Sauerdorn. Berberis. Berberis vulgaris. Linn.	Oblänge-rig; ge-färbet; offen; fället ab. Bl. in Trau-ben aus den Ach-feln.	—; —; ausgehöh-let; auf-recht; offt; Saftgrube a gefärbte Körper an jedem Blat. Gelb.'	—; auf-recht; zu-fam-men-ge-drükt; ftumpf	1 2; 2 je-dem Fa-den auf beyden Seiten ange-wach-fen.	1; wel-lenför-mig; fa-denlang; ober der Blume.	o.	—; kreis-rund; mit ei-nem fchar-fen Rande.	Beere; 2 zellig; nabelich; länglich; roth.	2; läng-lich; wel-lenför-mig; ftumpf.	holtzig; innen gelb; breitet fich weit aus.

Blätter.	Blühzeit.	Ort.	Arzneymittel.	Eigenschaft.	Arzneykraft.	Gebrauch.
wechſelsweiſe; tief und zart zerſchnitten.	Sommer.	Deutſchland. Felder, Gärten. Ein Kraut.	Blumen.	ſchwacher Geruch; herber Geſchmack.	heilet; treibet; mildert.	Flüſſe; Entzündungen der Augen; Harnſcharfe, Wunden; alte Schäden.
wechſelsweiſe; groſs; raub; ſlappig; wie Weinblätter.	Junius.	Italien. Deutſchland in Gärten. Ein Kraut.	Saame.	eckelhafter, ſcharfer, bitterer Geſchmack.	macht Brechen, Speichel.	Franzoſen; Läuſe. Zu Gurgelwaſſern im Zahnwehe.
wechſelsweiſe; doppelt gefiedert geſpalten; gekerbt; rauchhaarig.	April. März.	Deutſchland. Wälder, ſchattige.bergige Orte. Ein Kraut.	Kraut; Wurzel; Blume; Waſſer.	ſcharfer, ätzender Geſchmack.	treibt Schweiſs; farbt grün, blau.	Pocken; Maſern; Giſt; Peſtilenz. Zu Oſtereyern.
wechſelsweiſe; mehr beyſammen; klein; länglich; ſägzähnig; überall 3 Stacheln unter den Blättern; an weiſslichten innen gelben Aeſten.	April. May.	Deutſchland. Hecken, Berge, Zäune. Ein dorniche Strauch.	Rinde; Beere; Saft; Syrup; Saame; Kügelgen;Ruob; Safe.	ſäuerlicher, herber Geſchmack.	kühlet; ziehet zuſammen; ſtärket; die Rinde purgirt; eröffnet; verdünnet.	Hitzige, bösartige Fieber; Durſt; Gelbſucht; gallige Durchfälle; Bauchfluſs; weiſſer Fluſs; Würmer.

Dd

Zwölfte

Pflanzen mit
vielblätterigen

No.	Name.	Kelch.	Blüthe.	Fäden.	Farbe.	Eyer-stock.	Griffel.	Spitze.	Saamge-häuse.	Saame.	Wurzel.
353.	Edel Leber-kraut. Hepatica nobilis. Anemone Hepatica. Linn.	3blätterig; bleibet. Bl. an eige-nen Stielen von der Wurzel.	Blätter; in 2 oder 3 Rei-ben; in jeder 3. Blau, roth, weiß.	viele; haarför-mig; kurz.	viele; auf-recht; zwil-lig.	viele; in einem Köpf-gen bey-sammen; ober der Blume.	viel; zuge-spitzt.	viele; stumpf.	o.	viele; zu-gespitzt; mit ei-nemStie-le.	zaserig.
354.	Kl. Schell-kraut. Schar-bockskraut. Chelidoni-um minus. Ranuncu-lus Ficaria. Linn.	— ; insge-mein; fällt ab. Bl. einzeln	— 10; länglich; mit einer Schuppe am Na-gel. Gelb.	— ; —.	— ; — ; länglich.	— ; —.	— ; —.	— ; — .	.	— ; —.	warzen-ähnlich.
355.	Seeblume. Nymphaea alba Offic. & Linn.	4blätterig; groß; oben gefärbet bleibet. Bl. einzeln an eigenen Stielen von der Wur-zel.	— ; kelch-kleiner; in ver-schiede-nen Rei-hen. Schnee-weiß.	— ; krauß; kurz.	— ; länglich; am Ran-de der Fäden.	1 ; groß; eyrund ; ober der Blume.	o.	1; rund; flach; gestrah-let; am Rande ge-zackt; bleibet.	Beere ; vielzel-lig; hart; fleischig; oben ge-krönet.	— ; rund-lich.	dick ; knotig ; keulen-förmig.
356.	Hauslaub. Semper-vivum majus. Semp: rvi-vom tecto-rum. Linn.	6 - 12spal-tig;spitzig; hohl; blei-bet. H. in vielen Trauben büschel-weiß.	6 - 12; länglich; lanzen-förmig; spitzig. Weiß.	12 - 24; pfrie-mig ; schwach; doppelt so viel als Blu-men-blätter.	12-24; rund-lich.	6 - 12; im Krei-fe; auf-recht.	6 - 12; offen.	6 - 12; spitzig.	Capseln 6 - 12; länglich; kurz;zu-gespitzt.	— ; klein.	— ; zaserig.

Ordnung.

vollkommener
Blume.

Blätter.	Blühzeit.	Ort.	Arzneymittel.	Eigenschaft.	Arzneykraft.	Gebrauch.
Wurzelblätter; 3lappig;faftgrün; wollig; an eigenen Stielen.	März.	Deutfchland. Waldungen, Gärten. Ein Kraut.	Kraut; Blume; Waffer.	trockener, anziehender Gefchmack.	ziehet an; zertheilet; ftärket.	Milzfucht; Verftopfungen; Gelb-Wafferfucht; Bruch; Tripper; Blutfpeyen; Blutharnen; Entzündungen; Wunden.
rundlich; herzförmig; etwas eckig.	April. u. w.	Zäune, Mauren, Gras, Gärten. Ein Kraut.	Wurzel; Kraut; Blume; Waffer.	fcharfer Gefchmack; ölige, fcharfe, harzige, gummige, fulzige Theile.	zertheilet; eröffnet; lindert die Schmerzen.	langwierige Krankheiten; Scharbock; Feigwarzen; Verftopfung der Milz; Gelbfucht; guldene Ader.
Wurzelblätter; groß; herzförmig; ganz; breit; dick; fleifchig; fchwammig; fchwimmen auf dem Waffer.	May. Junius.	Sümpfe, ftehende Waffer, feuchte Flüffe. Ein Kraut.	Wurzel; Blumen; Conferv; Syrup; Waffer; Oel.	feifenartige Theile.	ftillt Schmerzen; ziehet zufammen; kühlt; macht Schlaf.	Tripper; weiffer Fluß; Fieber; Tollfucht.
dick;faftig;rundlich; an der Wurzel roftnartig ausgebreitet; am Stängel wechfelsweife übereinander liegend.	Junius. Julius.	Mauren, Dächer. Ein Kraut.	Kraut; Syrup.	herber, fcharfer,kühlender Gefchmack.	kühlet; ziehet an.	Fieber; Hitze; Durchlauf; Entzündungen, Meelbund; Verbrennen.

Dreyzehende
Pflanzen
loser

A) Fädige.

N.	Name.	Kelch.	Fäden.	Farbe.	Eyer-fach.	Griffel.	Spitze.	Saamge-häuse.	Saame.	Wurzel.
357.	Feigenbaum. Ficus. Ficus Carica. Linn.	M. 3fpaltig; aufrecht; gleich. W. 5fpaltig; ungleich. Männliche und weibliche, theils beyeinander, theils abgefondert, in birnförmigen fleifchigen gemeinen Behältniffen.	3; borftenförmig.	3; zwillig.	1; eyrund.	1; pfriemig; eingebogen.	2; zugefpizt; umgebogen.	o. Frucht; birnförmig; braun.	1; rundlich; zufammengedrükt.	holzig; zaferig; gelb.
358.	Bingelkraut. Mercurialis. Mercurialis annua. Linn.	3fpaltig; eyrund; lanzenförmig; offen. Männl. u. weibl. abgefondert an 2 verfchiedenen Kräutern in Aehren. Gelb.	9 - 12; haarförmig.	9 - 12; kugelrund; zwillig.	-; rundlich; rauch; gefurcht.	2; rauch; gehörnet; krumgebogen.	2; fpitzig; krumgebogen.	Capfel; 2zellig; beutelförmig; zwillig; rundlich.	in jeder Zelle einer; rundlich.	zaftrig.
359.	Hafelwurzel. Afarum. Afarum europæum. Linn.	3fpaltig; glockenförmig; lederhaftig; oben umgebogen; bleibet. Purpurbraun. Blumen an eigenen Stielen von der Wurzel aus.	12; pfriemig; doppelt; kelchkürzer.	12; länglich; dem Rande der Fäden angewachften.	-; unten im Kelche.	1; welfenförmig; fädenlang.	1; 6fpaltig; fternartig; krumgebogen.	-; 6zellig; lederhaft.	viel; eyrund; 2 Reihen in jeder Zelle.	dünn; kriechet; knotig; zaferig; gebogen; verwirrt; dunkelbraun.
370.	Miftel. Viscum. Viscum album. Linn.	M. 4fpaltig; gleich. W. 4blätterig; fällt ab. Männl. u. weibl. abgefondert an 2 verfchiedenen Pflanzen in Aehren in den Achfeln. Gelb.	0.	4; zugefpizt; länglich; an den Blättern des Kelchs.	-; länglich; zeckig; 4fpalig; unter dem Kelche.	0.	1; ftumpf.	Beere; 1zellig; kugelrund; glatt; glänzend; weich; weifs.	1; herzförmig; fleifchig; weifs.	gering; nicht tief im Holze.

Ordnung.

mit blätter-Blume.

Blätter.	Blühzeit.	Ort.	Arzeneymittel.	Eigenschaft.	Arzneykraft.	Gebrauch.
wechselsweise; breit; groß, dick; slappig; eingeschnitten, rauh; milchig.	Sommer.	Das südliche Europa. Deutschland in Gärten. Ein Kraut.	Frucht (caricæ)	süßer, angenehmer Geschmack.	ernähret; macht schlüpfrig; erweichet; treibt Harn.	Brust- Leberzuständde; Husten; Colick; Ausschlag; Peßbeulen.
gegeneinander; länglich; spitzig; glatt; grün; gekerbt; an runden, glatten Stängeln.	May.	Deutschland. Gärten, Weinberge, wild, als Unkraut.	Kraut; Honig.	milder Geschmack; wässerige, nitröse, schleimige Theile.	erweichet; eröffnet; kühlet; laxirt gelind; löset auf. Eines der 5 erweichendé Kräuter.	Unfruchtbarkeit, schleimige, verdeckte, gelbliche Säfte; Grieß; Gelbsucht; Warzen. Zu Pflastern, Clystiren, Thee.
Wurzelblätter; dick; rundlich; nierenartig; glänzend; dunkelgrün; an langen, dünnen Stielen.	April May.	an schattigen Orten, Waldungen, Bergen; sonderlich unter den Haselstauden. Ein Kraut.	Wurzel; Extract; Blätter; Saame,	flüchtiger, widriger Geruch; eckelhafter, scharfer, bitterer, gewürzhafter Geschmack; scharfe, flüchtige, salzige, gummige, harzige Theile.	Frisch, macht Erbrechen, Niesen und purgirt stark. Trocken, schneidet ein; zertheilet; treibt Harn, Monathszeit, Schweiß; trocknet.	Melancholie; Gliederreißen; Gicht; 4tägiges Fieber; stockende, verdorbene Säfte; Wassersucht; Gelbsucht; Hüftweh.
gegeneinander; schmal; länglich; gelblichgrün: an grüngelben, holzigen, zweizigen Stängeln.	¡May.!	auf den Bäumen, als Fichten, Tannen, Birken, Eichen, Haselstauden. Eine Schmarotzenpflanze.	Holz; Blätter; Oel.	schleimiger, bitterer, gelind anziehender Geschmack.	schlägt nieder; verdicket das Geblüte.	Seitenstechen; fallende Sucht; Krampf; Schwindel; Durchfall; Schmerzen; dicker Bauch; Flüsse.

Name.	Kelch.	Fäden.	Fache.	Eyerstock.	Griffel.	Spitze.	Saamgehäufe.	Saame.	Wurzel.
Maulbeerbaum. Morus. Morus nigra. Linn.	M. 4spaltig; eyrund. W. 4blätterig; wechselsweise. M. u. W. abgesondert an einem Baume in Trauben. Gelblich.	4; pfriemig; aufrecht.	4; einfach.	1; herzförmig; im Kelche.	2; lang; pfriemig; krumgebogen.	2; einfach.	Beere; fleischig; saftig; rund; viele zusammengesetzt.	1; eyrund; spitzig.	holzig.
Glaskraut. Tag- und Nachtkraut. Parietaria. Parietaria officinalis. Linn.	4spaltig; flach; stumpf. Umschlag 6blätterig. Einzelne weibliche vermischt; ballenartig; anfangs roth, zuletzt weiß.	—; —; bleiben.	4; zwillig.	—; eyrund; im Kelche.	1; gefärbt; fadenförmig.	1: pinselartig.	o.	—; eyrund.	faserig.
Nessel. Urtica. Urtica dioica. Linn.	M. 4blätterig; stumpf. W. 2klappig; aufrecht; bleibet. Männl. und weibl. abgesondert an 2 verschiedenen Kräutern in doppelten Trauben. Blaßgelb.	—; —; offen.	—; 2zellig.	—; —; o.	o.	—; wollig.	—.	—; zusammengedrückt; glänzend.	dünn; faserig.
Römische Nessel. Urtica romana. Urtica pilulifera. Linn.	M. —; —. W. —; —. Männl. und weibl. an einem Kraute; die weibl. in Kugeln.	—; —; —.	—; —.	—; —.	—.	—; —.	—.	—; —; —.	—; —.
Johannisbrod. Bockshörnleinbaum. Siliqua dulcis. Ceratonia Siliqua.	M. 5spaltig; sehr groß. W. 5eckig. Männl. und W. auch Zwitter auf besondern Blumen, traubenweise in Achseln.	5; pfriemig; sehr lang.	5; groß; zwillig.	—; länglich; im Kelche.	1; lang; fadenförmig.	—, mit einem Kopfe.	Schote; länglich; innen fleischig; mit Querabtheilungen; braun.	viele; rundlich; platt; hart; glänzend; braun.	holzig; ästig.

Blätter.	Blühzeit.	Ort.	Arzneymittel.	Eigenschaft.	Arzneykraft.	Gebrauch.
wechselsweise; breit; eyrund; gekerbt; äderig.	May. Junius.	Italien. Deutschland in Gärten. Ein Baum.	Frucht; Roob Syrup.	angenehmer, süßlich-säuerlicher Geschmack.	kühlet; ziehet an; stärket; macht Appetit.	Bösartige Fieber; Durchfall; Würmer; Durst; Entzündung des Halses und Mundes; Bräune. Zu Gurgel-Spritzwassern.
wechselsweise; lanzenförmig; eyrund; rauch; haarig.	' .	Deutschland. Wände, Mauren. Ein Kraut.	Kraut.	milder Geschmack; schleimige, salpetrige, schweßliche Theile.	erweichet; kühlet; treibt Harn; schläget nieder. Eines der 5 erweichenden Kräuter.	Wassersucht; Stein; Grieß; Abzehrung; Husten; Harnbrennen; Blutspeyen. Zu erweichenden Pflastern und Clystiren.
gegeneinander; länglich; gekerbt; stachelig.	Sommer.	' Ueberall in Menge. Ein Kraut.	Wurzel; Kraut; Wasser; Saame.	bitterer, scharfer Geschmack.	ziehet zusamen; treibt Harn; stillt das Blut; reizet; kühlet. Aeusserlich machet roth und Blasen.	Gelbsucht; Nierenzustände; Blutspeyen; Nasenbluten; Abzehrung; Verblutungen. Aeusserlich zum Peitschen im Podagra; Hustweh; Lähmung; Schwinden; Gicht.
gegeneinander; eyrund; sägzähnig, stachelig.	' .	Das südliche Europa. Deutschland in Gärten. Ein Kraut	Saame.	etwas scharfer, fetter Geschmack.	treibt Harn; stillet das Blut; ziehet zusammen.	Brustzustände; Seitenstechen; Stein; Nierenschmerzen.
wechselsweise; gefiedert mit einem Endblätgen; Blätgen 5 eyrund.	Frühling.	Italien. Orient. Deutschland in Gärten. Ein Baum.	Frucht; Syrup de Diacodio.	süßer Geschmack; schleimige Theile.	lindert die Schärfe.	Husten; Engbrüstigkeit; Südbrennen; Harnstrenge.

No.	Name.	Kelch.	Fäden.	Farbe.	Eyer-fach.	Griffel.	Spitze.	Saamge-häuse.	Saame.	Wurzel.
376.	Melte. Atriplex sativa. Atriplex hortensis. Linn.	Z. 5spaltig; hohl; eyrund; bleibt; amRande häutig. W. 2blätterig; groß; aufrecht; flach; zusammengedrückt. Zwitter u. weibl. an eben dem Kraute in Trauben.	5; pfriemig.	5; rundlich; zwillig.	1; kreisrund; zusammengedrückt; im Kelche.	1; 2spaltig; kurz.	2; krumgebogen.	o. Der vergrößerte Kelch.	1; kreisrund; platt.	zaserig.
377.	Guter Heinrich. Bonus Henricus. Chenopodium bonus Henricus. Linn.	—; am Rande häutig; bleibet. Grün. Bl. in Trauben.	—; —.	—; —.	—; kreisrund; im Kelche.	—; —.	—; stumpf.	o. Der geschlossene Kelch.	—; —.	—.
378.	Bruchkraut. Herniaria. Herniaria glabra. Linn.	—; spitzig; innen gefärbet; bleibet. Gelbgrün. Bl. in Achseln mehrere beysammen.	—; pfriemig; 5 andere, taube.	—; einfach.	—; eyrund; im Kelche.	1; kaum sichtbar.	—; zugespitzt.	Capsel; klein; bedeckt.	—; eyrund; zugespitzt; glänzend.	—.
379.	Mangold. Beißkohl. Beta rubra & alba. Beta vulgaris & cicla. Linn.	—; hohl; eyrund; länglich; stumpf; bleibet. 1) Bl. mehrere. 2) 3 beysammen. Gelblich.	—; pfriemig.	—; rundlich; zwillig.	—; rundlich; unten im Kelche.	2; aufrecht; kurz.	—; spitzig.	—; 1zellig; fällt ab.	—; nierenförmig.	dick; fleischig.
380.	Hanf. Cannabis. Cannabis sativa. Linn.	M. —; hohl; zugespitzt; eyrund. W. 1blätterig; auf der andern Seite, der Länge nach, aufspringend; bleibet. M. u. W. abgesondert, an 2 verschiedenen Kräutern.	—; haarförmig.	—; länglich; 4eckig.	—; sehr klein; im Kelche.	—; pfriemig; lang.	—; —.	—; sehr klein.	Nuß; kugelrund; 2klappig; außen röthlichglänzend; innen weiß.	holzig; zaserig; weiß.

Blätter.	Blühzeit.	Ort.	Arzneymittel.	Eigenschaft.	Arzneykraft.	Gebrauch.
wechfelsweife; zeckig; ausgefchweift; wie mit Mocl beftreuet.	Frühling.	Deutfchland in Gärten. Ein Kraut.	Kraut; Saame.	herber Gefchmack.	nähret; feuchtet an; kühlet; treibt Monathszeit, Nachgeburt; purgirt; macht Brechen.	Gallifche Krankheiten; Mutterzuftände. Zu kühlenden Clyftiren.
wechfelsweife; zeckig; moolig.	Sommer.	Wilfte Orte, eingefallene Mauren. Ein Kraut.	Kraut.	wäfferiger, etwas herber Gefchmack.	reiniget; eröffnet; treibt Harn, feuchtet an; kühlet.	Scharbock; Gefchwulft; Seitenftechen; Podagra; guldene Ader. Zu Clyftiren und Umfchlägen.
wechfelsweife; klein; grüngelb; an knotigen,röthlichen Stängeln.	Junius. Julius.	Aecker, trockene, fandige Orte. Ein Kraut.	Kraut; Waffer; Conferv.	fcharfer, falziger, ftark zufammenziehender Gefchmack; viele irdifche Theile.	ftärket; kühlet; ziehet an; reiniget; treibt Harn, Griefs.	Bruch; alte Schäden; Wafferfucht; Augen-Nieren- Blafenzuftände; Aderzerfprengungen.
wechfelsweife; grofs; zart; glänzend.	April. May.	in Gärten. Ein Kraut.	Kraut; Saft; Wurzel	faftiger, wäfferiger Gefchmack.	erweichet; kühlet; macht Niefen.	Augenzuftände; Schnupfen; Entzündungen; Gefchwüre; Erfrierung der Glieder; Blaftn; Kopffchmerzen.
wechfelsweife; gefingert; oben dunkelgrün, unten blafsgrün.	Sommer.	Aecker, Gärten. Ein Kraut.	Saame; Oel.	befonderer, unangenehmer Geruch; öliger, füfser Gefchmack.	betäubet; macht Schlaf; ftillt Schmerzen.	Tripper; weifter Flufs; Huften; Seitenftechen; Gefbfucht; innerliche, Schmerzen; Würmer; ftarker Saamenflufs; Geilheit.

Name.	Kelch.	Fäden.	Fäche.	Eyer-ſtock.	Griffel.	Spitze.	Saamge-häuſe.	Saame.	Wurzel.
Hopfen. Lupulus. Humulus Lupulus. Linn.	M. 5ſpaltig; länglich; ſtumpf. W. einblätterig;groß; mit einem 4ſpaltigen Umſchlag. M. u. W. abgeſondert an 2 verſchiedenen Stauden; viele bey-ſammen.	5 ; haar-förmig; kurz.	5 ; läng-lich.	1 ; ſehr klein;im Kelche.	2 ; pfrie-mig.	2 ; ſpi-tzig.	o Der weibl. Kelch, deren mehrere einen Zipfen machen.	Nuß ; rundlich; bedeckt.	dünn ; kriechen ſehr um-her; und verwi-ckeln ſich.
Flöhkraut. Perſicaria. Polygonum Hydropi-per. Linn.	5ſpaltig ; gefärbet ; ſtumpf; bleibet ; in Aehren. Blaßroth.	d; pfrie-mig.	6; rund-lich.	-- ; ge-ckig ;im Kelche.	—;—; kurz.	2; ein-fach.	—. Der ge-ſchloſſe-ne Kelch.	1 ; ge-ckig ; ſpitzig.	zaſerig.
Schlangen-wurzel. Natterwur-zel. Biſtorta. Polygonum Biſtorta. Linn.	— ; blaßroth gefär-bet; länglich; in dich-ten Aehren; bleibet.	6, 3 ; pfrie-mig.	6, 8; rund-lich.	—;—;	3 ; fa-denför-mig.	3; ein-fach.	—.	—;—.	lang; knollig; gewun-den; zaſerig ; auſſen ſchwarz-braun, innen röthlich.
Buchwei-zen. Hey-dekorn. Fagopy-rum. Polygonum Fagopy-rum. Linn.	— ; weiſsgefärbet; in Trauben; bleibet.	—;—.	—;—.	—;—.	—;—.	—;—.	—.	—;—.	zaſerig.
Wegtritt. Tauſend-knoten. Polygo-num. Polygonum aviculare. Linn.	— ; grüngefärbet.	—;—.	—;—.	—;—.	—;—.	—;—.	—.	—;—.	— ; kriechet.

Blätter.	Blühzeit.	Ort.	Arzneymittel.	Eigenschaft.	Arzneykraft.	Gebrauch.
gegeneinander über; rauh; eckig; gezackt; an langen, hochlaufenden und sich windenden Ranken.	August.	Deutschland. Gärten, Berge, Aecker. Ein Kraut.	Jonge Sproffen (turiones); Frucht.	widriger Geruch; scharfer, bitterer Geschmack.	löset gelind auf; nähret; treibt Harn; stärket den Magen; betäubet.	Stein; Milchsucht; Scharbock; Krätze; Verrenkung; langwierige Fieber. Zum Biermachen.
wechselsweise; wie Weidenblätter; ganz; gezädert; mit oder ohne Flecken.	Julius.	* Feuchte Orte, Gräben. Ein Kraut.	Kraut; Waffer.	sehr bitterer, brennender Geschmack.	ätzet; kühlet; treibet Schweiß.	Stein; hitzige Geschwülste; Entzündungen; frische Wunden; Geschwüre.
wechselsweise; eyrund; gestielet; unten blaßgrün.	May.	* Wiesen, feuchte Orte. Ein Kraut.	Wurzel; Waffer; Syrup.	ohne Geruch; herber Geschmack; zusammenziehende, erdige, etwas saure Theils.	ziehet stark an; treibt Schweiß, Gift.	Durchfall; Brechen; Tripper; Goldaderfluß; Würmer; Pestilenz; Schlangenbiffe. Zu Babongen, Bädern, Gurgelwaffern in der Bräune, gefallenem Zäpfgen, Mundfäule, Wackeln der Zähne.
wechselsweise; herzförmig; pfeilartig.	Junius. Julius.	* Aecker, Gärten. Ein Kraut.	Saamen.	meeliger Geschmack.	ernähret; mindert die Schärfe; macht schlüpferig; kühlet; verdünnet; ftopfet.	Hitzige Fieber. Zu Breyumschlägen wider Geschwülste; Entzündung der Geilen, Brüste, Drüsen.
wechselsweise; lanzenförmig; ganz; an liegenden, häufig und häufig gegliederten Stängeln.	Sommer.	* Wege, öde Plätze, Felder. Ein Kraut.	Kraut; Waffer.	herber Geschmack.	ziehet an; stärket; kühlet.	Vorfall; Durchfälle; Blutflüffe; Wunden; rothe, entzündete Augen.

No.	Name.	Kelch.	Fäden.	Farbe.	Eyerfach.	Griffel.	Spitze.	Saamen-häuse	Saame.	Wurzel.
386.	Wunder-baum. Catapucia major. Ricinus vulgaris. Ricinus communis. Linn.	M. 5spaltig; eyrund; hohl; gelbgrün. W. 3spaltig; hohl; fällt ab; roth. M. u. W. abgesondert, an eben dem Stängel, in Trauben.	viele; fadenförmig; ästig; verschieden zusammengewachst.	viele; rundlich; zwillig.	1; eyrund; mit Spitzen besetzt; im Kelche.	3; 2spaltig; haarig.	3; einfach.	Capsel; 3zellig; 3klappig; 3furchig; stachelig.	viele; eyrund; glatt; gewölbet.	zaferig.
387.	Sinnau. Frauenmantel. Alchimilla. Pes leonis. Alchemilla vulgaris. Linn.	8spaltig; wechselsweise kleiner; flach; bleibet. Gelbgrün. Bl. zu oberst des Stängels büschelweise.	4, pfriemig; aufrecht.	4; rundlich.	—; —; im Boden des Kelchs.	1; fadenförmig; an der Seite des Eyerstocks.	1; halb gelrund.	0. Der geschlossene Kelch.	1; zusammengedrückt.	zaferig.
388.	Buchs-baum. Buxus. Buxus sempervirens. Linn.	M. 5blätterig; ungleich; rundlich. W. 7 —; —. M. u. W. abgesondert an einem Strauche. Gelb.	—; —.	—; aufrecht.	—; rundlich; 3eckig.	3; klein; bleiben.	3; stumpf, haarig.	Capsel; 3zellig; 3schnabelich; flach; 3fach; aufspringend.	2; länglich; in jeder Zelle.	holzig.
389.	Mäusedorn. Ruscus. Ruscus aculeatus. Linn.	M. 6blätterig; aufrecht; hohl; am Rande umgebogen. Saftgrube krugförmig. W. —; eben so. M. u. W. abgesondert an 2 verschiedenen Sträuchen oben auf den Blättern. Gelb.	0.	3; offt; unten zusammengewachst; am Rande der Saftgrube.	1; länglich; eyrund; in der Saftgrube verborgen.	1; walzenförmig.	1; stumpf.	Beere; 3zellig; kugelrund; hochroth.	2 und 2; kugelrund.	zaferig; dick; kriecht; läuft ineinander; weiß.
390.	Zipfelchenkraut. Uvularia. Bislingua. Laurus alexandrina. Ruscus Hypoglossum. Linn.	M. wie No. 389. W. eben so. Bl. unter den Blättern zwischen einem besondern Blätgen.	—.	—; —½; —; —.	—; rundlich; in der Saftgrube verborgen.	—; —.	—; —.	—; —.	—; —.	lang; knotig; zart; fleischlich; weiße.

Blätter.	Blühzeit.	Ort.	Arzneymittel.	Eigenschaft.	Arzneykraft.	Gebrauch.
wechfelsweife; gefiogert; 8, o-fach eingefchnitten; gekerbet; an holzigen, knotigen, röthlichen oder bläulichen Stängeln.	Sommer.	Deutfchland in Gärten. Eine baumartige Staude.	Saame; Oel.	anfangs füßer, bald herber, bitterer, fcharfer, widriger Gefchmack.	purgiret ftarck; treibet Würmer; entzündet.	Arznei nicht viel gebräuchlich. Lauß.
wechfelsweife; breit; rondlich; gefägt; gefalten, wie ein Mantel.	May.	Wiefen, Trifften, Berge. Ein Kraut.	Wurzel; Kraut; Waffer.	herber Gefchmack.	ziehet zufamen; verdicket; heilet; kühlet; reiniget.	Wunden; innerliche Verblutungen; Schlappigkeit der feften Theile; Schwindfucht; innerliche Gefchwüre der Lungen, Nieren, Gedärme.
wechfelsweife; kurz; länplichrund; glänzend; dick; immer grün.	März.	Deutfchland in Gärten. Ein Strauch.	Holz; Oel.	fcharfer, bitterer, eckelhafter Gefchmack; harzige Theile.	treibt Schweiß; purgiret heftig; reiniget; ziehet ftark an.	Fallende Sucht; Gelbfucht; Mutterzuftände; Zahnweh. Aeußerlich zu Wundumfchlägen.
wechfelsweife; länglichrund; zugefpitzt; glänzend; nervigt; fteif; immer grün.	Sommer.	Italien. Frankreich. Deutfchland in Gärten. Ein Strauch.	Wurzel; Saame.	anfangs füßer, nachmals bitterer, Gefchmack; faltzige Theile.	ftärket; vertheilet; treibt Harn. Monathszeit. Eine der 5 größern eröffnenden Wurzeln.	Wafferfucht; Gelbfucht; Verftopfung der Eingeweide; Nierenfchäden; Verhaltung des Harns.
wechfelsweife; eyrund; zugefpitzt; glänzend; nervigt; immer grün; in der Mitte der untern Fläche mit einem kleinern Blätgen verfehen.	. . .	Italien. Ungarn. Deutfchland in Gärten. Ein Kraut.	Kraut.	bitterlicher, anziehender Gefchmack.	ziehet zufamen; ftärket; kühlet.	Gefchoffenes Zäpfgen; Mundfäule; Mundgefchwüre; gefchwollene Mandeln.

E e 3

No.	Name.	Kelch.	Fäden.	Fucht.	Eyerstock.	Griffel.	Spitze.	Saamgehäufe.	Saame.	Wurzel.
391.	Sarfaparille. Sarfaparilla. Smilax Sar-faparilla. Linn.	6blätterig; glockenförmig; offen; oben umgebogen; fällt ab. M. u. W. auf verschiedenen Pflanzen in Trauben. Weißlich.	6; einfach.	6; länglich.	1; cyrund; im Kelche.	3; fehr klein.	3; länglich; umgebogen; roth.	Beere; 3zellig; kuglich; roth.	2 in jeder Zelle; kuglich.	lang; kriechend; knotig; unten zaferig; auffen bräunlich; innen weißl.
392.	Pockenwurz. China. Smilax China. Linn.	— ; — ; — ; — ; —.	— ; —.	— ; —.	— ; — ; —.	— ; — ; —; —.	— ; —.	— ; — ; pomerantzenfarb.	— ; —.	knotig; auffen rothbraun; innen weißlich.
393.	Saurampfer. Acetofa. Rumex Acetofa. Linn.	2fach; 3blätterig; umgeb; bleibet. — ; zusammengeneigetgroffer; bleibet. M. u. W. abgefondert an 2 verfchiedenen Kräutern in Trauben. Gelb.	— ; haarförmig; kurz.	— ; zwillig.	— ; 3eckig; birnförmig; im Kelche.	— ; kroßgebogen.	—groß; zerriffen.	o. Der innere Kelch.	1; 3eckig.	zaferig; gelbfarbig.
394.	Grindwurz. Lapathum acutum. Rumex acutus. Linn.	— ; — ; — ; — ; —. Zwitterblumen in Trauben; an den innern Blättern mit kleinen Körnern. Braunroth.	— ; —.	— ; —.	— ; — ; —.	— ; —.	— ; —.	—.	— ; —.	groß; zaferig; auffen braun, innen gelb.
395.	Waflerampfer. Hydrolapathum. Britannica. Rumex aquaticus. Linn.	— ; — ; — ; — ; —. Zwitterblumen in Trauben ohne Körner an den innern Blättern. Braunroth.	— ; —.	— ; —.	— ; — ; —.	— ; —.	— ; —.		— ; —.	dick; rund; zaferig; auffen fchwärzlich, innen gelb.

Blätter.	Blühzeit.	Ort.	Arzneymittel.	Eigenschaft.	Arzneykraft.	Gebrauch.
wechfelweife, eyrund; zugefpitzt; zuerrvigt; an eckigten, hin und her gebogenen, ftacheligten Stängeln, mit Gabeln.		Peru, Brafilien, Mexico, Virginien. Eine rebenartige, kriechende, windende Staude.	Wurzel, deren lange Zaftra; Holztrank; Effenz.	mehligter Gefchmack; kein Geruch.	bricht die Stere; zertheilet Schleim; treibt Schweiß.	Venerifche Krankheiten; Scorbut; Lungenfucht; Catarrhe; Hüftwehe; Gicht; Podagra.
wechfelweife; herzförmig; 5 nervigt; an rundlichen, hin u. her gebogenen, ftacheligten Stängeln mit Gabeln.	. .	China, Japan, Mexico. Eine rebenartige Staude.	Wurzel; Holztrank; Effenz.	etwas anziehender Gefchmack; etwas harzigte Theile.	wie No. 391. aber ftärker.	wie No. 391.
wechfelweife; länglich; fpitzig; oft kraufe, rund, pfeilförmig; an runden, röthlichen Stängeln.	May. Junius.	Deutfchland. Gärten, Wiefen. Ein Kraut.	Wurzel; Kraut; Conferv; Syrup; Waffer; Saame.	angenehmer herber, bitterer Gefchmack; feuerbeftändige, falzige, irdifche Theile.	kühlet; eröffnet; ftärket Herz, Magen, Leber; mildert die Schärfe; färbt gekochtes Waffer roth.	Scharbock; Fäulung; Auszehrung; bösartige Fieber; Verftopfung der Eingeweide; erhitztes, galliges Geblüte; finnige Ausfchläge; Biffe rafender Hunde; hitzige Gefchwüre.
wechfelweife; länglich; herzförmig; langfpitzig; breit; braun; weich.	Junius.	feuchte Orte, Wiefen. Ein Kraut.	Wurzel; Kraut; Saame.	bitterer, herber Gefchmack; gummige, harzige Theile.	laxiret gelind; treibt Harn.	Scharbock; Liebesfeuche; Wunden; Gelbfucht; zähiges Fieber; kräftige, catarrhifche Anfälle.
wechfelweife; herzförmig; lang; zugefpitzt; groß.	. . .	An Weyhern, Bächen, Flüffen. Ein Kraut.	Wurzel; Kraut.	herb, bitter.	laxiret gelind; ftärket; ziehet an; mildert die Schärfe des Geblüts.	Scharbock; böfe Gefchwüre; Gelbfucht; Durchfälle; Mundfäule.

No.	Name.	Kelch.	Fäden.	Farbe.	Eyer-fach.	Griffel.	Spize.	Stange-bauß.	Saame.	Wurzel.
396.	Mönchs-rhabarbar. Rhabarbarum monachorum. Rumex alpinus. Linn.	3blätterig; umgeb.; bleibet. 2fach; — ; zusammengeneigetgröffer; bleibet. Z.u.W. abgefondert an verfchiedenen Kräutern; die innern BlätterohneKörner.Gelb.	6;haarförmig; kurz.	6; zwittig.	1; 3eckig; birnförmig; im Kelche.	3;krummgebogen.	3;groß; zerrißen.	o. Der innere Kelch.	1;3eckig.	ftark; lang; zaferig; außen fchwärtlich; innen gelb.

B) Wurfiblumen.

No.	Name.	Kelch.	Fäden.	Farbe.	Eyer-fach.	Griffel.	Spize.	Stange-bauß.	Saame.	Wurzel.
397.	Efchenbaum. Fraxinus. Fraxinus excelfior. Linn.	o. Zwitter und Weibl an 2 verfchiedenen Blumen; eher als die Blätter.	2; aufrecht.	2; aufrecht.	1; eyrund.	1; aufrecht; wellenförmig.	1;2fpaltig; dicklich.	o.	— ;häutig; zellig; lanzenförmig; zungenartig; gelbbraun.	holzig.
398.	Hafelftaude. Corylus Corylus Avellana. Linn.	M. fchuppig; 3fpaltig; gelblich. W. 2blätterig; lederhaft; röthlich; in der Knofpe. M. u.W. abgefondert an einem Baume; vor den Blättern.	8;kurz; an der innern Seite jeder Schuppe.	8; kurz; aufrecht.	—; fehr klein; rundlich; Im W. Kelche.	2; borftig; roth gefärbet.	2; einfach.	—.	Nuß;eyrund;im Kelche.	٭.
399.	Irke. Betula. Betula alba. Linn.	M. —; mit 2 andern kleinern; 3blümig; jedes Blümgen 4fpaltig; klein. W. —; —; 2blümig. M. u. W. abgefondert an einem Baume. Bräunlich.	4; klein.	4; zwittig.	2; eyrund; in jeder Schuppe.	—;—.	—;—.	—.	2; eyrund; unter jeder Schuppe.	٭.
400.	Eichbaum. Quercus. Quercus Robur. Linn.	M. 4; 5fpaltig; oft wieder 2fpaltig. W. 2blätterig; ganz; lederhaft; in der Knofpe. M. u. W. abgefondert an einem Baume.	viele; 5-10.	viele; 5-10.	1; eyrund; klein; im W. Kelche.	1; 5-fpaltig.	5; einfach.	—.	Eichel; eyrund; im Kelche.	٭.

Blätter.	Blüthe.	Ort.	Arzneymittel.	Eigenschaft.	Arzneykraft.	Gebrauch.
wechſelweiſt, herzförmig; ſtumpf; groſſ.	Junius.	Schweiz. Gebürge. Deutſchland in Gärten. Ein Kraut.	Wurzel	herb, bitter.	laxiret gelind; ſtärket; ziehet an.	Fieber; Geſchlecht; Durchlauf; Unreinigkeit in Gedärmen.
gegeneinander; gefiedert; länglich; paarweiſe aus einer Ribbe, mit einem ungleichen; eine glatte, aſchenfarbige Rinde.	März. April.	Deutſchland. Waldungen, Flüſſe, feuchte Orte. Ein Baum.	Holz; Salz; Rinde; Blätter; Saame (lingua avis.)	bitterer, ſcharfer, gewürzhafter Geſchmack; feuerbeſtändige, ſalzige Theile.	ziehet an; ſchneidet ein; treibt Harn; reitzet zur Wolluſt.	3tägiges Fieber; ſchleimige Krankheiten; Verhärtung der Eingeweide; Geſb- Waſſerſucht; Blutſtürzungen; Ueberbeine; Nieren- Blaſenſtein; Schlangenbiſſe.
wechſelweiſe; breit; rauzgezackt; zugeſpitzt; oben grün; unten weißlich.	"	Wälder, Gärten, Hecken. Eine baumartige Staude.	Holz, Oel; Saamenſtaub (ſulphur coryli.)	ungewiß.	ungewiß.	Zahnſchmerzen; alter, trockener Huſten; fallende Sucht; Würmer; Wünſchelruthen.
wechſelweiſe; rundlich; zugeſpitzt; eingekerbt; eine ſchneeweiſe Rinde.	April.	Waldungen. Ein Baum.	Rinde; Blätter; Waſſer; Saft.	harzige, nitröſe Theile.	treibt Schweiß, Harn; verdünnet; laxiret; verflüſſet das Geblüte.	Roſe; langwierige Krankheiten; Zähigkeit der Säfte; Waſſer- Gelbſucht; Nieren- Blaſenſtein; Harnbrennen; blaue Flecken des Geſichts; Haare; Krätze.
wechſelweiſe; groſſ, breit; länglich; vielernartig ausgeſchnitten; an kurzen Stielen.	"	"	Rinde; Waſſer; Blätter; Fichel; Gallapfel; Schwamm.	herber Geſchmack.	ziehet zuſammen; ſtärket die erſchlappten Theile.	3tägiges Fieber; Durchlauf Zu fixirenden Umſchlägen im Vorfalle des Maſtdarms, Brüchen &c.

F f

Name.	Kelch.	Fäden.	Fache.	Eyerfach.	Griffel.	Spitze.	Saamgehäuse.	Saame.	Wurzel.
Pistacien-baum. Pistacia. Pistacia vera. Linn.	M. schuppig;mit einem 5spaltigen Blümgen. W. traubig, mit einem 3spaltigenBlümgen. M. u. W. abgefondert an 2 verschiedenen Blumen. Röthlich.	5; sehr klein.	5; eyrund; 4eckig; groß.	1; eyrund; im W. Kelche.	3; umgebogen.	3; dick; rauch.	Schaale; lederartig.	Nuß; eyrund; glatt.	holzig.
Terpentin-baum. Terebinthus. Pistacia Terebinthus. Linn.	wie No. 401.	wie N. 401.	wie No. 401.	wie No. 401.	wie No. 401.	wie No. 401.	wie No. 401.	wie No. 401.	⸳⸳
Mastix-baum. Lentiscus. Pistacia Lentiscus. Linn.	wie No. 401.	wie N. 401.	wie No. 401.	wie No. 401.	wie No. 401.	wie No. 401.	wie No. 401.	wie No. 401.	⸳⸳
Welscher Nußbaum. Juglans. Juglans regia Linn.	M. vielschupig;Schuppen einblümig;Blümgen 6spaltig;länglich. W. 4spaltig; kurz; aufrecht; 2 bis 3 beysammen in einer Knospe. M. u. W. abgefondert an einem Baume. Gelbl.	viele; kurz.	viele; aufrecht.	1; eyrund; unter dem W. Kelche.	2; kurz.	2; groß; krußgebogen; oben zerrissen.	Steinfrucht; 1zellig; groß; eyrund; grün.	Nuß; 4zellig; netzartig gefurcht. Kern 4lappig.	⸳⸳
Pappel-baum. Populus. Populus nigra Linn.	Schuppig; am Rande zerrissen;einblümig. M. u. W. abgefondert an 2 verschiedenen Blumen. Gelblich.	8; klein.	8; groß; 4eckig.	—; —; zugespitzt; im Kelche.	1; kaum sichtbar.	1; 4spaltig.	Capfel; 2zellig; 2klappig.	viele; haarflockig.	⸳⸳

zpfenblumen.

Wachholderbeer-strauß. uniperus. uniperus communis Linn.	M. Wurst, kegelartig. W. 3spaltig; sehr klein; bleibet. Männl. u. weibl. abgefondert auf 2 verschiedenenSträuchen. Grüngelb.	8; zusammengewachsen.	3; von einander abgefondert.	1; unter dem 3spaltigen Kelche angewachst.	3; einfach.	3; einfach.	Beere; fleischig; rundlich; oben 3zähnig; nabelig; schwarz.	3; beinern; länglich.	⸳⸳

Blätter.	Blühzeit.	Ort.	Arzneymittel.	Eigenschaft.	Arzneykraft.	Gebrauch.
wechfelsweife; gefiedert mit einem Endblätgen; Blätgen eyrund; umgebogen; gemeiniglich 7.	Sommer.	Perfien, Arabien, Syrien, Indien. Ein Baum.	Frucht.	fülfer, angenehmer Gefchmack.	nähret; ftärket; reitzet zum Beyfchlaf.	Nieren-Steinfchmerzen; Ausezehrung; Entkräftung.
wechfelsweife; gefiedert mit einem Endblätgen; Blätgen lanzenförmig; gemeiniglich 7.	,,	Das füdliche Europa. Africa. Orient. Deutfchland in Gärten. Ein Baum.	flüffigesHarz; Cyprifcher Terpentin; Oel; Geift.	fcharfer, bitterlicher Gefchmack; balfamifcher Geruch.	zertheilet; heilet; treibt Harn; und giebt felbigem einen Veilgen Geruch; in großer Menge laxiret.	weiffer Fluß; Tripper; Nieren-Steinfchmerzen; Bruft- und andere innerliche Gefchwüre und Verletzungen.
wechfelsweife; gefiedert ohne Endblätge; Blätgen lanzenförmig; gemeiniglich 8; immer grün.	,,	Spanien, Portugall.Italien, Orient. Deutfchland in Gärten. Ein Baum.	Holz (Lignum Lent.) Harz (Maftiche), Maftix, Oel, Syrup, Waffer.	zufammenziehender Gefchmack; angenehmer Geruch.	ftärket; hält an; ziehet Speichel.	Zahnwehe; Flüffe; wackelnde Zähne; ftinkender Odem; Bauchflüffe; Vorfall der Gebährmutter.
wechfelsweife; gefiedert mit einem Endblat; Blätgen eyrund länglich; ganz; geädert.	April.	Deutfchland Gärten, Weinberge. Ein Baum.	Nuß; Blätter; Roob; Oel.	ftarker Geruch; herber, bitterer Gefchmack.	treibt Winde, Würmer; ziehet an; kühlet; ftärket die Frucht; macht Heiferkeit; vertreibt die Milch.	Nafenbluten; Pockennarben; Bräune. Zu Gurgelfpritzwaffern.
wechfelsweife; rundlich; zugefpitzt; gekerbt; hart; fchwärzlich; zittern.	,,	Deutfchland. Feuchte Orte, Bäche. Ufer. Ein Baum.	Knofpen; Salbe; Effenz.	herber, antziehender Gefchmack.	erweichet; macht Schlaf; kühlet.	Durchfall; Tripper; weiffer Fluß; Verbrennen; Entzündungen; Gift; Wunden; Lungen-Nierengefchwüre; Hüftweh.
fchmal; fpitzig; fteif;immer grün; drey allzeit gegeneinander.	May. Junius.	Waldungen. Ein braumartiger Strauch.	Holz; Sproffen; Beere; Gummi; Oel; Waffer; Roob; Geift.	ftarker, gewürzhafter Geruch; füffer, öliger,gewürzhafter Gefchmack; harzige, gummige Theile.	treibt Winde; erwärmet; ftärket; reiniget.	Langwierige Krankheiten; Stein; Steckoo; Catarrhe; Würmer; fchwacher Magen.

Ff 2

XIII. Ordnung. Blätterlose

No.	Name.	Kelch.	Fäden.	Fache.	Eyer-fach.	Griffel.	Spitze.	Saamge-häus.	Saame.	Wurzel.
470.	Seven-baum. Sabina. Juniperus Sabina. Linn.	M. Wurſt, kegelartig. W. 3ſpaltig; ſehr klein; bleibet. Männl. u. weibl. abgeſondert auf 2 verſchiedenenStrüuchen. Grüngelb.	3; zuſammengewachſen.	3; von einander abgeſondert.	1; unter dem 3ſpaltigen Kelche angewachſen.	3; einfach.	3; einfach.	Beere; fleiſchig; rundlich; oben 3 zähnig; nabelig; ſchwarz.	3; beinern; länglich.	holzig.
408.	Cypreſſenbaum. Cupreſſus. Cupreſſus ſempervirens Linn.	M. vielſchuppig; einblümige Schuppen. W. —; —; kegelartig. M. u. W. abgeſondert an einem Baume.	0.	4; an jeder Schuppe angewachſen.	—; kaum ſichtbar,	0.	kleine erhabene Dippel.	0. Zapfen; rundlich; ſchwärtlich; aus 8 bis 10 keilförmigen Schuppen.	1; klein; eckig; zugeſpitzt; zwiſchen jeder Schuppe.	0.
409.	Fichtenbaum. Kienholz. Pinus. Pinus ſylveſtris Linn.	M. 3blätterig; fällt ab. W. Zapfen; Schuppen; 2blümig. M. u. W. abgeſondert an einem Baume.	viele; ſkulenförmig; zuſammengewachſen.	viele; aufrecht.	—; klein.	1; pfriemig.	1; einfach.	—; —; ſchwarzbraun; kurz.	Nuſt; häutig; geflügelt.	0.
410.	Tanne. Abies. Pinus Abies Linn.	wie No. 409. Blaſigrün.	—; —.	—; —.	—; —.	—; —.	—; —.	—; —. lang.	—; —. —.	0.
411.	Lerchenbaum. Larix. Pinus Larix Linn.	0.	—; —.	—; —.	—; —.	—; —.	—; —.	—; —. —.	—; —. —.	0.

Blätter.	Blühzeit.	Ort.	Arzneymittel.	Eigenschaft.	Arzneykraft.	Gebrauch.
gegeneinander; schmal; schuppenartig; immer grün.	May. Junius.	Orient. Deutschland in Gärten. Ein baumartiger Strauch.	Kraut; Essenz; Wasser; Oel.	starker, widerwärtiger Geruch; scharfer, brennender Geschmack; viel wesentliches Oel, harzige, gummige Theile.	treibet Harn, Frucht, Monathszeit, Würmer; erwärmet; zertheilet; reitzet.	Innerlich nicht wohl zu rathen. Aeusserlich wider den Krebs, Brand. Zu Umschlägen, Salben.
schuppenförmig; aufeinander; schmal; hart; immer grün.	Sommer.	Creta. Deutschland in Gärten. Ein Baum.	Holz; Blätter; Frucht.	herber, anziehender Geschmack.	ziehet an; stillt Schmerzen; treibt Würmer.	Durchfall; Ruhr; Wackeln der Zähne; blutiges Zahnfleisch.
paarweise aus einer Scheide; glatt; immer grün.	Frühling.	Deutschland. Waldungen. Ein Baum.	Sprossen (summitates, turiones); Essenz; Oel (oleum templinum); Harz; gem. Terpentin.	harzige Theile.	ernähret; treibt stark auf den Harn, Schweiß; reinigt das Blut.	Harnbrennen; Abzehrung; weisser Fluß; Taubheit; Brustbeschwerden; Krätze; Gliederschmerzen; Scharbock; Warzen; Zittermähler.
lang; spitzig; flach; einzeln; oben zugespitzt; immer grün.	' .	' .	Harz; Sprossen (turiones).	' .	ziehet zusammen; trocknet; treibt Harn; Unreinigkeiten.	Scharbock; Gliederreissen; innerliche und äusserliche Verletzungen.
zarter, als an der Fichte; viele aus einer Scheide büschelweise; immer grün.	' .	Tyrol. Schweitz. Gebürge. Ein Baum.	Rinde; Blätter, Harz; Venet. Terpentin; Schwamm.	' .	ziehet zusammen.	Wunden. Zu Pflastern und Salben.

D) Grasblumen.

No.	Name.	Kelch.	Fäden.	Fächt.	Eyer-furb.	Griffel.	Spitze.	Saamge-häuse.	Saame.	Wurzel.
412.	Gerste. Hordeum. Hordeum vulgare. Linn.	2klappig ; die untereährig; die innere lanzenförmig. Umſchlag 6blätterig; 3blümig. Blumen in einer Aehre.	3; haarförmig.	3; länglich.	1; birnförmig.	2; wollig; kruſtgebogen.	1; wollig; kruſtgebogen.	o. Beyde Schelfen des zuſammenwachſenden Kelchs.	1; bauchig; eckig; der Länge nach gefurchet.	zaſerig.
413.	Hundsgras. Gramen caninum. Triticum repens. Linn.	2klappig ; die äuſſere bauchig, ſtumpf; die innere flach; walzenartig. Umſchlag 2klappig ; 4blümig. Blum. in einer Aehre.	—; —.	—; —; 2ſpaltig.	—; —.	—; umgebogen.	—; federartig.	—. Der innere Kelch.	—; auf beyden Seiten ſtumpf; der Länge nach gefurchet.	klein ; rund ; dünn ; kriechet; ringelartig; zaſerig; weiſs.
414.	Haber. Avena. Avena ſativa. Linn.	2klappig ; die untere eine gewundene Aehre; die obere ſchmal; ſtumpf. Umſchlag 2blümig ; 2klappig. Blum. in einer Riſpe zerſtreuet.	—; —.	—; —.	—; ſtumpf.	—; kruſtgebogen; haarig.	—; einfach.	—. Der zuſammenwachſende innere Kelch.	—; auf beyden Seiten zugeſpitzt; lange Furche.	zaſerig.

Blütezeit.	Ort.	Arzneymittel.	Eigenschaft.	Arzneykraft.	Gebrauch.
Sommer.	Deutfchland. Felder. Ein Kraut	Gerftengrau-pe; Gerfte; Perlengrau-pe; Schleim; Effig.	moelige, fchleimige Theile.	ernähret; kühlet; feuchtet an; ver-dicket; mildert die Schä fe; macht fchlüpfrig.	Entzündung; Bruftbe-fchwerden; krampfige Krankheiten; hitzige Flüffe; zurtehrende Hi-tze; Schärfe der Säfte; Spannung der Fafern.
, ,	, ,	Wurzel; Saa-me; (Heufaa-me); Waffer.	ohne Geruch; füß-licher, fchleimiger, angenehmer, fafti-ger Gefchmack.	ernähret; kühlet; treibet; eröffnet; erweichet; zer-theilet; verdün-net; reiniget. Eine der 5 klei-nern eröffnenden Wurzeln.	Unfruchtbarkeit; hitzige Krankheiten; Schärfe des Geblütes; Verftopfung der Milz und Leber; Blutfpeyen; Fieber; Durchfall; Entzündung der Augen; Zähnfchmer-zen; Würmer.
, ,	, ,	Saame.	fchleimige Theile.	kühlet; verdün-net; erweichet; eröffnet.	Fieber; Huften; Hei-fcherkeit; entzündete Hälfe; Gliederfchmer-zen; Verftopfung der Leber, des Gekröfes; Schwindfucht. Aeußer-lich, Grimmen, Mutter-weh; gefchwollene Ba-cken; Rothlauf.

Rückenblumen.

Name.	Beschaffenheit.	Ort.	Arzneymittel.	Arzneykraft und Gebrauch.
Kettenwedel. Zinnkraut. Equisetum. Equisetum arvense. Linn.	Eyrunde länglice Aehren; mit eckigen Saamenbehältnissen. Die Blätter sind lang, fadenartig; wachsen kreisweis um den gegliederten Stängel herum. Der Blüthenstängel ohne Blätter.	Deutschland. Teiche; Bäche; morastige Gegenden; Wiesen.	Kraut; Trank.	Ziehet an; trocknet; stärkt; treibet Harn. Gutartiger Tripper; Blutsturz; Brand; Nieren- Blasengeschwüre. Zu Gurgelwassern wider allerley Zustände des Halses und Mundes; zu stärkenden Umschlägen.
Engelsüß. Polypodium. Polypodium vulgare. Linn.	Rothbraune, rundliche Dippel, auf der hintern Fläche der gefiedert gespaltenen subtil gesägten stumpfen, länglichen Blätter.	Altes Mauerwerk, Bäume; Felsen.	Wurzel.	Süßlicher, scharfer, anziehender, widerwärtiger Geschmack. Versüsset; löset auf; mildert die Schärfe; eröffnet; treibt. Colick; Gicht; gallige Feuchtigkeiten; Brust- Lungenzustände, Gelb- Wassersucht; Scharbock.
Fahrenkraut. Filix. Polypodium Filix mas. Linn.	Braune, runde Dippel in 3 Reihen auf dem Rücken der doppelt gefiederten, länglich eyrunden, gekerbten Blätter.	Hecken, schattige Orte, Waldungen.	Wurzel.	Bitterer Geschmack. Eröffnet; stärket; treibt Würmer, Frucht. Scharbock; Verstopfung der Leber, Milz; abgesetzte Glieder, Melancholie; Podagra.
Hirschzunge. Scolopendria. Lingua cervina. Asplenium Scolopendrium. Linn.	Braungelbe Linien auf dem Rücken der ziemlich breiten, hellgrünen, steifen, zungenähnlichen Blätter.	Schweiz. Tyrol Deutschland in Gärten.	Kraut.	Ziehet an; trocknet. Blutspeyen; Mutterzustände; Herzklopfen; Verstopfung der Milz; abgesetzte Glieder; Gicht. Eines der 5 Haarkräuter.
Milzkraut. Ceterach. Asplenium Ceterach. Linn.	Runde, braune Flecken auf dem Rücken der gefiedert gespaltenen Blätter.	Schweiz. Deutschland in Gärten.	Kraut.	Trocknet; ziehet zusammen; eröffnet. Wassersucht; Stecken; Verstopfung der Eingeweide, Milz, Leber; abgesetzte Glieder; Stein. Eines der 5 Haarkräuter.
Widerton. Trichomanes. Adianthum rubrum. Asplenium Trichomanes. Linn.	Runde, braune Flecken auf der ganzen hintern Fläche der gefiederten rundlichen gekerbten Blätter.	Deutschland. Schattige Gegenden, alte Mauren.	Kraut.	Ziehet an; trocknet. Husten; Schwindsucht; Grieß; Stein; Verhaltung des Harns.

No.	Name.	Beschaffenheit.	Ort.	Arzneymittel.	Arzneykraft und Gebrauch.
421.	Mauerraute. Adiantum album. Ruta muraria. Afplenium Ruta muraria Linn.	Braunliche Flecken auf der ganzen hintern Fläche der doppeltäftigen, gefügelten, rundlichen Blätter.	Deutschland. Alte Mauren, Felfen.	Kraut.	Trocknet; ftärket. Scharbock; abgefetzte Glieder; Cachexie; Melancholie; Milzbefchwerden. Eines der 5 Haarkräuter.
422.	Frauenhaar. Adiantum nigrum. Capillus veneris. Adiantum Capillus veneris Linn.	Eyrunde, braune Flecken unter dem umgebogenen Rand der doppeltäftigen, gefiederten, rundlichen, gekerbten Blätter.	Italien. Frankreich.	Kraut; Syrup.	Stärket; eröffnet; treibt Schweiß. Verstopfung der Eingeweide; Leber, Milz; Bruftkrankheiten; wider den Kopffchorf. Eines der 5 Haarkräuter.

F) Mofse.

No.	Name.	Beschaffenheit.	Ort.	Arzneymittel.	Arzneykraft und Gebrauch.
423.	Gülden Widerton. Adiantum aureum. Polytrichum commune. Linn.	Kleine, zarte, röthliche oder bleichgelbe Stängel, fingerslang, am Gipfel mit gelben Knöpfgen; haarthaliche, fpitzige Blätter.	Deutschland. Schattige, mofige Wälder.	Kraut.	Reiniget Nieren, Blafen; treibt Harn, Grieß. Gelbfucht; Weiberfluß; Kopffchuppen. Eines der 5 Haarkräuter.
424.	Schlangenmoß. Mufcus clavatus. Lycopodium. Lycopodium clavatum Linn.	Kriecht auf der Erde schlangenweis herum, und hat wegen feiner fchuppigen Blättlein eine Aehnlichkeit mit den Tannen. Blumen in 2fpaltigen Aehren.	Oede Orte neben den Waldungen herum.	Kraut; Meel oder Saamenftaub (Semen lycopodii).	Stärket Nerven; lindert Schmerzen; treibt Harn. Gliederkrankheiten; Nieren- Blafenzufltode. Aeufferlich bey Kindern zum einftüppen; Krätze; Rothlauf; Weichfelzopf. Ephem. Nat. Cur. Ann. VI.
425.	Baumlungenkraut. Pulmonaria arborea. Lichen pulmonarius Linn.	Breite, lederhafte, lappige, runzeliche, rauche Blätter, oben grünlich, unten afchenfarbig.	An Fichen.	Kraut.	Stopft; hält an; ftillt Schmerzen. Gelbfucht; Huften; Bruft-Lungenkrankheiten; Verblutungen; Schwindfucht.

G) *Schwämme.*

No.	Name.	Beschaffenheit.	Ort.	Arzneymittel.	Arzneykraft und Gebrauch.
426.	Lerchenschwamm. Agaricus optimus. Boletus Agar.	Ein Löcherschwamm; groß; weiß; leicht.	Tyrol. Schweitz. An dem Lerchenbaume.	Schwamm; Kügelgen.	Hartzige, schleimige Theile. Ziehet an; löset auf; purgiret stark; treibt Würmer. Husten; Gelb-Wassersucht; unreine, salzige Säfte.
427.	Eichenschwamm. Agaricus pedis equini facie. Boletus Ignarius Linn.	Ein Löcherschwamm, von Gestalt eines Pferdefußes.	Deutschland. An den Eichbäumen.	Inneres Mark des Schwammes.	Ist das neue, gewisse und schöne blutstillende Mittel. Siehe Medicin. Biblioth. Band L Seit. 757.
428.	Judasohr. Hollunderschwamm. Auricula Judae. Peziza Auriceula Linn.	Ein gallerichter Schwamm; glatt; ohrähnlich; runzelich; aufgestülpt; außen weißlich, innen schwarz-braun mit kleinen Adern.	Hollunderbaum.	Schwamm.	Kühlet; ändert; ziehet etwas zusammen. Wunden; Augenentzündungen; böser Hals; Bräune; Meelhund; aufgesprungene Lippen; trockene Zunge.
429.	Hirschbrunst. Boletus cervinus. Lycoperdon cervinum Linn.	Ein runder ungleicher Schwamm, fast wie ein Ball, ohngefähr einer Nuß groß; außen mit einer lederhaften, schwärtzlichen Rinde; innen weiß oder dunkelroth; fleischig; in der Mitte moosig.	Unter der Erden in den Waldungen.	Schwamm.	Starcker Geruch. Frisch, treibt Harn; stärket die Mannheit. Trocken, ziehet an. Harte Geburte; Mutterzustände; reitzet zum Beyschlaf; reiniget die Nieren.
430.	Bovist. Crepitus lupi. Lycoperdon Bovista Linn.	Ein Staubschwamm; groß; rundlich; weiß; häutig; zuletzt zähe; graugelb.	Wege, Anger, Viehtriften.	Das innere staubähnliche Wesen.	Ziehet gelind zusammen. Allgemeines blutstillendes Mittel der Wundärzte.

Deut-

❀ (+) ❀

Deutſches Regiſter.

Die Ziffer zeigt im erſten Theile den §; im zweyten Theile die No. an;

	Th. I	Th. II
Abbis	158	
Abelmoſch	72	
Acacien	78	
Achtmänig	111	
Ackeley	258	
Ackerholunder	81	
Ackermann	20. 352	
Ackermünze	112	
Aehnliche Blume	99	
Aeſte	30	
Affodilien	13	
Afterblatt	36	
Agley	258	
Akmelle	202	
Alantwurzel	186	
Alraunwurzel	51	
Aloe	14	
Althee	77	
Amberkraut	134	
Ammey	321	
Ampferkraut	393. 395	
Andorn-ſchwarz	118	
- weiſſer	117	
Angelick	339	
Angurie	85	
Anis	318	
Antivien	178	
Apfel	71	
- Baum	280	
Apoſtemkraut	157	
Arabiſch. Stoechas	129	
Arnick	133	
Aron.Aronwurzel	95	
Aſch'auch	357	
Aſchwurzel	313	
Atlasbeer	276	
- wilder	2.5	
Attig	81	
Augentroſt	142	
Augenwurzel	97. 98	
Aurin wilder	146	

	Th. I	Th. II
Bachbungen	145	
Badkraut	340	
Bärendiſt	329	
Bärenfenchel	—	
Bärenklau deutſch	341	
- welſch	141	
Bärentatze	—	
Bärlappen	424	
Bärwurz	329	
Bäume	27	
Baldrian	97. 98	
Balſamapfel	56	
Balſamſtaude	205	
- - von Tolu	309	
Bart	52	
Baſilienkraut	115	
Batenige	120	
Bathengel	135	
Baumfarn	416	
Baumhungenkraut	425	
Baumwinde	257	
Baumwolle	73	
Baurenſenf	229	
Becherblume	83	
Beere	71	
Befruchtungs-kelch	40	
Beinholz	83	
Beiſkohl	379	
Benedictwurzel	296	
Benzoebaum	11	
Bergmünze	112	
Bergkümmel	343	
Bergpoley	117	
- - cretiſcher	138	
Berliniſch Bruſt-threekraut	144	
Bertram	193	
Berufkraut	119-191	
Beſchreykraut	119	
Belenkraut	217	
Betonien	120	

	Th. I	Th. II
Bette		67
Beyfuß		167
Bezichungsbl.	96. 103	
Bibernelle weiß		327
- Welſche		28. 29
Bieberhödkein		364
Bieberklee		62
Bienenkraut		111
Bieſampappel		72
Bilſenkraut		152
Bingelkraut		368
Birke		399
Birne	71	
Bitterſüß		48
Bizwurz		361
Blätter 17. 33-35		
Blätterblume 78. 79-96		
Blätterig 43-47		
Blätterige Bl. 102		
Blätterloſe Blume 78. 91. 96		
Blätterſtiel	31	
Blümgen	79	
Blümgenbl. 87-88		
Blüthe 38. 46-56		
Blüthengeſtalt 77		
Blume 17 37-33		
Blumenblätter 54		
Blumenkelch 40		
Blumenſtütze 67. 68		
Blutkraut		28. 29
Blutwurz		211
Boberellen		49
Bocksbart		176
Bockshorn		249
Bockshörnlein-baum		375
Bockspeterlein		327

	Th. I	Th. II
Bohne		242
Bohnenkraut		131
Bollen	22	
Borrabb		42
Borragen	—	
Borretſch	—	
Boviſt		430
Brackendiſtl		349
Brandlattig		199
Braunelle		114
Brauner Nacht-ſchatten		147
Braunwurz	—	
Brenneſſel		373. 374
Bruchkraut		321 378.
Bruchwurz		322
Brunellenkraut		114
Brunnenkreſs		428
Bruſchwurz		389
Bruſtbeerleinbaß		5
- ſchwarze		43
Bruſtwurz		339
Buchampfer	71	
Buchgrütze		384
Buchweitzen	—	
Buchsbaum		388
Burzelkraut		254
Cacaobaum		297
Caffeebaum		81
Calmus		351
Campferbaum	10	
Candiſcher Möhr-renkümmel		330
Cappern		212
Capſel	71	
Capucinen		307
Cardobenedicten-kraut		163
Cellery		319
Celtiſcher Nardus	99	

Gg 2

Chamille

Mutter-

Deutsches Register.

	Th. I.	Th. II.
Schaftheu		415
Schampanier-wurzel	358	
Scharbocksklee	62	
Scharbockskraut	364	
Scharlachkraut	101. 103	
Scharfer Hahnen-fuß	300	
Scheibe	90	
Scheide	41	
Scheidewand	70	
Schellkraut	216. 364	
Schlbickerbaum	20	
Schierling	337. 338	
Schirmblume	55. 86	
Schlafkirschen	50	
Schlafkraut	152	
Schlagkraut	136	
Schlangenholz	45	
Schlangenkraut	69	
Schlangenmord	179	
Schlangenmoß	424	
Schlangenwurzel	383	
- indianische	52	
- virginische	95	
Schlehendorn	284	
Schlüsselblume	63	
Schmarotzen-pflanze	18	
Schmeerwurzel	41. 367	
Schminkbohne	137	
Schminkwurzel	15	
Schnabel	56. 86	
Schnittlauch	357	
Schöne Frau	50	
Schote	71	
Schotendorn		
- egyptischer	78	
Schotig	119	
Schreykraut	119	
Schuppenför-mig	43	
Schuppenwurz	225	
Schwämme	91	

	Th. I.	Th. II.
Schwalbenkraut		216
Schwalbenwurz	68	
Schwartzbeer	21	
Schwarzer An-dorn	116	
- Besänge	21	
- Kümmich	252	
- Nachtsch.	47	
- Nieswurz	353	
Schwarzwurzel	41	
Schwefelwurz	346	
Schweifswurzel	200	
Schweinbrod	64	
Schweizerhosen	79	
Schwerdtlilie	19	
Schwindelkörner	316	
Schwindelwurzel	135	
Scorzonere	179	
Sechsmännig 111		
Seeblume	265	
Segelbaum	407	
Seidelbast	2	
Seifenkraut	263	
Sellery	319	
Senf	226	
- weißer	224	
Sennetblätter	312	
Sennetsstrauch	—	
Sergenkraut	131	
Sevenbaum	407	
Siebenfarben-blümlein	315	
Siebenfinger-kraut	211	
Siebenmäßig 111		
Siegmarskraut	75	
Silberkraut	294	
Sinngrün	67	
Sinnau	387	
Smerbel	377	
Sonnenthau	260	
Sophienkraut	227	
Spaltig	43. 47	
Spanisch. Pfeffer	46	
Spargel	252	

	Th. I.	Th. II.
Spatel	41	
Specklilien		154
- canadische		155
Speichelkraut		360
Speichelwurz		263
Sperberbaum		276
- wilder		275. 277
Speyerling		276
Spinnendistel		163
Spitzen 59. 63. 66		
Sporn	51	
Springkürbis		87
Sprüslinge	30	
Stabwurz		163
Stacheln	36	
Stallkraut		148. 250
Stamm 17. 25. 32		
Staphiskörner		360
Staubfache 59. 60		
Staubfäden 58 61. 62		
Staubgang	65	
Staubgefäße	38	
Staubwege 38. 58		
Staude 27. 77		
Stechapfel		53. 86
Stechkörner		162
Steckrübe		91. 123
Steinbrech rother		288
- weißer		225. 265
Steineppich		324
Steinfrucht	71	
Steinklee		248
Steinsame		37
Steinwurz		136
Steifraute		421
Stempfel	63	
Stendelwurz		350
Stängel	23	
Stephanskörner		360
Sternkraut		207
Sternleberkraut		24
Stickwurz		91
Stiefmütterlein		315
Stiel 24. 31. 65		

	Th. I.	Th. II.
Stinkender Asand		345
Stockrose		76
Stoechas arabisch.		129
Stolzer Heinrich		377
Storchschnabel		301
Strahl	90. 27	
Strahlblumen		.90
Strauch 27. 77		
Stütze	36	
Styraxbaum		69
Süring		393
Süßholz		229
Symeonskraut	75	
T		
Tschelkraut		130
Tag und Nacht-kraut		315. 372
Tamarisken		259
Tannenbaum		410
Taube Nessel		121
Taubenkraut		140
Taubenkropf		234
Tausendblatt		190
Tausendgulden-kraut		60
Tausendknoten		385
Terpentinbaum		401
Teufelsabbis		158
Teufelsaugen		152
Teufelsdreck		345
Teutscher Ingber		96
Thymian		192
Tournefortische Lehrgebäude		76. 91
Toback		52
Tollbeer		50
Tollkraut		152
Tormentill		211
Traganth		240
Trichterblume		
Trostblume		264

Venus.

Diphytus

Hh 3

Oenanthes

Druckfehler.

Th. L. §. 17. ſtatt Blüthe ließ Blume. §. 25. ſtatt Geſtalt ließ Bau; ſtatt figura ließ ſtructura. Th. II. No. 17. ſtatt Wollmeiſter ließ Waldmeiſter. No. 30. iſt ausgeblieben und folgendermaſſen zu erſetzen:

No.	Name.	Kelch.	Blüthe.	Fäden.	Facia.	Eyer-fach.	Griffel.	Spitze.	Saamge-häuſe.	Saame.	Wurzel.
30.	Wolfs-milch. Eſula. Tithy-malus. Euphor-bia palu-ſtris Linn.	4·5ſpal-tig; bau-chig; ge-färbt; bleibet. Umſchlag erſter vielblät-terig;2ter 3blätte-rig; in-nerſter 2-blätterig. Bl. 3fach ſchirmar-tig.	4·5ſpal-tig; dem Kelche ange-wach-ſen; bleibet. Gelb-lich.	viele; faden-för-mig; nach einan-der enſte-hend.	viele; rund-lich; zwilig.	1; rund-lich; 3eckig; auf ei-nem Stiele im Kel-che.	3:2ſpal-tig.	6; ſtumpf.	Capſel; 3theilig; 3eckig; rundlich; voll Warzen; ſpringt auf.	1; in jo-der Zel-le; rund-lich.	länglich; dünn; auſſen ſchwarz-braun; innen gelblich weiß.

Blätter.	Blühzeit.	Ort.	Arzneymittel.	Eigenſchaft.	Arzneykraft.	Gebrauch.
wechſelweiſe; lanzenförmig; milchig. Um-ſchläge eyför-mig.		Deutſchland. Aecker, We-ge, Felder, Waldungen. Ein Kraut.	Wurzel; Kraut; Ex-tract.	ſcharfbrennder, dicker, milchiger, beiſſender, ätzen-der Saft.	zieht Blaſen; ent-zündet; purgiret ſtark; treibt die wäſſerigenFeuch-tigkeiten.	Unſicher. Cachexie; Fieber; Krätze; Waſ-ſerſucht. Zu ſcharfen Clyſtieren im Schlag; Schlaffucht.

No. 87. ſtatt aſinus ließ aſininus. No. 218. ſtatt oleracea ließ oleraceus. No. 274. ſtatt Braſſica ließ Braſſica Eruca. No. 271. ſtatt Medica ließ Medica Limon.

✳ ✳ ✳

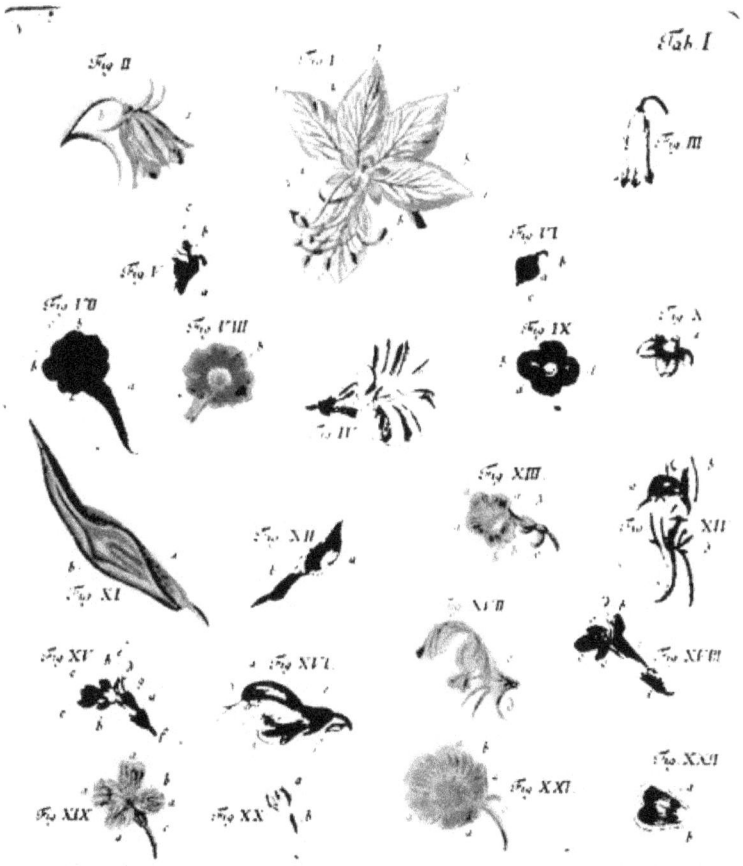

Tab. I

Fig. I
Fig. II
Fig. III
Fig. IV
Fig. V
Fig. VI
Fig. VII
Fig. VIII
Fig. IX
Fig. X
Fig. XI
Fig. XII
Fig. XIII
Fig. XIV
Fig. XV
Fig. XVI
Fig. XVII
Fig. XVIII
Fig. XIX
Fig. XX
Fig. XXI
Fig. XXII

I. G. Bergmann Rat.

I. M. Fredrich sc. Rat.

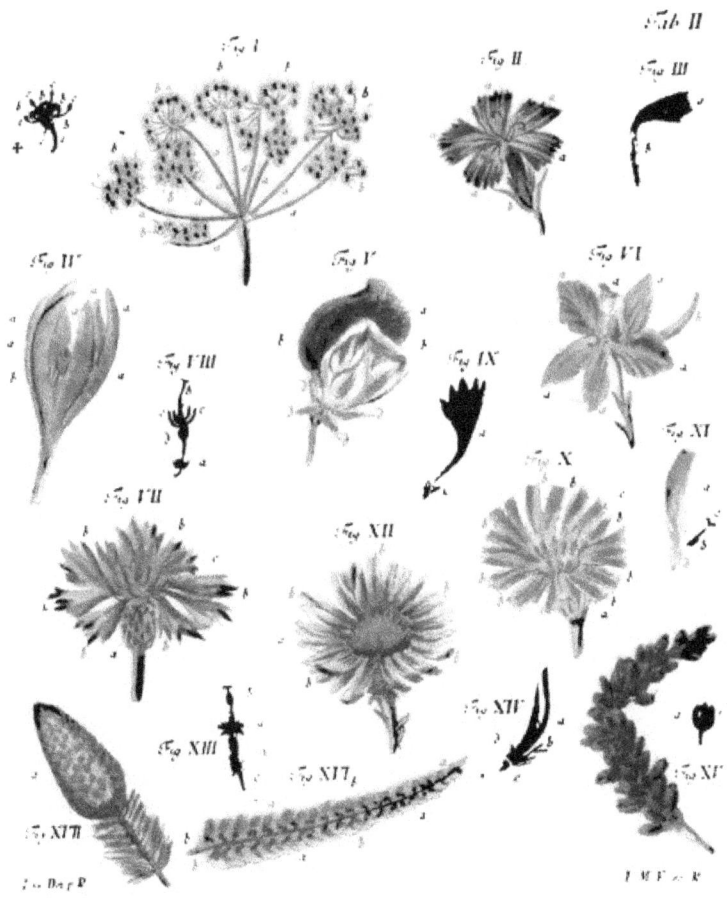

Tab. II

Fig. I

Fig. II

Fig. III

Fig. IV

Fig. V

Fig. VI

Fig. VIII

Fig. IX

Fig. XI

Fig. VII

Fig. X

Fig. XII

Fig. XIII

Fig. XIV

Fig. XV

Fig. XVI

Fig. XVII

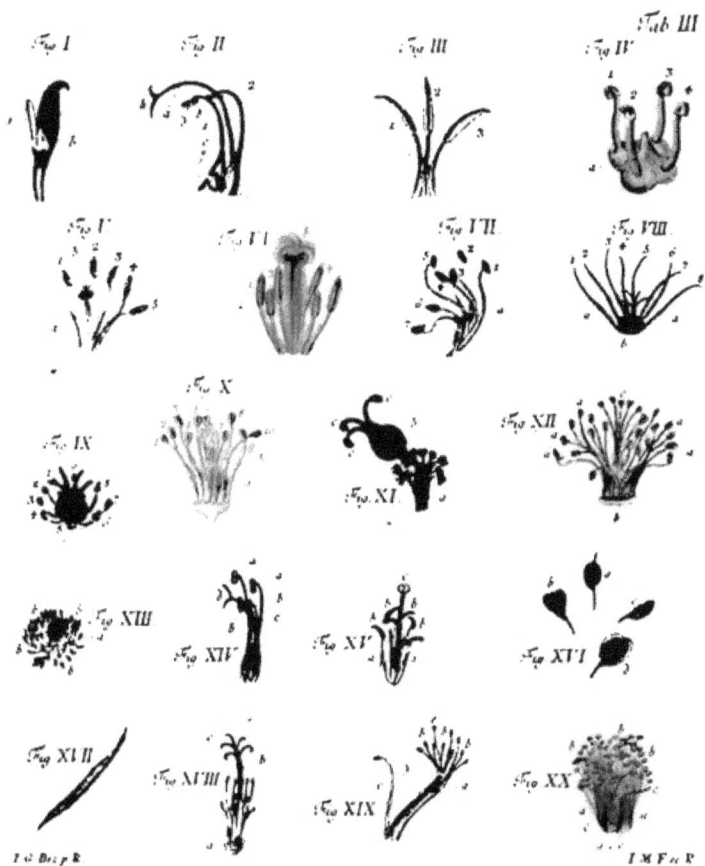

Tab III

Fig I.   Fig II.   Fig III.   Fig IV.

Fig V.   Fig VI.   Fig VII.   Fig VIII.

Fig IX.   Fig X.   Fig XI.   Fig XII.

Fig XIII.   Fig XIV.   Fig XV.   Fig XVI.

Fig XVII.   Fig XVIII.   Fig XIX.   Fig XX.

I M F a R

Tab. IV.

Fig. I.

Fig. II.

Fig. III.

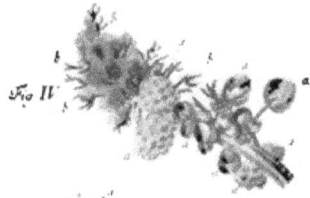

Fig. IV.

Fig. V.

Fig. VI.

Fig. VII.

Fig. VIII.

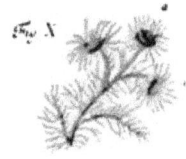

Fig. X.

Fig. IX.

Fig. XI.

I. M. F. u. R.

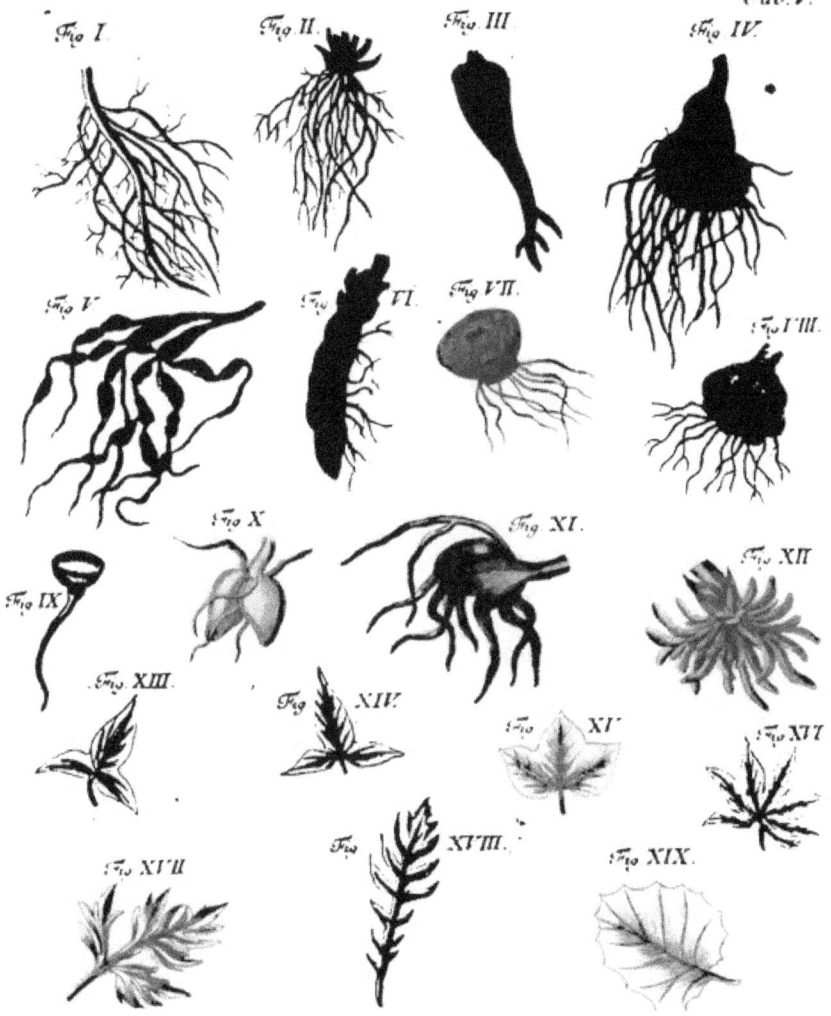

Tab. V.

Fig. I. Fig. II. Fig. III. Fig. IV.

Fig. V. Fig. VI. Fig. VII. Fig. VIII.

Fig. IX. Fig. X. Fig. XI. Fig. XII.

Fig. XIII. Fig. XIV. Fig. XV. Fig. XVI.

Fig. XVII. Fig. XVIII. Fig. XIX.

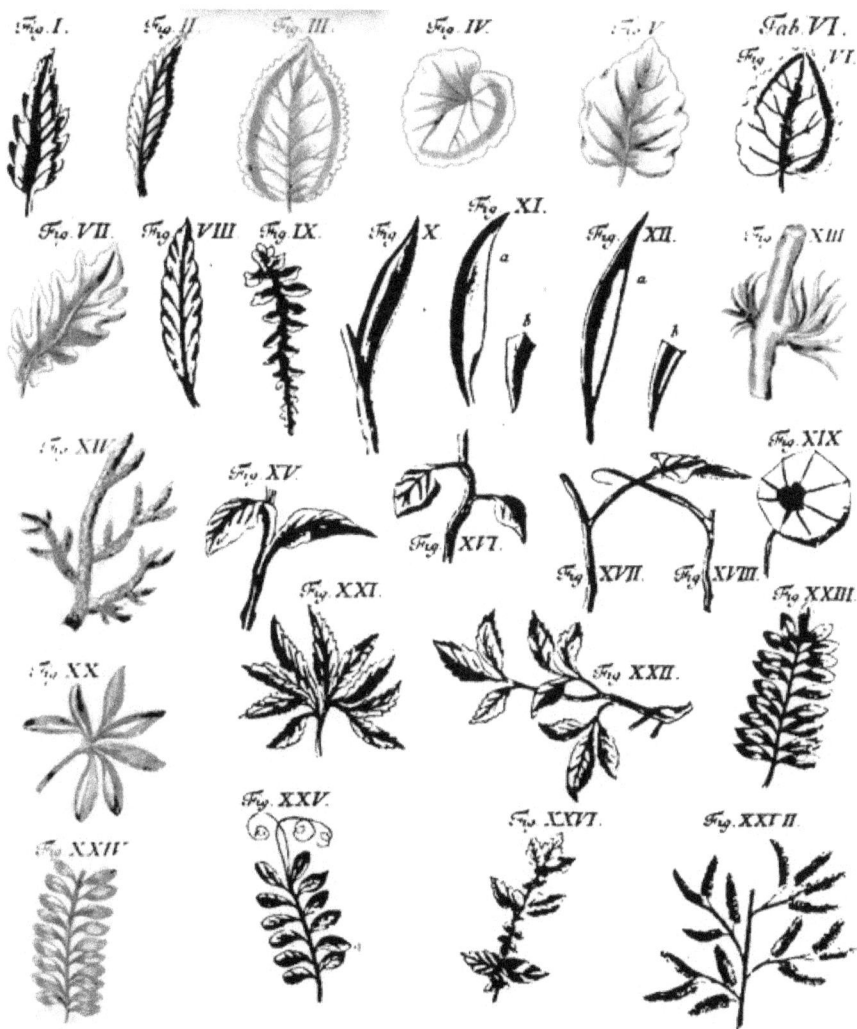

Fig. I. Fig. II. Fig. III. Fig. IV. Fig. V. Tab. VI.

Fig. VI.

Fig. VII. Fig. VIII. Fig. IX. Fig. X. Fig. XI. Fig. XII. Fig. XIII.

a

b

a

b

Fig. XIV. Fig. XV. Fig. XVI. Fig. XVII. Fig. XVIII. Fig. XIX.

Fig. XXI. Fig. XXIII.

Fig. XX. Fig. XXII.

Fig. XXIV. Fig. XXV. Fig. XXVI. Fig. XXVII.

www.ingramcontent.com/pod-product-compliance
Lightning Source LLC
Chambersburg PA
CBHW021518210326
41599CB00012B/1301